INTERNATIONAL MATHEMATICAL OLYMPIADS

IMO 50年

2010～2016　　**第11卷**

- 主　编　佩　捷
- 副主编　冯贝叶

多解　推广　加强

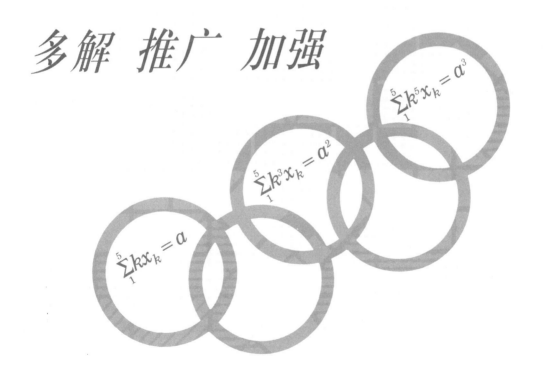

哈尔滨工业大学出版社
HARBIN INSTITUTE OF TECHNOLOGY PRESS

内 容 简 介

本书汇集了第 51 届至第 57 届国际数学奥林匹克竞赛试题及解答. 本书广泛搜集了每道试题的多种解法, 且注重初等数学与高等数学的联系, 更有出自数学名家之手的推广与加强. 本书可归结出以下四个特点, 即收集全、解法多、观点高、结论强.

本书适合于数学奥林匹克竞赛选手和教练员、高等院校相关专业研究人员及数学爱好者使用.

图书在版编目(CIP)数据

IMO 50 年. 第 11 卷,2010～2016/佩捷主编. —哈尔滨:哈尔滨工业大学出版社,2017.3(2022.3 重印)
ISBN 978-7-5603-6457-5

Ⅰ.①I… Ⅱ.①佩… Ⅲ.①中学数学课-题解 Ⅳ.①G634.605

中国版本图书馆 CIP 数据核字(2017)第 012742 号

策划编辑	刘培杰 张永芹
责任编辑	张永芹 关虹玲
封面设计	孙茵艾
出版发行	哈尔滨工业大学出版社
社　　址	哈尔滨市南岗区复华四道街 10 号　邮编 150006
传　　真	0451-86414749
网　　址	http://hitpress.hit.edu.cn
印　　刷	哈尔滨博奇印刷有限公司
开　　本	787mm×1092mm　1/16　印张 19.5　字数 445 千字
版　　次	2017 年 3 月第 1 版　2022 年 3 月第 3 次印刷
书　　号	ISBN 978-7-5603-6457-5
定　　价	48.00 元

(如因印装质量问题影响阅读,我社负责调换)

前言 | Foreword

法国教师于盖特·昂雅勒朗·普拉内斯在与法国科学家、教育家阿尔贝·雅卡尔的交谈中表明了这样一种观点："若一个人不'精通数学'，他就比别人笨吗？"

"数学是最容易理解的.除非有严重的精神疾病，不然的话，大家都应该是'精通数学'的.可是，由于大概只有心理学家才可能解释清楚的原因，某些年轻人认定自己数学不行.我认为其中主要的责任在于教授数学的方式."

"我们自然不可能对任何东西都感兴趣，但数学更是一种思维的锻炼，不进行这项锻炼是很可惜的.不过，对诗歌或哲学，我们似乎也可以说同样的话."

"不管怎样，根据学生数学上的能力来选拔'优等生'的不当做法对数学这门学科的教授是非常有害的."（阿尔贝·雅卡尔、于盖特·昂雅勒朗·普拉内斯.《献给非哲学家的小哲学》.周冉，译.广西师范大学出版社，2001:96）

这套题集不是为老师选拔"优等生"而准备的，而是为那些对 IMO 感兴趣，对近年来中国数学工作者在 IMO 研究中所取得的成果感兴趣的读者准备的资料库.展示原味真题，提供海量解法（最多一题提供 20 余种不同解法，如第 3 届 IMO 第 2 题），给出加强形式，尽显推广空间，是我国新中国成立以来有关 IMO 试题方面规模最大、收集最全的一套题集.从现在看，以"观止"称之并不为过.

前中国国家射击队的总教练张恒是用"系统论"研究射击训练的专家,他曾说:"世界上的很多新东西,其实不是'全新'的,就像美国的航天飞机,总共用了2万个已有的专利技术,真正的创造是它在总体设计上的新意."(胡廷楣.《境界——关于围棋文化的思考》.上海人民出版社,1999:463)本书的编写又何尝不是如此呢,将近100位专家学者给出的多种不同解答放到一起也是一种创造.

如果说这套题集可比作一条美丽的珍珠项链的话,那么编者所做的不过是将那些藏于深海的珍珠打捞起来并穿附在一条红线之上,形式归于红线,价值归于珍珠.

首先要感谢江仁俊先生,他可能是国内最早编写国际数学奥林匹克题解的先行者(1979年,笔者初中毕业,同学姜三勇(现为哈工大教授)作为临别纪念送给笔者的一本书就是江仁俊先生编的《国际中学生数学竞赛题解》(定价仅0.29元),并用当时叶剑英元帅的诗词做赠言:"科学有险阻,苦战能过关."35年过去仍记忆犹新).所以特引用了江先生的一些解法.江苏师范学院(华东师范大学的肖刚教授曾在该校外语专业就读过)是我国最早介入IMO的高校之一,毛振璇、唐起汉、唐复苏三位老先生亲自主持从德文及俄文翻译1~20届题解.令人惊奇的是,我们发现当时的插图绘制者居然是我国的微分动力学专家"文化大革命"后北大的第一位博士张筑生教授,可惜天妒英才,张筑生教授英年早逝,令人扼腕(山东大学的杜锡录教授同样令人惋惜,他也是当年数学奥林匹克研究的主力之一).本书的插图中有几幅就是出自张筑生教授之手[22].另外中国科技大学是那时数学奥林匹克研究的重镇,可以说20世纪80年代初中国科技大学之于现代数学竞赛的研究就像哥廷根20世纪初之于现代数学的研究.常庚哲教授、单墫教授、苏淳教授、李尚志教授、余红兵教授、严镇军教授当年都是数学奥林匹克研究领域的旗帜性人物.本书中许多好的解法均出自他们[4,13,19,20,50].目前许多题解中给出的解法中规中矩,语言四平八稳,大有八股遗风,仿佛出自机器一般,而这几位专家的解答各有特色,颇具个性.记得早些年笔者看过一篇报道说常庚哲先生当年去南京特招单墫与李克正去中国科技大学读研究生,考试时由于单墫基础扎实,毕业后一直在南京女子中学任教,所以按部就班,从前往后答,而李克正当时是南京市的一名工人,自学成才,答题是从后往前答,先答最难的一题,风格迥然不同,所给出的奥数题解也是个性化十足.另外,现在流行的IMO题解,历经多人之手已变成了雕刻后的最佳形式,用于展示很好,但用于教学或自学却不适合.有许多学生问这么巧妙的技巧是怎么想到的,我怎么想不到,容易产生挫败感,就像数学史家评价高斯一样,说他每次都是将脚手架拆去之后再将他建筑的宏伟大厦展示给其他人.使人觉得突兀,景仰之后,备受挫折.高斯这种追求完美的做法大大延误了数学的发展,使人们很难跟上他的脚步,这一点从潘承彪教授、沈永欢教授合译的《算术探讨》中可见一斑.所以我们提倡,讲思路,讲想法,表现思考过程,甚至绕点弯子,都是好的,因为它自然,贴近读者.

中国数学竞赛活动的开展、普及与中国革命的农村包围城市,星星之火可以燎原的方式迥然不同,是先在中心城市取得成功后再向全国蔓延.而这种方式全赖强势人物推进,从华罗庚先生到王寿仁先生再到裘宗沪先生,以他们的威望与影响振臂一呼,应者云集,数学奥林匹克在中国终成燎原之势.他们主持编写的参考书在业内被奉为圭臬,我们必须以此为标准,所以引用会时有发生,在此表示感谢.

中国数学奥林匹克能在世界上有今天的地位,各大学的名家们起了重要的理论支持作用.北京大学的王杰教授、复旦大学的舒五昌教授、首都师范大学的梅向明教授、华东师范大学的熊斌教授、中国科学院的许以超研究员、南开大学的李成章教授、合肥工业大学的苏化明教授、杭州师范学院的赵小云教授、陕西师范大学的罗增儒教授等,他们的文章所表现的高瞻周览、探赜索隐的识力,已达到炉火纯青的地步,堪称中国IMO研究的标志.如果说多样性是生物赖以生存的法则,那么百花齐放,则是数学竞赛赖以发展的基础.我们既希望看到像格罗登迪克那样为解决一批具体问题而建造大型联合机械式的宏大构思型解法,也盼望有像爱尔特希那样运用最少的工具以娴熟的技能做庖丁解牛式剖析型解法出现.为此本书广为引证,也向各位提供原创解法的专家学者致以谢意.

编者为图"文无遗珠"的效果,大量参考了多家书刊杂志中发表的解法,也向他们表示谢意.

特别要感谢湖南理工大学的周持中教授、长沙铁道学院的肖果能教授、广州大学的吴伟朝教授以及顾可敬先生.他们四位的长篇推广文章读之,使笔者不能不三叹而三致意,收入本书使之增色不少.

最后要说的是由于编者先天不备,后天不足,斗胆尝试,徒见笑于方家.

哲学家休谟在写自传的时候,曾有一句话讲得颇好:"一个人写自己的生平时,如果说得太多,总是免不了虚荣的."这句话同样也适合于本书的前言,写多了难免自夸,就此打住是明智之举.

刘培杰

2014年10月

目录 | Contents

第一编　第 51 届国际数学奥林匹克　　1

第 51 届国际数学奥林匹克题解 …………………………………………………… 3

第二编　第 51 届国际数学奥林匹克预选题　　11

第 51 届国际数学奥林匹克预选题及解答 ………………………………………… 13

第三编　第 52 届国际数学奥林匹克　　47

第 52 届国际数学奥林匹克题解 …………………………………………………… 49

第四编　第 52 届国际数学奥林匹克预选题　　57

第 52 届国际数学奥林匹克预选题及解答 ………………………………………… 59

第五编　第 53 届国际数学奥林匹克　　87

第 53 届国际数学奥林匹克题解 …………………………………………………… 89

第六编　第 53 届国际数学奥林匹克预选题　　97

第 53 届国际数学奥林匹克预选题及解答 ………………………………………… 99

第七编　第 54 届国际数学奥林匹克　　133

第 54 届国际数学奥林匹克题解 …………………………………………………… 135

第八编　第 54 届国际数学奥林匹克预选题　　147

第 54 届国际数学奥林匹克预选题及解答 ………………………………………… 149

第九编　第 55 届国际数学奥林匹克　181

第 55 届国际数学奥林匹克题解 …………………………………… 183

第十编　第 55 届国际数学奥林匹克预选题　193

第 55 届国际数学奥林匹克预选题及解答 ………………………… 195

第十一编　第 56 届国际数学奥林匹克　231

第 56 届国际数学奥林匹克题解 …………………………………… 233

第十二编　第 57 届国际数学奥林匹克　243

第 57 届国际数学奥林匹克题解 …………………………………… 245

附录　IMO 背景介绍　253

第 1 章　引言 ……………………………………………………… 255
　　第 1 节　国际数学奥林匹克 ………………………………… 255
　　第 2 节　IMO 竞赛 …………………………………………… 256
第 2 章　基本概念和事实 ………………………………………… 257
　　第 1 节　代数 ………………………………………………… 257
　　第 2 节　分析 ………………………………………………… 261
　　第 3 节　几何 ………………………………………………… 262
　　第 4 节　数论 ………………………………………………… 268
　　第 5 节　组合 ………………………………………………… 271

参考文献　275

后记　283

第一编
第51届国际数学奥林匹克

第 51 届国际数学奥林匹克题解

哈萨克斯坦,2010

❶ 求所有的函数 $f:\mathbf{R} \to \mathbf{R}$,使得等式
$$f([x]y) = f(x)[f(y)] \qquad ①$$
对所有的 $x, y \in \mathbf{R}$ 成立($[z]$ 表示不超过实数 z 的最大整数).

法国命题

解 $f(x) = c$(常数),其中 $c = 0$ 或 $1 \leqslant c < 2$.

令 $x = 0$ 代入式 ① 得
$$f(0) = f(0)[f(y)] \qquad ②$$
对所有 $y \in \mathbf{R}$ 成立.

于是,有如下两种情形:

(1) 当 $f(0) \neq 0$ 时,由式 ② 知,$[f(y)] = 1$ 对所有 $y \in \mathbf{R}$ 成立.从而,式 ① $\Leftrightarrow f([x]y) = f(x)$.令 $y = 0$,得 $f(x) = f(0) = c \neq 0$.由 $[f(y)] = 1 = [c]$ 知,$1 \leqslant c < 2$.

(2) 当 $f(0) = 0$ 时,若存在 $0 < \alpha < 1$,使得 $f(\alpha) \neq 0$,令 $x = \alpha$ 代入式 ① 得
$$0 = f(0) = f(\alpha)[f(y)]$$
对所有 $y \in \mathbf{R}$ 成立.于是,$[f(y)] = 0$ 对所有 $y \in \mathbf{R}$ 成立.

令 $x = 1$,代入式 ① 得 $f(y) = 0$ 对所有 $y \in \mathbf{R}$ 成立,这与 $f(\alpha) \neq 0$ 矛盾.所以,$f(\alpha) = 0 (0 \leqslant \alpha < 1)$.

对于任意实数 z,存在整数 N,使得
$$\alpha = \frac{z}{N} \in [0, 1)$$
由式 ① 有
$$f(z) = f([N]\alpha) = f(N)[f(\alpha)] = 0$$
对所有 $z \in \mathbf{R}$ 成立.

经检验,$f(x) = c$(常数),其中 $c = 0$ 或 $1 \leqslant c < 2$ 满足题设.

❷ 设 $\triangle ABC$ 的内心为 I,外接圆为 Γ,直线 AI 交圆 Γ 于另一点 D.设 E 是弧 $\overset{\frown}{BDC}$ 上的一点,F 是边 BC 上的一点,使得
$$\angle BAF = \angle CAE < \frac{1}{2}\angle BAC$$

设 G 是线段 IF 的中点,证明:直线 DG 与 EI 的交点在圆 Γ 上.

中国香港命题

证明 如图 51.1 所示,设直线 AD 与 BC 交于点 H,射线 DG 与 AF 交于点 K,射线 DG 与射线 EI 交于点 T,联结 CE.

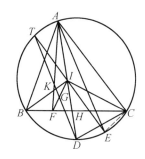

图 51.1

注意到,$\angle DIC = \angle IAC + \angle ICA = \angle BCD + \angle ICB = \angle ICD$.

所以,$ID = DC$.

由 $\angle ADC = \angle ABC = \angle ABH$,$\angle DAC = \angle BAH$,得
$$\triangle DAC \sim \triangle BAH$$

故
$$\frac{AB+BH}{AH} = \frac{AD+DC}{AC} = \frac{AD+ID}{AC}$$

由 $\angle ABI = \angle HBI \Rightarrow \frac{AB}{AI} = \frac{BH}{HI} \Rightarrow \frac{AB+BH}{AH} = \frac{AB}{AI}$,故
$$AB \cdot AC = AI(AD+ID)$$

由 $\angle ABF = \angle ABC = \angle AEC$,$\angle BAF = \angle EAC$,得
$$\triangle ABF \sim \triangle AEC$$

故
$$AE \cdot AF = AB \cdot AC = AI(AD + ID) \quad \text{①}$$

对 $\triangle AFI$ 与截线 KGD 应用梅涅劳斯定理得
$$\frac{AK}{KF} \cdot \frac{FG}{GI} \cdot \frac{ID}{DA} = 1$$

注意到
$$FG = GI \Rightarrow \frac{AK}{KF} = \frac{DA}{DI} \Rightarrow \frac{AK}{AF} = \frac{DA}{DA+DI} \quad \text{②}$$

由 ①×② 得 $AK \cdot AE = DA \cdot AI$,即 $\frac{AK}{AD} = \frac{AI}{AE}$.

又 $\angle KAD = \angle IAE$,则
$$\triangle KAD \sim \triangle IAE \Rightarrow \angle KDA = \angle IEA$$

因此,$\angle TDA = \angle TEA$.

故 A,T,D,E 四点共圆,点 T 在圆 Γ 上,即 DG 与 EI 的延长线交于圆 Γ 上一点.

❸ 求所有的函数 $g:\mathbf{N}_+ \to \mathbf{N}_+$,使得对所有的 $m,n \in \mathbf{N}_+$,$(g(m)+n)(m+g(n))$ 是一个完全平方数.

美国命题

解 $g(n) = n + c$,其中常数 c 是非负整数.

首先,函数 $g(n) = n + c$ 满足题意(因为此时
$$(g(m)+n)(m+g(n)) = (n+m+c)^2$$
是一个平方数).

先证明一个引理.

引理 若质数 p 整除 $g(k) - g(l)$,k,l 是正整数,则 $p \mid (k-l)$.

证明 事实上,若 $p^2 \mid (g(k)-g(l))$,令 $g(l)=g(k)+p^2 a$,其中 a 是某个整数.

取一个整数 $d > \max\{g(k),g(l)\}$,且 d 不能被 p 整除.

令 $n = pd - g(k)$,则 $n+g(k) = pd$. 故
$$n+g(l) = pd+(g(l)-g(k)) = p(d+pa)$$
能被 p 整除,但不能被 p^2 整除.

由题设知,$(g(k)+n)(g(n)+k)$ 和 $(g(l)+n)(g(n)+l)$ 都是平方数,所以它们能被质数 p 整除,就能被 p^2 整除. 于是
$$p \mid (g(n)+k), \quad p \mid (g(n)+l)$$
故
$$p \mid [(g(n)+k)-(g(n)+l)]$$
即
$$p \mid (k-l)$$

若 $p \parallel (g(k)-g(l))$,取同样的整数 d,令 $n = p^3 d - g(k)$,则正整数
$$g(k)+n = p^3 d$$
能被 p^3 整除,但不能被 p^4 整除,正整数
$$g(l)+n = p^3 d + (g(l)-g(k))$$
能被 p 整除,但不能被 p^2 整除. 于是,由题设知
$$p \mid (g(n)+k), \quad p \mid (g(n)+l)$$
故
$$p \mid [(g(n)+k)-(g(n)+l)]$$
即
$$p \mid (k-l)$$

回到原题.

若存在正整数 k,l,使得 $g(k)=g(l)$,则由引理知,$k-l$ 能被任意质数 p 整除. 从而,$k-l=0$,即 $k=l$. 故 g 是单射.

考虑数 $g(k)$ 和 $g(k+1)$.

因为 $(k+1)-k=1$,所以,由引理知,$g(k+1)-g(k)$ 不能被任意一个质数整除. 故
$$\mid g(k+1)-g(k) \mid = 1$$

设 $g(2)-g(1) = q(\mid q \mid = 1)$,则由数学归纳易知
$$g(n) = g(1)+(n-1)q$$

若 $q=-1$,则对 $n \geqslant g(1)+1$,有 $g(n) \leqslant 0$,矛盾. 所以,$q=1$. 故 $g(n) = n+(g(1)-1)$ 对所有 $n \in \mathbf{N}$ 都成立,其中 $g(1)-1 \geqslant 0$.

令 $g(1)-1 = c$(常数),故 $g(n) = n+c$,其中常数 c 是非负整数.

---

❹ 设 P 是 $\triangle ABC$ 内的一点,直线 AP,BP,CP 与 $\triangle ABC$ 的外接圆 Γ 的另一个交点分别为 K,L,M,圆 Γ 在点 C 处的切线与直线 AB 交于点 S,$SC=SP$,证明:$MK=ML$.

波兰命题

证明 不妨设 $CA > CB$,则点 S 在射线 AB 上.

如图 51.2 所示,设直线 SP 与 $\triangle ABC$ 的外接圆交于点 E,F.
由题设及圆幂定理得
$$SP^2 = SC^2 = SB \cdot SA$$

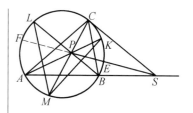

图 51.2

则 $\dfrac{SP}{SB} = \dfrac{SA}{SP} \Rightarrow \triangle PSA \backsim \triangle BSP \Rightarrow \angle SAP = \angle BPS$.

注意到 $2\angle BPS = \overarc{BE} + \overarc{LF}$,有
$$2\angle SAP = \overarc{BE} + \overarc{EK}$$

所以
$$\overarc{LF} = \overarc{EK} \qquad ①$$

由 $\angle SPC = \angle SCP$,得
$$\overarc{EC} + \overarc{MF} = \overarc{EC} + \overarc{EM}$$

所以
$$\overarc{MF} = \overarc{EM} \qquad ②$$

由式 ①,② 得
$$\overarc{MFL} = \overarc{MF} + \overarc{FL} = \overarc{ME} + \overarc{EK} = \overarc{MEK}$$

因此, $MK = ML$.

---

❺ 有六个盒子 $B_1, B_2, B_3, B_4, B_5, B_6$, 开始时每个盒子中都恰好有 1 枚硬币. 每次可以任选如下两种方式之一对它们进行操作:

(1) 选取一个至少有 1 枚硬币的盒子 $B_j(1 \leqslant j \leqslant 5)$, 从盒子 B_j 中取走 1 枚硬币, 并在盒子 B_{j+1} 中加入 2 枚硬币.

(2) 选取一个至少有 1 枚硬币的盒子 $B_k(1 \leqslant k \leqslant 4)$, 从 B_k 中取走 1 枚硬币, 并且交换盒子 B_{k+1}(可能是空盒) 与盒子 B_{k+2}(可能是空盒) 中的所有硬币.

问: 是否能进行若干次上述操作, 使盒子 B_1, B_2, B_3, B_4, B_5 中没有硬币, 而盒子 B_6 中恰好有 $2010^{2010^{2010}}$ 枚硬币(注: $a^{b^c} = a^{(b^c)}$).

荷兰命题

解 答案是肯定的.

令 $A = 2010^{2010^{2010}}$.

将盒子 $B_i, B_{i+1}, \cdots, B_{i+k}$ 中的硬币数 $b_i, b_{i+1}, \cdots, b_{i+k}$ 通过若干次操作变为硬币数 $b'_i, b'_{i+1}, \cdots, b'_{i+k}$, 用
$$(b_i, b_{i+1}, \cdots, b_{i+k}) \to (b'_i, b'_{i+1}, \cdots, b'_{i+k})$$
表示.

于是, 要通过若干次操作, 使得
$$(1,1,1,1,1,1) \to (0,0,0,0,0,A)$$

先证明两个引理.

引理 1 对每个正整数 a,有 $(a,0,0) \to (0,2^a,0)$.

证明 因 $(a,0,0) \to (a-1,2,0) = (a-1,2^1,0)$,所以当 $k=1$ 时,命题成立.

假设命题对 $k < a$ 成立,则
$$(a-k,2^k,0) \to (a-k,2^k-1,2) \to \cdots \to (a-k,0,2^{k+1}) \to (a-k-1,2^{k+1},0)$$

故 $(a,0,0) \to (a-k,2^k,0) \to (a-k-1,a^{k+1},0)$

即命题对 $k+1(\leqslant a)$ 也成立.

引理 2 对每个正整数 a,有 $(a,0,0,0) \to (0,P_a,0,0)$,其中 $P_n = 2^{2^{\cdot^{\cdot^{\cdot^2}}}}$ (n 个 2),n 是正整数.

证明 对正整数 $k(k \leqslant a)$ 用数学归纳法证明:$(a,0,0,0) \to (a-k,P_k,0,0)$.

由操作方式(1)有
$$(a,0,0,0) \to (a-1,2,0,0) = (a-1,P_1,0,0)$$

故当 $k=1$ 时,命题成立.

假设命题对 $k < a$ 成立,则
$$(a-k,P_k,0,0) \to (a-k,0,2^{P_k},0) = (a-k,0,P_{k+1},0) \to (a-k-1,P_{k+1},0,0)$$

故 $(a,0,0,0) \to (a-k,P_k,0,0) \to (a-k-1,P_{k+1},0,0)$

即命题对 $k+1(\leqslant a)$ 也成立.

回到原题.

注意到
$$\to (1,1,1,1,1,1) \to (1,1,1,1,0,3) \to (1,1,1,0,3,0) \to$$
$$(1,1,0,3,0,0) \to (1,0,3,0,0,0) \to (0,3,0,0,0,0) \to$$
$$(0,0,P_3,0,0,0) = (0,0,16,0,0,0) \to (0,0,0,P_{16},0,0)$$

而
$$A = 2\,010^{2\,010^{2\,010}} < (2^{11})^{2\,010^{2\,010}} = 2^{11 \times 2\,010^{2\,010}} < 2^{2\,010^{2\,011}} < 2^{(2^{11})^{2\,011}} = 2^{2^{11 \times 2\,011}} < 2^{2^{2^{15}}} < P_{16}$$

则盒子 B_4 中的硬币数大于 A.

又
$$(0,0,0,P_{16},0,0) \to (0,0,0,P_{16}-1,0,0) \to$$
$$(0,0,0,P_{16}-2,0,0) \to \cdots \to (0,0,0,\frac{A}{4},0,0)$$

故
$$(0,0,0,\frac{A}{4},0,0) \to \cdots \to (0,0,0,0,\frac{A}{2},0) \to \cdots \to (0,0,0,0,0,A)$$

❻ 设 $a_1, a_2, \cdots$ 是一个正实数数列. 假设存在某个固定的正整数 s, 使得对所有的 $n > s$, 有 $a_n = \max\{a_k + a_{n-k} \mid 1 \leqslant k \leqslant n-1\}$. 证明: 存在正整数 $l(l \leqslant s)$ 和 N, 使得对所有的 $n \geqslant N$, 都有 $a_n = a_l + a_{n-l}$.

伊朗命题

证明 由题设知, 对每个 $n > s$, a_n 能表示为
$$a_n = a_{j_1} + a_{j_2} \quad (j_1, j_2 < n, j_1 + j_2 = n)$$

若 $j_1 > s$, 可以继续把 a_{j_1} 表示成数列的两项的和. 如此下去, 可以把 a_n 表示为
$$a_n = a_{i_1} + a_{i_2} + \cdots + a_{i_k} \qquad ①$$

其中 $1 \leqslant i_1, i_2, \cdots, i_k \leqslant s, i_1 + i_2 + \cdots + i_k = n$.

记 $m = \max\left\{\dfrac{a_i}{l} \mid 1 \leqslant i \leqslant s\right\}$, 且设某个固定的正整数 $l \leqslant s$ 使得 $m = \dfrac{a_l}{l}$.

构造数列 $\{b_n\}$, 有
$$b_n = a_n - mn \quad (n = 1, 2, \cdots) \qquad ②$$
则 $\qquad b_l = 0$

当 $n \leqslant s$ 时, 由 m 的定义知 $b_n \leqslant 0$.

当 $n > s$ 时, 有
$$\begin{aligned} b_n &= a_n - mn = \max\{a_k + a_{n-k} \mid 1 \leqslant k \leqslant n-1\} - mn = \\ &\quad \max\{b_k + b_{n-k} + mn \mid 1 \leqslant k \leqslant n-1\} - mn = \\ &\quad \max\{b_k + b_{n-k} \mid 1 \leqslant k \leqslant n-1\} \leqslant 0 \end{aligned}$$

所以, $b_n \leqslant 0 (n = 1, 2, \cdots)$, 且当 $n > s$ 时, 有
$$b_n = \max\{b_k + b_{n-k} \mid 1 \leqslant k \leqslant n-1\}$$

若 $b_k = 0 (k = 1, 2, \cdots, s)$, 则对所有正整数 n, $b_n = 0$. 于是, $a_n = mn (n = 1, 2, \cdots)$. 从而, 命题得证.

否则, 令
$$M = \max_{1 \leqslant i \leqslant s} |b_i|$$
$$\varepsilon = \min\{|b_i| \mid 1 \leqslant i \leqslant s, b_i < 0\}$$

于是, 当 $n > s$ 时, 有
$$b_n = \max\{b_k + b_{n-k} \mid 1 \leqslant k \leqslant n-1\} \geqslant b_l + b_{n-l} = b_{n-l}$$
所以, $0 \geqslant b_n \geqslant b_{n-l} \geqslant \cdots \geqslant -M$.

对于数列 $\{b_n\}$, 由式 ①、② 知, 每个 b_n 属于集合
$$T = \{b_{i_1} + b_{i_2} + \cdots + b_{i_k} \mid 1 \leqslant i_1, i_2, \cdots, i_k \leqslant s\} \cap [-M, 0]$$
而 T 是一个有限集.

事实上, 对于任意 $x \in T$, 令
$$x = b_{i_1} + b_{i_2} + \cdots + b_{i_k} \quad (1 \leqslant i_1, i_2, \cdots, i_k \leqslant s)$$

则 b_{i_j} 中至多有 $\frac{M}{\varepsilon}$ 个非零项(否则,$x < \frac{M}{\varepsilon}(-\varepsilon) = -M$). 故 x 有有限个这样的和的表示方式.

因此,对每一个 $t = 1, 2, \cdots, l$, 数列
$$b_{s+t}, b_{s+t+l}, b_{s+t+2l}, \cdots$$
是递增的且取有限个值. 所以, 从某个下标开始是常数.

于是, 数列 $\{b_n\}$ 从某个下标 N 开始是以 l 为周期的周期数列, 即
$$b_n = b_{n-l} = b_l + b_{n-l} \quad (n > N + l)$$
故
$$a_n = b_n + mn = (b_l + ml) + [b_{n-l} + m(n-l)] = a_l + a_{n-l} \quad (n > N + l)$$

第二编
第51届国际数学奥林匹克预选题

第 51 届国际数学奥林匹克预选题及解答

代数部分

1 本届 IMO 第 1 题.

解 本届 IMO 第 1 题.

2 已知实数 a,b,c,d 满足
$$a+b+c+d=6$$
$$a^2+b^2+c^2+d^2=12$$
证明
$$36 \leqslant 4(a^3+b^3+c^3+d^3)-(a^4+b^4+c^4+d^4) \leqslant 48$$

证明 设 $x=a-1, y=b-1, z=c-1, t=d-1$,则
$$4(a^3+b^3+c^3+d^3)-(a^4+b^4+c^4+d^4)=$$
$$-((a-1)^4+(b-1)^4+(c-1)^4+(d-1)^4)+$$
$$6(a^2+b^2+c^2+d^2)-4(a+b+c+d)+4=$$
$$-((a-1)^4+(b-1)^4+(c-1)^4+(d-1)^4)+52=$$
$$-(x^4+y^4+z^4+t^4)+52$$

因此,只要证明
$$4 \leqslant x^4+y^4+z^4+t^4 \leqslant 16$$

其中
$$x^2+y^2+z^2+t^2=$$
$$(a^2+b^2+c^2+d^2)-2(a+b+c+d)+4=4$$

由
$$x^4+y^4+z^4+t^4 \geqslant \frac{(x^2+y^2+z^2+t^2)^2}{4}=4$$

及
$$x^4+y^4+z^4+t^4 \leqslant (x^2+y^2+z^2+t^2)^2=16$$

知原不等式成立.

❸ 已知 $x_1, x_2, \cdots, x_{100}$ 是非负实数，且对于 $i=1,2,\cdots,100$，有 $x_i + x_{i+1} + x_{i+2} \leqslant 1$，其中 $x_{101}=x_1, x_{102}=x_2$. 求和式 $S = \sum_{i=1}^{100} x_i x_{i+2}$ 的最大值.

解 S 的最大值为 $\dfrac{25}{2}$.

对于 $i=1,2,\cdots,50$，设 $x_{2i}=0, x_{2i-1}=\dfrac{1}{2}$.

则 $S = 50 \times \left(\dfrac{1}{2}\right)^2 = \dfrac{25}{2}$.

下面证明：对于所有满足条件的 $x_1, x_2, \cdots, x_{100}$，有
$$S \leqslant \dfrac{25}{2}$$

因为对于所有的 $i(1 \leqslant i \leqslant 50)$ 有
$$x_{2i-1} \leqslant 1 - x_{2i} - x_{2i+1}$$
$$x_{2i+2} \leqslant 1 - x_{2i} - x_{2i+1}$$

所以，由均值不等式得
$$x_{2i-1}x_{2i+1} + x_{2i}x_{2i+2} \leqslant$$
$$(1-x_{2i}-x_{2i+1})x_{2i+1} + x_{2i}(1-x_{2i}-x_{2i+1}) =$$
$$(x_{2i}+x_{2i+1})(1-x_{2i}-x_{2i+1}) \leqslant$$
$$\left(\dfrac{(x_{2i}+x_{2i+1})+(1-x_{2i}-x_{2i+1})}{2}\right)^2 = \dfrac{1}{4}$$

故
$$S = \sum_{i=1}^{50}(x_{2i-1}x_{2i+1} + x_{2i}x_{2i+2}) \leqslant$$
$$50 \times \dfrac{1}{4} = \dfrac{25}{2}$$

❹ 数列 $x_1, x_2, \cdots$ 定义如下
$$x_1 = 1, x_{2k} = -x_k, x_{2k-1} = (-1)^{k+1}x_k$$
其中 $k \geqslant 1$. 证明：对于所有的 $n \geqslant 1, x_1 + x_2 + \cdots + x_n \geqslant 0$.

证明 由 x_i 的定义知，对于每个正整数 k 有
$$x_{4k-3} = x_{2k-1} = -x_{4k-2} \qquad ①$$
$$x_{4k-1} = x_{4k} = -x_{2k} = x_k \qquad ②$$

设 $S_n = \sum_{i=1}^{n} x_i$，则

$$S_{4k} = \sum_{i=1}^{k}((x_{4i-3}+x_{4i-2})+(x_{4i-1}+x_{4i})) =$$
$$\sum_{i=1}^{k}(0+2x_i) = 2S_k \qquad ③$$
$$S_{4k+2} = S_{4k} + (x_{4k+1}+x_{4k+2}) = S_{4k} \qquad ④$$

且 $S_n = \sum_{i=1}^{n} x_i \equiv \sum_{i=1}^{n} 1 = n \pmod 2$.

对于 k，下面用数学归纳法证明：对于所有的 $i \leqslant 4k, S_i \geqslant 0$.

因为 $x_1 = x_3 = x_4 = 1, x_2 = -1$，所以
$$S_i \geqslant 0 \, (i=1,2,3,4)$$

假设对于所有的 $i \leqslant 4k, S_i \geqslant 0$. 由式 ① ~ ④ 知
$$S_{4k+4} = 2S_{k+1} \geqslant 0$$
$$S_{4k+2} = S_{4k} \geqslant 0$$
$$S_{4k+3} = S_{4k+2} + x_{4k+3} = \frac{S_{4k+2}+S_{4k+4}}{2} \geqslant 0$$

接下来证明 $S_{4k+1} \geqslant 0$.

若 k 是奇数，则 $S_{4k} = 2S_k \geqslant 0$.

因为 k 是奇数，所以 S_k 也是一个奇数.

于是，$S_{4k} \geqslant 2$.

因此，$S_{4k+1} = S_{4k} + x_{4k+1} \geqslant 1$.

若 k 是偶数，则 $x_{4k+1} = x_{2k+1} = x_{k+1}$.

故
$$S_{4k+1} = S_{4k} + x_{4k+1} = $$
$$2S_k + x_{k+1} = S_k + S_{k+1} \geqslant 0$$

综上，对于所有的 $n \geqslant 1, S_n \geqslant 0$.

---

❺ 设 $\mathbf{Q}_+$ 是所有正有理数构成的集合. 求所有的函数 $f: \mathbf{Q}_+ \to \mathbf{Q}_+$，使得对于所有的 $x,y \in \mathbf{Q}_+$，有
$$f(f^2(x)y) = x^3 f(xy) \qquad ①$$

解 满足条件的函数为 $f(x) = \dfrac{1}{x}$.

在式 ① 中取 $y=1$，则
$$f(f^2(x)) = x^3 f(x) \qquad ②$$

若 $f(x) = f(y)$，则
$$x^3 = \frac{f(f^2(x))}{f(x)} = \frac{f(f^2(y))}{f(y)} = y^3 \Rightarrow x=y$$

因此，函数 f 是单射.

在式 ② 中用 xy 代替 x，在式 ① 中用 $(y, f^2(x))$ 代替 (x,y)，得

$$f(f^2(xy)) = (xy)^3 f(xy) =$$
$$y^3 f(f^2(x)y) = f(f^2(x)f^2(y))$$

因为 f 是单射，所以
$$f^2(xy) = f^2(x)f^2(y) \Rightarrow f(xy) = f(x)f(y)$$

令 $x = y = 1$，得 $f(1) = 1$.

于是，对于所有正整数 n，有
$$f(x^n) = f^n(x)$$

从而，式 ① 化为
$$f^2(f(x))f(y) = x^3 f(x) f(y)$$

即
$$f(f(x)) = \sqrt{x^3 f(x)} \qquad ③$$

设 $g(x) = xf(x)$. 由式 ③ 可得
$$g(g(x)) = g(xf(x)) = xf(x)f(xf(x)) =$$
$$xf^2(x)f(f(x)) = xf^2(x)\sqrt{x^3 f(x)} =$$
$$(xf(x))^{\frac{5}{2}} = g^{\frac{5}{2}}(x)$$

由数学归纳法知，对于每个正整数 n 有
$$\underbrace{g(g(\cdots g(x)\cdots))}_{n+1\text{个}} = (g(x))^{\left(\frac{5}{2}\right)^n} \qquad ④$$

在式 ④ 中，对于一个固定的 x，式 ④ 的左边总是一个有理数，则 $(g(x))^{\left(\frac{5}{2}\right)^n}$ 对于每个正整数 n 均是一个有理数.

下面证明：只有 $g(x) = 1$ 是可能的.

假设 $g(x) \neq 1$. 设 $g(x) = p_1^{\alpha_1} p_2^{\alpha_2} \cdots p_k^{\alpha_k}$，其中 $p_1, p_2, \cdots, p_k$ 是不同的质数，$\alpha_1, \alpha_2, \cdots, \alpha_k$ 是非零整数. 则式 ④ 化为
$$\underbrace{g(g(\cdots g(x)\cdots))}_{n+1\text{个}} = (g(x))^{\left(\frac{5}{2}\right)^n} =$$
$$p_1^{\left(\frac{5}{2}\right)^n \alpha_1} p_2^{\left(\frac{5}{2}\right)^n \alpha_2} \cdots p_k^{\left(\frac{5}{2}\right)^n \alpha_k}$$

其中的幂指数应该是整数. 但是，当 n 足够大时，这是不可能的（例如，当 $2^n \nmid \alpha_1$ 时，$\left(\dfrac{5}{2}\right)^n \alpha_1$ 不是整数）. 于是，$g(x) = 1$，即对于所有的 $x \in \mathbf{Q}_+$，$f(x) = \dfrac{1}{x}$.

故函数 $f(x) = \dfrac{1}{x}$ 满足方程 ①，即
$$f(f^2(x)y) = \frac{1}{f^2(x)y} = \frac{1}{\left(\dfrac{1}{x}\right)^2 y} = \frac{x^3}{xy} = x^3 f(xy)$$

❻ 已知两个函数 $f,g:\mathbf{N}_+\to\mathbf{N}_+$,满足对于所有的正整数 n,有
$$f(g(n))=f(n)+1$$
$$g(f(n))=g(n)+1$$
证明:对于所有的正整数 n,有
$$f(n)=g(n)$$

证明 对于任意的正整数 k 和任意函数 $h:\mathbf{N}_+\to\mathbf{N}_+$,定义
$$h^k(x)=\underbrace{h(h(\cdots h(x)\cdots))}_{k\uparrow}$$
特别地,$h^0(x)=x$.

对于任意的正整数 k 有
$$f(g^k(x))=f(g^{k-1}(x))+1=\cdots=f(x)+k$$
类似地,有 $g(f^k(x))=g(x)+k$.

设 f,g 取到的最小值分别为 a,b,且设 $f(n_f)=a,g(n_g)=b$,则
$$f(g^k(n_f))=a+k$$
$$g(f^k(n_g))=b+k$$
于是,f 可以取到集合
$$N_f=\{a,a+1,\cdots\}$$
中的所有值,g 可以取到集合
$$N_g=\{b,b+1,\cdots\}$$
中的所有值.

注意到由 $f(x)=f(y)$,得
$$g(x)=g(f(x))-1=g(f(y))-1=g(y)$$
反之结论也成立.

若 $f(x)=f(y)$(等价于 $g(x)=g(y)$),则称 x 和 y 相似(记为 $x\sim y$).

对于每个 $x\in\mathbf{N}$,定义
$$[x]=\{y\in\mathbf{N}\mid x\sim y\}$$
则对于所有的 $y_1,y_2\in[x],y_1\sim y_2$,当 $y\in[x]$ 时,$[x]=[y]$.

下面讨论 $[x]$ 的结构.

命题 1 假设 $f(x)\sim f(y)$,则 $x\sim y$,即
$$f(x)=f(y)$$

因此,对于每类集合 $[x]$,最多包含 N_f 中的一个元素,也最多包含 N_g 中的一个元素.

命题 1 的证明 若 $f(x)\sim f(y)$,则

$$g(x) = g(f(x)) - 1 = g(f(y)) - 1 = g(y)$$

于是，$x \sim y$.

从而，$f(x) = f(y)$.

下面将阐述每类集合中的元素有界.

命题 2 对于任意的 $x \in \mathbf{N}$，$[x] \subseteq \{1, 2, \cdots, b-1\}$ 当且仅当 $f(x) = a$.

类此地，$[x] \subseteq \{1, 2, \cdots, a-1\}$ 当且仅当 $g(x) = b$.

命题 2 的证明 首先证明
$$[x] \nsubseteq \{1, 2, \cdots, b-1\} \Leftrightarrow f(x) > a$$

$f(x) > a$ 表明存在正整数 y 使得
$$f(y) = f(x) - 1$$

则 $f(g(y)) = f(y) + 1 = f(x)$.

于是，$x \sim g(y) \geqslant b$.

反之，若 $b \leqslant c \sim x$，则存在 $y \in \mathbf{N}$，使得 $c = g(y)$. 于是
$$f(x) = f(g(y)) = f(y) + 1 \geqslant a + 1$$

即 $f(x) > a$.

类似地可证明第二个结论.

命题 2 表明，恰存在一类集合包含在 $\{1, 2, \cdots, a-1\}$ 中，即 $[n_g]$；也恰存在一类集合包含在 $\{1, 2, \cdots, b-1\}$ 中，即 $[n_f]$.

由对称性，不妨设 $a \leqslant b$，则 $[n_g]$ 也包含在 $\{1, 2, \cdots, b-1\}$ 中，于是
$$f(x) = a \Leftrightarrow g(x) = b \Leftrightarrow x \sim n_f \sim n_g \qquad ①$$

命题 3 $a = b$.

命题 3 的证明 由命题 2 知 $[a] \neq [n_f]$，则 $[a]$ 中包含元素 $a' \geqslant b$.

若 $a \neq a'$，则 $[a]$ 中包含两个大于或等于 a 的元素，与命题 1 矛盾.

因此，$a = a' \geqslant b$. 从而，$a = b$.

命题 4 对于每个整数 $d \geqslant 0$，有
$$f^{d+1}(n_f) = g^{d+1}(n_f) = a + d$$

命题 4 的证明 对 d 用数学归纳法.

当 $d = 0$ 时，由式 ① 及命题 3 可知结论成立.

假设小于 d 的结论成立. 于是
$$f^{d+1}(n_f) = f(f^d(n_f)) = f(g^d(n_f)) = f(n_f) + d = a + d$$

类似地，有 $g^{d+1}(n_f) = a + d$.

对于每个 $x \in \mathbf{N}$，存在某个 $d \geqslant 0$，使得
$$f(x) = a + d$$

于是，$f(x) = f(g^d(n_f))$.

从而，$x \sim g^d(n_f)$.

由命题 4 得
$$g(x) = g(g^d(n_f)) = g^{d+1}(n_f) = a + d = f(x)$$

❼ 本届 IMO 第 6 题.

解 本届 IMO 第 6 题.

❽ 已知六个正数 a,b,c,d,e,f 满足
$$a < b < c < d < e < f$$
设 $a+c+e = S, b+d+f = T$. 证明
$$2ST > \sqrt{3(S+T)[S(bd+bf+df) + T(ac+ae+ce)]} \quad ①$$

证明 设
$$U = \frac{1}{2}[(e-a)^2 + (c-a)^2 + (e-c)^2] = S^2 - 3(ac+ae+ce)$$
$$V = \frac{1}{2}[(f-b)^2 + (f-d)^2 + (d-b)^2] = T^2 - 3(bd+bf+df)$$

则
式 ① $\Leftrightarrow (2ST)^2 > (S+T)[S \cdot 3(bd+bf+df) + T \cdot 3(ac+ae+ce)] \Leftrightarrow$
$4S^2T^2 > (S+T)[S(T^2-V) + T(S^2-U)] \Leftrightarrow$
$(S+T)(SV+TU) > ST(T-S)^2 \quad ②$

由柯西不等式得
$$(S+T)(SV+TU) \geqslant (\sqrt{S \cdot TU} + \sqrt{T \cdot SV})^2 = ST(\sqrt{U} + \sqrt{V})^2 \quad ③$$

又
$$\sqrt{U} + \sqrt{V} > \sqrt{\frac{(e-a)^2 + (c-a)^2}{2}} + \sqrt{\frac{(f-b)^2 + (f-d)^2}{2}} >$$
$$\frac{(e-a)+(c-a)}{2} + \frac{(f-b)+(f-d)}{2} =$$
$$\left(f - \frac{d}{2} - \frac{b}{2}\right) + \left(\frac{e}{2} + \frac{c}{2} - a\right) =$$
$$T - S + \frac{3}{2}(e-d) + \frac{3}{2}(c-b) >$$
$$T - S \quad ④$$

则由式 ③,④ 知式 ② 成立.

组合部分

1 在一次音乐会上,有20名歌手将进行演出,对于每一名歌手,都有一名其他歌手的集合(可能是空集),使得他希望演出比这个集合中的所有歌手晚.问:是否存在恰有2 010种歌手排序的方法,使得他们的希望都能满足?

解 这样的例子是存在的.

称满足每个人的希望的歌手的排序为"好的".

若对于 k 名歌手的这些希望的集合恰存在 N 个好的排序,则称 N 是"被 k 名歌手可实现的"(或简称为"k-可实现的").

接下来证明:2 010 是"20-可实现的".

首先证明一个引理.

引理 假设 n_1,n_2 分别是 k_1-可实现的、k_2-可实现的,则 $n_1 n_2$ 是 (k_1+k_2)-可实现的.

证明 设歌手 $A_1,A_2,\cdots,A_{k_1}$(他们中有一些希望)可实现 n_1,歌手 $B_1,B_2,\cdots,B_{k_2}$(他们中有一些希望)可实现 n_2,加上每名歌手 B_i 的希望:演出比所有歌手 A_j 晚.则歌手的好的排序具有形式

$$(A_{i_1},A_{i_2},\cdots,A_{i_{k_1}},B_{j_1},B_{j_2},\cdots,B_{j_{k_2}})$$

其中 $(A_{i_1},A_{i_2},\cdots,A_{i_{k_1}})$ 对于 A_i 是好的排序,$(B_{j_1},B_{j_2},\cdots,B_{j_{k_2}})$ 对于 B_j 是好的排序.

反之,每一个这种形式的排序明显是好的,于是,好的排序的数目为 $n_1 n_2$.

回到原题.

由引理,构造4名歌手、3名歌手、13名歌手可实现的排序的数目分别为5,6,67,则

$$2\ 010 = 5 \times 6 \times 67$$

是被 $4+3+13=20$ 名歌手可实现的.

这三种情形的例子如图 51.3 ~ 51.5 所示(括号中的数为好的排序的数目,希望用箭头表示).

在图 51.3 中,c 希望比 a,b 演出晚,d 希望比 b 演出晚.则恰有 5 个好的排序

$$(a,b,c,d),(a,b,d,c),(b,a,c,d)$$
$$(b,a,d,c),(b,d,a,c)$$

在图 51.4 中,每个排序都是好的,共 6 个,因为他们都没有希望.

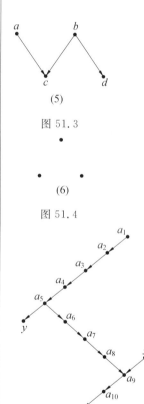

图 51.3

图 51.4

图 51.5

在图 51.5 中，$a_1, a_2, \cdots, a_{11}$ 的次序固定在这条线上，歌手 x 可以在每个 $a_i(i \leqslant 9)$ 的后面，歌手 y 可以在每个 $a_j(j \geqslant 5)$ 的前面，而在 a_i 与 $a_{i+1}(5 \leqslant i \leqslant 8)$ 之间时，两名歌手的次序可交换．

于是，好的排序的数目为
$$9 \times 7 + 4 = 67$$

❷ 在一些行星上，有 $2^N(N \geqslant 4)$ 个国家，每个国家有一面由 N 个单位方格组成的宽为 N、高为 1 的矩形旗子，每个单位方格要么被染为黄色，要么被染为蓝色．任意两个国家的旗子均不相同．若其中 N 面旗子能被排成一个 $N \times N$ 的正方形，使得主对角线上的所有 N 个单位方格有相同的颜色，则称这 N 面旗子的集合是"完美的"．求最小的正整数 M，使得任意不同的 M 面旗子中，一定存在 N 面旗子构成一个完美的集合．

解 说明：解题过程中涉及的正方形的对角线均为主对角线．

设 M_N 是满足条件的最小正整数．

首先证明：$M_N > 2^{N-2}$．

考虑 2^{N-2} 面旗子，其中每面旗子的第一个单位方格都是黄色的，第二个单位方格都是蓝色的．则两种颜色都会出现在由这些旗子中的 N 面旗子排成的 $N \times N$ 的正方形的对角线上．

其次证明：$M_N \leqslant 2^{N-2} + 1$．

对 N 用数学归纳法．

先考虑 $N = 4$ 的情形．

假设有 5 面由 4 个单位方格组成的旗子，每面旗子被分成两部分，每部分由两个单位方格组成，并将每面旗子记为 LR，其中 1×2 的旗子 $L, R \in S = \{BB, BY, YB, YY\}$，分别是这面旗子的左、右部分．

对两个 1×2 的旗子直接检验下面的结论．

(1) 对于每个 $A \in S$，存在唯一的一面 1×2 的旗子 $C \in S$，使得 A 和 C 不能排成一个 2×2 的正方形，其对角线是同色的（若 A 为 BB，则 C 为 YY；若 A 为 BY，则 C 为 BY）．

(2) 设不同的 $A_1, A_2, A_3 \in S$，则存在两个能构成一个 2×2 的正方形，其对角线为黄色，也存在两个能构成一个 2×2 的正方形，其对角线为蓝色（若不含 BB，则 (BY, YB) 满足上述两种情形的结论；若不含 BY，则 (YB, YY) 和 (BB, YB) 满足上述结论）．

设 5 面旗子的左、右部分中分别有 l, r 个不同，则所有旗子的

数目为 $5 \leqslant lr$. 于是,l,r 中至少有一个不小于 3(不妨设 $r \geqslant 3$).

另一方面,由于 $l,r \leqslant 4$,则有两面旗子的右部分相同,设为 L_1R_1 和 $L_2R_1(L_1 \neq L_2)$.

因为 $r \geqslant 3$,所以,存在 L_3R_3 和 L_4R_4,使得 R_1,R_3,R_4 两两不同.

设 $L'R'$ 是剩下的一面旗子. 由(1)知,(L',L_1) 和 (L',L_2) 中存在一个能排成一个 2×2 的正方形,其对角线是同色的(不妨设 L',L_2 构成一个 2×2 的正方形,且对角线是蓝色的);由(2)知,旗子 L_1R_1,L_3R_3,L_4R_4 中存在两面旗子,其右部分能构成一个 2×2 的正方形,其对角线是蓝色的. 从而,这四面旗子能构成一个 4×4 的正方形,对角线上的所有单位方格的颜色都是蓝色的.

对于 $N > 4$,假设 $N-1$ 时结论成立.

考虑长度为 N 的任意 $2^{N-2}+1$ 面旗子,并把它们排成一面 $(2^{N-2}+1) \times N$ 的大旗子. 由于旗子不同,则一定存在一列包含两种颜色(不妨设为第一列). 由抽屉原理,这列中存在一种颜色至少有
$$\left\lceil \frac{2^{N-2}+1}{2} \right\rceil = 2^{N-3}+1$$
个单位方格同色(不妨设为蓝色).

称第 1 个单位方格为蓝色的旗子为"好的".

考虑所有好的旗子,并去掉这些旗子中的每面旗子中的第 1 个单位方格,于是,得到至少
$$2^{N-3}+1 \geqslant M_{N-1}$$
面长度为 $N-1$ 的旗子. 由归纳假设,在这些旗子中,存在 $N-1$ 面旗子能构成一个对角线同色的正方形 Q. 现在补上被去掉的单位方格,得到一个 $(N-1) \times N$ 的矩形,其目的是在它的上面再加一面旗子.

若正方形 Q 的对角线的颜色均为黄色,可以将任意一个第 1 个单位方格是黄色的旗子(由于第 1 列有两种颜色,且第 1 个单位方格是黄色的旗子在正方形 Q 中没有使用)加在这个 $(N-1) \times N$ 的矩形上面,都可得到满足条件的 $N \times N$ 的正方形.

若正方形 Q 的对角线的颜色均为蓝色,由于
$$2^{N-3}+1-(N-1) > 0$$
于是,在剩下的好的旗子中任取一个加在这个 $(N-1) \times N$ 的矩形上面,都可得到满足条件的 $N \times N$ 的正方形.

故 $M_N = 2^{N-2}+1$.

❸ 2 500 枚棋子王放在 100×100 的棋盘上,使得:

(1) 没有王能吃掉其他的王(即没有两个王所在的两个单位方格有公共顶点);

(2) 每行、每列恰包含 25 个王.

求满足条件的放置方法的数目(通过旋转或对称得到的放置被认为是不同的放置).

解 假设有一种放置满足条件.

将棋盘分割成 2 500 个 2×2 的正方形,并称这些 2×2 的正方形为"块",每块不能超过 1 个王(否则,两个王可以互相攻击).

由抽屉原理可知,每块恰有一个王.

用字母 T 或 B 来表示每块里的王在上半部分或下半部分;用 L 或 R 来表示每块里的王在左半部分或右半部分.

于是,就称这块为"$T-$块""$B-$块""$L-$块"或"$R-$块".

若这块既是 $T-$块,又是 $L-$块,则称其为"$TL-$块".

类似地,定义"$TR-$块""$BL-$块""$BR-$块".

由于块的放置唯一确定王的放置,可考虑由 50×50 个块组成的正方形(图 5.16).

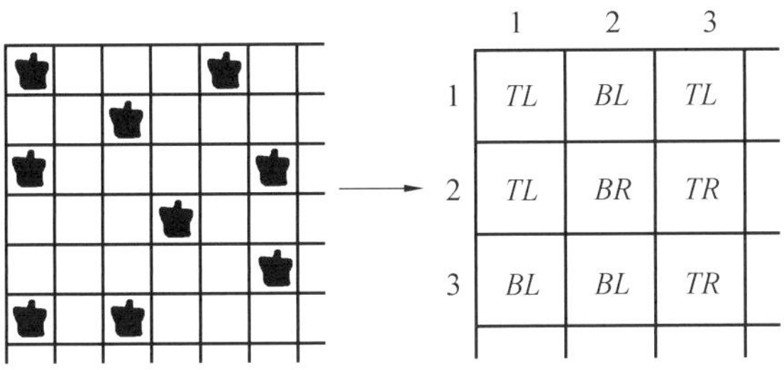

图 51.6

用 (i,j) 表示第 i 行的第 j 个块,其中 $1\leqslant i,j\leqslant 50$,且左上角的块为 $(1,1)$.

关于这个由块组成的正方形,有下列性质.

性质 1 若 (i,j) 是 $B-$块,则 $(i+1,j)$ 也是 $B-$块,否则,分别在这两个块中的王可以互相攻击.类似地,若 (i,j) 是 $T-$块,则 $(i-1,j)$ 也是 $T-$块;若 (i,j) 是 $L-$块,则 $(i,j-1)$ 也是 $L-$块;若 (i,j) 是 $R-$块,则 $(i,j+1)$ 也是 $R-$块.

性质 2 每列恰有 25 个 $L-$块和 25 个 $R-$块,每行恰有 25 个 $T-$块和 25 个 $B-$块,且 $L-$块、$R-$块、$T-$块、$B-$块的数目均为 $25\times50=1\ 250$.

考虑任意一个形如 $(1,j)$ 的 $B-$块.由性质 1 知,所有第 j 列的块都是 $B-$块,则称这样的列为"$B-$列".由性质 2 知,在第一行有

25 个 B 一块,于是,可以得到 25 个 B 一列. 这 25 个 B 一列包含 1 250 个 B 一块,从而,剩下的列中的所有的块都是 T 一块,得到的列称为 T 一列,且共有 25 个 T 一列.

类似地,恰有 25 个"L 一行",25 个"R 一行".

下面考虑任意相邻的 T 一列和 B 一列,不妨设为第 j 列和第 $j+1$ 列.

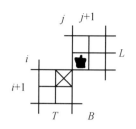

图 51.7

情形 1:第 j 列是 T 一列,第 $j+1$ 列是 B 一列.

考虑某个 i,使得第 i 行是 L 一行. 则 $(i,j+1)$ 是 BL 一块. 于是,$(i+1,j)$ 不能是 TR 一块(图 51.7). 故 $(i+1,j)$ 是 TL 一块. 从而,第 $i+1$ 行是 L 一行. 选择第 i 行是最上方的 L 一行,则依次可以得到从第 i 行到第 50 行均是 L 一行. 因为恰有 25 个 L 一行,所以,从第 1 行到第 25 行是 R 一行,从第 26 行到第 50 行是 L 一行.

同理,考虑相邻的 R 一行和 L 一行(行数分别为 25,26)知,从第 1 列到第 25 列是 T 一列,从第 26 列到第 50 列是 B 一列. 因此,得到了块的唯一的放置,使得王的放置满足条件(图 51.8).

情形 2:若第 j 列是 B 一列,第 $j+1$ 列是 T 一列,类似情形 1 的讨论可得第 1 行到第 25 行是 L 一行(其他行都是 R 一行),第 1 列到第 25 列是 B 一列(其他列都是 T 一列). 于是,也得到一种王的放置(图 51.9).

综上,满足条件的放置方法为两种.

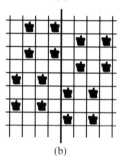

图 51.8

❹ 本届 IMO 第 5 题.

解 本届 IMO 第 5 题.

❺ 有 $n(n\geqslant 4)$ 名选手参加网球锦标赛,任意 2 名选手恰比赛一场,且没有平局. 若在 4 名选手中存在 1 名选手输给了其他 3 名选手,且在这 3 名选手之间每人都是胜一场、负一场,则称这四人组为"劣的". 假设在这次锦标赛中没有"劣的"四人组,且第 i 名选手胜、负的场数分别为 w_i,l_i. 证明
$$\sum_{i=1}^{n}(w_i-l_i)^3 \geqslant 0$$

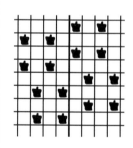

图 51.9

证明 对于任意的锦标赛 T,设
$$S(T)=\sum_{i=1}^{n}(w_i-l_i)^3$$

首先证明:对于有 4 名选手参加的锦标赛 T,结论是成立的.

事实上,设 $A=(w_1,w_2,w_3,w_4)$ 表示这 4 名选手胜的场次的数目,不妨假设
$$w_1 \geqslant w_2 \geqslant w_3 \geqslant w_4$$
由 $w_1+w_2+w_3+w_4=C_4^2=6$,得 $w_4 \leqslant 1$.

若 $w_4=0$,由于不可能有
$$w_1=w_2=w_3=2$$
否则,就出现"劣的"四人组,于是
$$A=(3,2,1,0)$$
$$S(T)=3^3+1^3+(-1)^3+(-3)^3=0$$
若 $w_4=1$,则有两种情形
$$A=(3,1,1,1) \text{ 和 } A=(2,2,1,1)$$
对应的 $S(T)$ 分别为
$$3^3+3\times(-2)^3>0$$
和
$$1^3+1^3+(-1)^3+(-1)^3=0$$

对于一般情形,考虑没有"劣的"四人组的锦标赛 T,且记这 n 名选手分别为 $1,2,\cdots,n$. 对每四名选手 i_1,i_2,i_3,i_4,考虑恰包含这 4 名选手及他们之间相互进行的比赛所构成的"子锦标赛" $T_{i_1i_2i_3i_4}$.

由前面的证明知 $S(T_{i_1i_2i_3i_4}) \geqslant 0$.

其次证明
$$S(T)=\sum_{i_1,i_2,i_3,i_4} S(T_{i_1i_2i_3i_4})$$
其中 i_1,i_2,i_3,i_4 取遍集合 $\{1,2,\cdots,n\}$ 中的所有四元子集.

对于 $i \neq j$,若第 i 名选手胜第 j 名选手,则设 $\varepsilon_{ij}=1$,否则,设 $\varepsilon_{ij}=-1$. 于是
$$(w_i-l_i)^3=\left(\sum_{j\neq i}\varepsilon_{ij}\right)^3=\sum_{j_1,j_2,j_3\neq i}\varepsilon_{ij_1}\varepsilon_{ij_2}\varepsilon_{ij_3}$$
从而,$S(T)=\sum_{i \notin \{j_1,j_2,j_3\}}\varepsilon_{ij_1}\varepsilon_{ij_2}\varepsilon_{ij_3}$.

为了简便起见,考虑和式中的每一项中包含两个下标相等的项(例如,$j_1=j_2$,则 $\varepsilon_{ij_1}^2=1$),于是,可用 ε_{ij_3} 来替代该项. 每个这样的项都作如此替换,且形成 ε_{ij_3} 的项均出现相同的次数,设为 $P(T)$. 从而
$$S(T)=\sum_{|\{i,j_1,j_2,j_3\}|=4}\varepsilon_{ij_1}\varepsilon_{ij_2}\varepsilon_{ij_3}+P(T)\sum_{i\neq j}\varepsilon_{ij} \triangleq$$
$$S_1(T)+P(T)S_2(T)$$

再证明:$S_2(T)=0$.

事实上,由于 $\varepsilon_{ij}=-\varepsilon_{ji}$,则可将 $S_2(T)$ 中的项分成这样的若干对,每对的和为 0. 因此

$$S_2(T) = 0$$

于是，$S(T) = S_1(T)$.

最后证明

$$S_1(T) = \sum_{i_1, i_2, i_3, i_4} S(T_{i_1 i_2 i_3 i_4})$$

因为 $S(T_{i_1 i_2 i_3 i_4}) = S_1(T_{i_1 i_2 i_3 i_4})$，所以，只需证明

$$S_1(T) = \sum_{i_1, i_2, i_3, i_4} S_1(T_{i_1 i_2 i_3 i_4}) \qquad ①$$

事实上，对于所有不同的数 j_1, j_2, j_3，集合 $\{i, j_1, j_2, j_3\}$ 恰包含在一个四元数组中，$\varepsilon_{ij_1} \varepsilon_{ij_2} \varepsilon_{ij_3}$ 恰出现在式 ① 的右边一次，也恰出现在式 ① 的左边一次，且在式 ① 的两边没有其他项，因此，等式成立.

综上，$\sum_{i=1}^{n}(w_i - l_i)^3 \geq 0$.

❻ 已知一个正整数 k 和其他两个正整数 $b, w (b > w > 1)$，有两条珍珠串，一串有 b 颗黑珍珠，一串有 w 颗白珍珠，称其上珍珠的数目为串长.

一个人按照下列若干步切开这些珍珠串，每一步满足：(1) 将珍珠串按照串长非增的次序排放. 若有一些珍珠串的串长相等，则白珍珠串放在黑珍珠串的前面，他选取前 k 串（每串珍珠的串长大于 1）；若串长大于 1 的珍珠串少于 k 串，则他把这些串长大于 1 的珍珠串全选取. (2) 接下来，他将选取的珍珠串切成两个珍珠串，串长之差的绝对值不超过 1（例如，有串长分别为 5,4,4,2 的黑珍珠串和串长分别为 8,4,3 的白珍珠串，$k=4$，则他选取串长为 8 的白珍珠串、串长为 5 的黑珍珠串、串长为 4 的白珍珠串、串长为 4 的黑珍珠串，并将这 4 串珍珠分别切开，切开后的串长分别为 (4,4),(3,2),(2,2) 和 (2,2)). 当出现串长为 1 的 1 颗白珍珠时，后面的步骤立即停止.

证明：此时，仍然存在一条黑珍珠串，串长至少为 2.

证明 第 i 步后的状态用 A_i 表示，初始状态为 A_0，$A_{i-1} \to A_i$ 是第 i 步. 称串长为 m 的珍珠串为 m-串，串长为 m 的黑珍珠串、白珍珠串分别为 $m-b-$串，$m-w-$串.

继续题设的步骤，直到每条珍珠串都只包含 1 颗珍珠.

注意这一过程中的三个时刻：

① 第一次出现 $1-$串的时刻，设在状态 A_s 中出现（无论是 $1-b-$串，还是 $1-w-$串）；

② 第一次出现珍珠串的数目大于 k 的时刻,设在状态 A_t 中出现(如果此时刻总不出现,记 $t=+\infty$);

③ 第一次所有的黑珍珠都 $1-$ 串的时候,设在状态 A_f 中出现.

下面只需证明:$1-w-$ 串出现在 A_{f-1} 或更早的状态.

先考虑一些简单的性质.

显然,$s \leqslant f$,且所有的黑珍珠串在第 f 步由 A_{f-1} 变为 $1-b-$ 串.于是,在 A_{f-1} 状态下均为 $1-b-$ 串或 $2-b-$ 串,且一定有 $2-b-$ 串.

接下来,在每一步 $A_i \to A_{i+1}(i \leqslant t-1)$,由于不超过 k 串,于是,所有串长大于 1 的珍珠串都被切开.如果再加入条件 $i < s$,由于没有 $1-$ 串,则所有的珍珠串在这一步都被切开.

设 B_i 和 b_i 是在状态 A_i 中最长的黑珍珠串的串长和最短的黑珍珠串的串长;W_i 和 w_i 是在状态 A_i 中最长的白珍珠串的串长和最短的白珍珠串的串长.

对 $i \leqslant \min\{s,t\}$ 用数学归纳法证明:

(1) 状态 A_i 恰包含 2^i 条黑珍珠串,2^i 条白珍珠串;

(2) $B_i \geqslant W_i$;

(3) $b_i \geqslant w_i$.

当 $i=0$ 时,结论显然成立.

假设 $i-1$ 时,结论成立.

对于 $i \leqslant \min\{s,t\}$,在第 i 步,由于每条珍珠串都被切开,则由归纳假设,(1) 的结论成立.

又
$$B_i = \left\lceil \frac{B_{i-1}}{2} \right\rceil \geqslant \left\lceil \frac{W_{i-1}}{2} \right\rceil = W_i$$
$$b_i = \left\lfloor \frac{b_{i-1}}{2} \right\rfloor \geqslant \left\lfloor \frac{w_{i-1}}{2} \right\rfloor = w_i$$

可知 (2)(3) 的结论也成立.

对于 s,t,f 有两种可能性.

情形 1:$s \leqslant t$ 或 $f \leqslant t+1(s \leqslant t+1)$.特别地,当 $t=+\infty$ 时,也是满足的.

在状态 A_{s-1} 中,因 $s-1 \leqslant \min\{s,t\}$,所以
$$B_{s-1} \geqslant W_{s-1}, b_{s-1} \geqslant w_{s-1} > 1$$

若 $s=f$,在状态 A_{s-1} 中没有 $1-w-$ 串,也没有串长大于 2 的黑珍珠串,则
$$2 = B_{s-1} \geqslant W_{s-1} \geqslant b_{s-1} \geqslant w_{s-1} > 1$$

于是,$B_{s-1} = W_{s-1} = b_{s-1} = w_{s-1} = 2$.

这意味着在状态 A_{s-1} 中所有珍珠串的串长均为 2,且有 2^{s-1}

条黑珍珠串,2^{s-1} 条白珍珠串.

从而,$b=2\times 2^{s-1}=w$,与已知条件矛盾.

故 $s\leqslant f-1$,且 $s\leqslant t$.

在第 s 步,每条珍珠串都被切开,如果 $1-b-$串出现在这一状态,由 $w_{s-1}\leqslant b_{s-1}$ 知,$1-w-$串也在这一状态出现.此时,$1-w-$串一定出现,且存在的黑珍珠串的串长大于 1.

情形 2:$t+1\leqslant s$,且 $t+2\leqslant f$.

则在状态 A_t 中,恰有 2^t 条白珍珠串,2^t 条黑珍珠串,且所有珍珠串的串长均大于 $1,2^{t+1}>k\geqslant 2^t$(后一个不等式是因为在状态 A_{t-1} 珍珠串的数目为 2^t).

在第 $t+1$ 步,恰有 k 条珍珠串被切开,且被切开的黑珍珠串不超过 2^t 条.于是,白珍珠串在状态 A_{t+1} 至少有
$$2^t+(k-2^t)=k(条)$$

由于白珍珠串的数目在每一步都不减少,则在状态 A_{f-1} 中至少有 k 条白珍珠串.

在状态 A_{f-1} 中,所有黑珍珠串的串长都不超过 2,且在第 f 步至少有一条 $2-b-$串被切开,因此,在这一步最多有 $k-1$ 条白珍珠串被切开.从而,一定存在一条白珍珠串在第 f 步没被切开.由于有一条 $2-b-$串被切开,于是,所有串长不小于 2 的白珍珠串都应该在第 f 步被切开.因此,没被切开的那条白珍珠串一定只有一颗珍珠.

综上,结论成立.

---

❼ 设 $P_1,P_2,\cdots,P_s$ 是 s 个由整数构成的等差数列,且满足下列条件:

(1) 每个整数至少属于这 s 个等差数列中的一个;

(2) 每个等差数列都包含一个数不属于其他 $s-1$ 个等差数列.

设这 s 个等差数列的公差的最小公倍数为 n,$n=p_1^{\alpha_1}p_2^{\alpha_2}\cdots p_k^{\alpha_k}$ 是 n 的质因数分解.证明
$$s\geqslant 1+\sum_{i=1}^{n}\alpha_i(p_i-1)$$

解 先介绍几个符号.

对于正整数 r,记 $[r]=\{1,2,\cdots,r\}$.

如果每个整数都至少属于等差数列 $P_1,P_2,\cdots,P_s$ 中的一个,则称集合 $\mathscr{P}=\{P_1,P_2,\cdots,P_s\}$ 覆盖 $\mathbf{Z}$.

若不存在 $\mathscr{P}$ 的真子集覆盖 $\mathbf{Z}$,则称这个覆盖是最小的.

很明显,每个覆盖都包含一个最小覆盖.

对于一个最小覆盖 $\{P_1, P_2, \cdots, P_s\}$ 和每一个 $i(1 \leqslant i \leqslant s)$, 设 d_i 是等差数列 P_i 的公差, h_i 是属于 P_i 但不属于其他等差数列的某个整数.

假设 $n > 1$, 否则, 这个问题是平凡的.

这表明 $d_i > 1$, 否则, 数列 P_i 覆盖了所有整数, 且 $n = 1$, 矛盾.

下面证明一个更一般的结论.

命题 设等差数列 $P_1, P_2, \cdots, P_s$ 及 $n = p_1^{\alpha_1} p_2^{\alpha_2} \cdots p_k^{\alpha_k} > 1$ 满足原题的条件, 而且选择一个非空的下标的集合 $I = \{i_1, i_2, \cdots, i_t\} \subseteq [k]$ 和正整数 $\beta_i \leqslant \alpha_i (i \in I)$, 设下标的集合
$$T = \{j \mid 1 \leqslant j \leqslant s, p_i^{\alpha_i - \beta_i + 1} \mid d_j, 对某个 i \in I\}$$
则 $|T| \geqslant 1 + \sum_{i \in I} \beta_i (p_i - 1)$.

特别地, 选取 $I = [k], \beta_i = \alpha_i$. 由 $s \geqslant |T|$, 则要证明的结论成立.

证明 (1) 假设所有的 d_j 都是质数.

若对于某个 $i(1 \leqslant i \leqslant k)$, 至少有 p_i 个等差数列的公差是 p_i, 则这些等差数列两两不交, 且覆盖了所有整数. 这意味着没有其他的等差数列了. 于是, $n = p_i$.

命题成立.

若对于每个 $i(1 \leqslant i \leqslant k)$, 公差为 p_i 的等差数列最多有 $p_i - 1$ 个. 于是, 存在一个模 p_i 的剩余 q_i 不在这些等差数列中. 由中国剩余定理知, 存在一个整数 q, 使得对于所有的 $i(1 \leqslant i \leqslant k)$, 有
$$q \equiv q_i \pmod{p_i}$$

这个数不能被任意公差为 p_i 的等差数列覆盖, 从而, 这些数列不能覆盖 $\mathbf{Z}$, 矛盾.

(2) 假设一般情形的命题是不正确的.

考虑使得结论不成立的一个反例 $\{P_1, P_2, \cdots, P_s\}$, 且满足命题的条件及下列的最小性: 在所有反例中 n 是最小的; 在确定了最小的 n 后的所有反例中和式 $\sum_{i=1}^{s} d_i$ 是最小的.

由上述讨论知, 不是所有的 d_i 都是质数, 不妨假设 d_1 是合数, 且设 $p_1 \mid d_1, d'_1 = \dfrac{d_1}{p_1} > 1$.

取公差为 d'_1 的等差数列 P'_1, 且包含等差数列 P_1.

考虑如下构造的两个覆盖.

① 等差数列 $P'_1, P_2, \cdots, P_s$ 覆盖 $\mathbf{Z}$, 这个覆盖不一定是最小的, 从中选取一个最小覆盖 $\mathscr{P}'$, 则 $P'_1 \in \mathscr{P}'$, 这是因为 h_1 不能被 $P_2, P_3, \cdots, P_s$ 覆盖. 不妨设
$$\mathscr{P}' = \{P'_1, P_2, \cdots, P_{s'}\} (s' \leqslant s)$$

且覆盖 $\mathscr{P}$ 的周期为
$$n' = p_1^{\alpha_1-\sigma_1} p_2^{\alpha_2-\sigma_2} \cdots p_k^{\alpha_k-\sigma_k} = [d'_1, d_2, \cdots, d_{s'}]$$

对于每一个 $P_j \notin \mathscr{P}'$，有 $h_j \in P'_1$，否则，h_j 不能被 $\mathscr{P}$ 覆盖.

② 每个形如 $R_i = P_i \cap P'_1 (1 \leqslant i \leqslant s)$ 的非空集合是公差为 $r_i = [d_i, d'_1]$ 的等差数列. 这些集合覆盖了 P'_1. 将公差乘以 $\dfrac{1}{d'_1}$，从而，使 R_i 拓展到公差为 $q_i = \dfrac{r_i}{d'_1}$ 的等差数列 Q_i，这些新得到的 Q_i 能覆盖 $\mathbf{Z}$. 选取这个覆盖的最小覆盖 $\mathscr{Q}$，由于 h_1 的原因，可知 $Q_1 \in \mathscr{Q}$. 设 $\mathscr{Q}$ 的周期为 n''，n'' 等于 Q_i 的公差 $q_i (Q_i \in \mathscr{Q})$ 的最小公倍数，也等于 R_i 的公差 $r_i (1 \leqslant i \leqslant s)$ 的最小公倍数乘以 $\dfrac{1}{d'_1}$. 设
$$n'' = \dfrac{p_1^{\gamma_1} p_2^{\gamma_2} \cdots p_k^{\gamma_k}}{d'_1}$$

若 $h_j \in P'_1$，则 h_j 在拓展后的像仅属于 Q_j，于是，$Q_j \in \mathscr{Q}$.

下面考虑覆盖 $\mathscr{P}$ 和 $\mathscr{Q}$ 的等差数列的数目.

首先，$n \geqslant n'$，且 $\mathscr{P}'$ 中所有等差数列的公差的和小于 $\mathscr{P}$ 中所有等差数列的公差的和. 于是，对于 $\mathscr{P}'$，命题的结论是成立的.

在下标的集合 $I' = \{i \in I \mid \beta_i > \sigma_i\}$ 和指数 $\beta'_i = \beta_i - \sigma_i$ 上应用这个结论，设
$$T' = \{j \mid 1 \leqslant j \leqslant s', p_i^{(\alpha_i-\sigma_i)-\beta'_i+1} = p_i^{\alpha_i-\beta_i+1} \mid d_j \text{ 对于某个 } i \in I'\} \subseteq T \cap [s']$$

则
$$|T \cap [s']| \geqslant |T'| \geqslant 1 + \sum_{i \in I'} (\beta_i - \sigma_i)(p_i - 1) =$$
$$1 + \sum_{i \in I} (\beta_i - \sigma_i)_+ (p_i - 1)$$

其中，$(x)_+ = \max\{x, 0\}$，最后一个等号成立是因为对于 $i \notin I'$，有 $\beta_i \leqslant \sigma_i$.

由于对任意的 x, y 有
$$x = (x-y)_+ + \min\{x, y\}$$

于是，若
$$|T \cap \{s'+1, \cdots, s\}| \geqslant G = \sum_{i \in I} \min\{\beta_i, \sigma_i\}(p_i - 1) \quad \text{①}$$

则
$$|T| = |T \cap [s']| + |T \cap \{s'+1, \cdots, s\}| \geqslant$$
$$1 + \sum_{i \in I} ((\beta_i - \sigma_i)_+ + \min\{\beta_i, \sigma_i\})(p_i - 1) =$$
$$1 + \sum_{i \in I} \beta_i (p_i - 1)$$

这与 $\mathscr{P}$ 的选取矛盾.

下面在②中的等差数列中找这些下标.

(3) 设 $I'' = \{i \in I \mid \sigma_i > 0\}$.

对每个 $i \in I''$,有 $p_i^{a_i} \nmid n'$. 又存在一个下标 $j(i)$,使得 $p_i^{a_i} \mid d_{j(i)}$,故 $d_{j(i)} \nmid n'$. 于是,$P_{j(i)}$ 不在 $\mathscr{P}$ 中.

因此,$j(i) > s'$.

前面曾得到 $h_{j(i)} \in P'_1$,于是,$Q_{j(i)} \in \mathscr{Q}$,这意味着 $q_{j(i)} \mid n''$.

因 $q_i = \dfrac{r_i}{d'_1}$,$d_{j(i)} \mid r_{j(i)}$,$r_{j(i)} \mid d'_1 n''$,所以
$$d_{j(i)} \mid d'_1 n''$$

从而,对于每一个 $i \in I''$,有 $\gamma_i = \alpha_i$.

设 $d'_1 = p_1^{\tau_1} p_2^{\tau_2} \cdots p_k^{\tau_k}$,则
$$n'' = p_1^{\gamma_1 - \tau_1} p_2^{\gamma_2 - \tau_2} \cdots p_k^{\gamma_k - \tau_k}$$

若 $i \in I''$,则对于每一个 β,有
$$p_i^{(\gamma_i - \tau_i) - \beta + 1} \mid q_j \Leftrightarrow p_i^{a_i - \beta + 1} \mid r_j$$

注意到 $n'' \leqslant \dfrac{n}{d'_1} < n$,对于覆盖 $\mathscr{Q}$,应用命题的结论.

考虑下标的集合 I'' 和指数
$$\beta''_i = \min\{\beta_i, \sigma_i\} > 0$$
设
$$T'' = \{j \mid Q_j \in \mathscr{Q}, p_i^{(\gamma_i - \tau_i) - \min\{\beta_i, \sigma_i\} + 1} \mid q_j,\text{对于某个 } i \in I''\} = \{j \mid Q_j \in \mathscr{Q}, p_i^{a_i - \min\{\beta_i, \sigma_i\} + 1} \mid r_j,\text{对于某个 } i \in I''\}$$
则 $|T''| \geqslant 1 + G$.

最后,证明
$$T'' \subseteq T \cap (\{1\} \cup \{s'+1, \cdots, s\}) \qquad ②$$

考虑任意的 $j \in T''$,因为
$$\alpha_i - \min\{\beta_i - \sigma_i\} + 1 > \alpha_i - \sigma_i \geqslant \tau_i$$
所以,$p_i^{a_i - \min\{\beta_i, \sigma_i\} + 1} \mid r_j = [d'_1, d_j]$.

于是,$p_i^{a_i - \min\{\beta_i, \sigma_i\} + 1} \mid d_j$,这意味着 $j \in T$.

又 d_j 中 p_i 的指数比 n' 中 p_i 的指数大,这意味着 $P_j \notin \mathscr{P}$,只可能是 $j = 1$ 或 $j > s'$,这就证明了式②.

从而,式①成立.

几何部分

❶ 设锐角 $\triangle ABC$ 边 BC, CA, AB 上的高的垂足分别为 D, E, F,直线 EF 与 $\triangle ABC$ 的外接圆的一个交点为 P,直线 BP 与 DF 交于点 Q. 证明:$AP = AQ$.

证明 如图 51.10 所示,设直线 EF 与 $\triangle ABC$ 的外接圆交于

点 P, P',其中,P 在弧 $\overset{\frown}{AB}$ 上,P' 在弧 $\overset{\frown}{CA}$ 上,直线 BP, BP' 与 DF 分别交于点 Q, Q'.

接下来证明
$$AP = AP' = AQ = AQ'$$

因为 B, C, E, F 与 C, A, F, D 分别四点共圆,所以
$$\angle AFE = \angle BFP = \angle DFB = \angle BCA = \angle BP'A$$

则
$$\angle APP' + \angle PAB = \angle AP'P + \angle PP'B \Rightarrow$$
$$\angle APP' = \angle AP'P \Rightarrow$$
$$AP = AP'$$

由 $\angle PBA = \angle ABP'$ 知,直线 BP, BQ' 关于直线 AB 对称.
由 $\angle BFP = \angle Q'FB$ 知,直线 FP, FQ' 关于直线 AB 对称.
于是,点 P, P' 关于 AB 的对称点分别为 Q', Q.
从而,$AP = AQ'$,$AP' = AQ$.
综上,$AP = AP' = AQ = AQ'$.

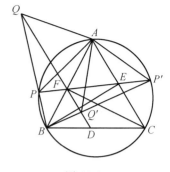

图 51.10

❷ 本届 IMO 第 4 题.

解 本届 IMO 第 4 题.

❸ 设 P 为凸多边形 $A_1A_2\cdots A_n$ 内一点,使得 P 分别在直线 $A_1A_2, A_2A_3, \cdots, A_nA_1$ 上的投影 $P_1, P_2, \cdots, P_n$ 均在凸多边形的边上.证明:对于分别在边 $A_1A_2, A_2A_3, \cdots, A_nA_1$ 上的任意点 $X_1, X_2, \cdots, X_n$,有
$$\max\left\{\frac{X_1X_2}{P_1P_2}, \frac{X_2X_3}{P_2P_3}, \cdots, \frac{X_nX_1}{P_nP_1}\right\} \geqslant 1$$

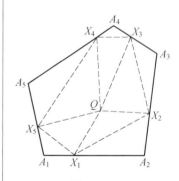

图 51.11

证明 设 $P_{n+1} = P_1, X_{n+1} = X_1, A_{n+1} = A_1$.
首先证明一个引理.

引理 如图 51.11 所示,设 Q 为凸多边形 $A_1A_2\cdots A_n$ 内一点.则 $\triangle X_iA_{i+1}X_{i+1}(i=1,2,\cdots,n)$ 的外接圆中至少有一个包含点 Q.

证明 若点 Q 在某一个 $\triangle X_iA_{i+1}X_{i+1}$ 中,结论显然成立.否则,由
$$\sum_{i=1}^{n}(\angle X_iA_{i+1}X_{i+1} + \angle X_iQX_{i+1}) =$$
$$\sum_{i=1}^{n}\angle X_iA_iX_{i+1} + \sum_{i=1}^{n}\angle X_iQX_{i+1} =$$
$$(n-2)\pi + 2\pi = n\pi$$

于是,存在 i 使得

$$\angle X_iA_{i+1}X_{i+1}+\angle X_iQX_{i+1}\geqslant \pi$$

因为四边形 $QX_iA_{i+1}X_{i+1}$ 是凸四边形，所以，点 Q 包含在 $\triangle X_iA_{i+1}X_{i+1}$ 的外接圆内.

回到原题.

由引理得，存在 i 使得点 P 包含在 $\triangle X_iA_{i+1}X_{i+1}$ 的外接圆内.

设 $\triangle P_iA_{i+1}P_{i+1}$，$\triangle X_iA_{i+1}X_{i+1}$ 的外接圆的半径分别为 r,R.

因为点 P 在 $\triangle X_iA_{i+1}X_{i+1}$ 的外接圆内，所以，$2r=A_{i+1}P\leqslant 2R$.

故
$$P_iP_{i+1}=2r\sin\angle P_iA_{i+1}P_{i+1}\leqslant$$
$$2R\sin\angle X_iA_{i+1}X_{i+1}=X_iX_{i+1}$$

❹ 本届 IMO 第 2 题.

解 本届 IMO 第 2 题.

❺ 已知凸五边形 $ABCDE$ 满足 BC // AE，$AB=BC+AE$，$\angle ABC=\angle CDE$，M 是边 CE 的中点，O 是 $\triangle BCD$ 的外心，且 $\angle DMO=90°$. 证明：$2\angle BDA=\angle CDE$.

证明 如图 51.12 所示，设 T 为射线 AE 上的点，且满足 $AT=AB$，联结 BE，CT.

由 AE // BC，知
$$\angle CBT=\angle ATB=\angle ABT$$

于是，BT 是 $\angle ABC$ 的角平分线.

因为 $ET=AT-AE=AB-AE=BC$，所以，四边形 $BCTE$ 是平行四边形.

从而，CE 的中点 M 也是边 BT 的中点.

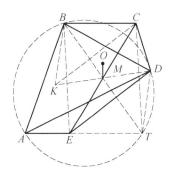

图 51.12

设点 D 关于 M 的对称点为 K. 联结 BK，CK，MK. 则 OM 是 DK 的中垂线. 于是，$OD=OK$. 从而，点 K 在 $\triangle BCD$ 的外接圆上.

又因为 $\angle BKC$ 与 $\angle TDE$ 关于点 M 对称，所以
$$\angle TDE=\angle BKC=\angle BDC$$

由
$$\angle BDT=\angle BDE+\angle EDT=\angle BDE+\angle BDC=$$
$$\angle CDE=\angle ABC=180°-\angle BAT$$

知 A，B，D，T 四点共圆. 于是
$$2\angle BDA=2\angle ATB=\angle ABC=\angle CDE$$

❻ 已知正 $\triangle XYZ$ 的顶点 X,Y,Z 分别在锐角 $\triangle ABC$ 的边 BC,CA,AB 上. 证明：$\triangle ABC$ 的内心在 $\triangle XYZ$ 的内部.

证明 先证明一个更强的结论：

$\triangle ABC$ 的内心 I 在 $\triangle XYZ$ 的内切圆的内部（于是，I 在 $\triangle XYZ$ 内）.

设 $d(U,VW)$ 表示点 U 到直线 VW 的距离，O 为 $\triangle XYZ$ 的内心，$\triangle ABC$，$\triangle XYZ$ 的内切圆半径分别为 r,r'，$\triangle XYZ$ 的外接圆半径为 R'. 则
$$R' = 2r'$$
于是，只需证明 $OI \leqslant r'$.

假设点 O 不与 I 重合，否则，结论是显然的.

设 $\triangle ABC$ 的内切圆与边 BC,CA,AB 分别切于点 A_1,B_1,C_1. 则直线 IA_1,IB_1,IC_1 将平面分成六个区域，每个区域以两条夹角为锐角的射线为边界，且边界上只包含 A_1,B_1,C_1 中的一个点.

不妨假设点 O 在由直线 IA_1,IC_1 且包含点 C_1 确定的区域内（图 51.13）. 设点 O 在直线 IA_1,IC_1 上的投影分别为 A',C'.

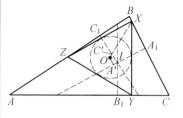

图 51.13

由 $OX = R'$ 知，$d(O,BC) \leqslant R'$.

又 $OA' \parallel BC$，故
$$d(A',BC) = A'I + r \leqslant R'$$
即 $A'I \leqslant R' - r$.

因 $\triangle XYZ$ 的内切圆在 $\triangle ABC$ 内，所以
$$d(O,AB) \geqslant r'$$

类似地，有
$$d(O,AB) = C'C_1 = r - IC' \geqslant r'$$
即 $IC' \leqslant r - r'$.

设 $\angle OIA' = \alpha, \angle OIC' = \beta$，则
$$IA' + IC' = OI(\cos\alpha + \cos\beta) =$$
$$IO \cdot 2\cos\frac{\alpha+\beta}{2} \cdot \cos\frac{\alpha-\beta}{2} \geqslant OI$$

故
$$OI \leqslant IA' + IC' \leqslant R' - r + r - r' = R' - r' = r'$$

❻′ 已知正 $\triangle XYZ$ 的顶点 X,Y,Z 分别在 $\triangle ABC$ 的边 BC，CA,AB 上. 证明：若 $\triangle ABC$ 的内心在 $\triangle XYZ$ 的外部，则 $\triangle ABC$ 有一个角大于 $120°$.

证明 不妨设 $\triangle ABC$ 的内心 I 在 $\triangle AYZ$ 内，$\triangle ABC$ 的内切

圆 $\odot I$ 与边 BC 的切点 A_1 在线段 CX 上. 则
$$\angle YZA \leqslant 180° - \angle YZX = 120°$$

又点 I, Y 在 XY 的中垂线的同侧, 于是, $IX > IY$, $\odot I$ 与 XY 有两个交点.

设点 I 在线段 XY 上的投影为 M.

下面证明 $\angle C > 120°$.

设 YK, YL 是从点 Y 向 $\odot I$ 引出的两条切线, 切点分别为 $K, L(K, A_1$ 在 XY 的同侧), 且当点 Y 在 $\odot I$ 上时, 点 K, L 与 Y 重合, 其中, K, L 之一就是 $\odot I$ 与 AC 的切点 B_1. 则
$$\angle YIK = \angle YIL$$
因为 $IX > IY, IA_1 = IK$, 所以
$$\angle A_1 XY < \angle KYX$$
由 $\angle MIY = 90° - \angle IYX < 90° - \angle ZYX = 30°$, 且 $IA_1 \perp A_1X, IM \perp XY, IK \perp YK$, 则
$$\angle MIA_1 = \angle A_1XY < \angle KYX = \angle MIK$$
故
$$\angle A_1 IK < \angle A_1 IL = (\angle A_1 IM + \angle MIK) +$$
$$(\angle KIY + \angle YIL) <$$
$$2\angle MIK + 2\angle KIY =$$
$$2\angle MIY < 60°$$

于是, $\angle A_1 IB_1 < 60°$.

因此, $\angle ACB = 180° - \angle A_1 IB_1 > 120°$.

---

❼ 如图 51.14 所示, 已知圆弧 $\Gamma_1, \Gamma_2, \Gamma_3$ 均过点 A, C, 且在直线 AC 的同侧, 圆弧 Γ_2 在 Γ_1, Γ_3 之间, B 是线段 AC 上一点, 由 B 引三条射线 h_1, h_2, h_3, 与圆弧 $\Gamma_1, \Gamma_2, \Gamma_3$ 在直线 AC 的同侧, 且 h_2 在 h_1, h_3 之间. 设 h_i 与 $\Gamma_j(i, j = 1, 2, 3)$ 的交点为 V_{ij}. 由线段 $V_{ij}V_{il}, V_{kj}V_{kl}$ 及弧 $\widehat{V_{ij}V_{kj}}$, 弧 $\widehat{V_{il}V_{kl}}$ 构成的曲边四边形记为 $\widehat{V_{ij}V_{kj}V_{kl}V_{il}}$. 若存在一个圆与其两条线段和两条弧均相切, 则称这个圆为这个曲边四边形的内切圆. 证明: 若曲边四边形 $\widehat{V_{11}V_{21}V_{22}V_{12}}, \widehat{V_{12}V_{22}V_{23}V_{13}}, \widehat{V_{21}V_{31}V_{32}V_{22}}$ 均有内切圆, 则曲边四边形 $\widehat{V_{22}V_{32}V_{33}V_{23}}$ 也有内切圆.

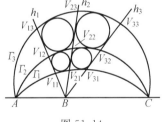

图 51.14

证明 设圆弧 $\Gamma_i (i = 1, 2, 3)$ 的圆心为 O_i, 半径为 R_i, 直线 AC 一侧包含圆弧 Γ_i 和 h_i 的半平面记为 H.

对于 H 中的每个点 P, 将 P 到直线 AC 的距离记为 $d(P)$.

对于任意的 $r > 0$, 以 P 为圆心, r 为半径的圆记为 $\Omega(P, r)$.

先证明三个引理.

引理 1 对于每个整数对 (i,j),其中,$1 \leqslant i < j \leqslant 3$,考虑在半平面 H 内与射线 h_i, h_j 相切的这些圆 $\Omega(P,r)$.则:

(1) 点 P 的轨迹是射线 h_i 和 h_j 构成的角的角平分线 β_{ij};

(2) 存在一个常数 u_{ij},使得 $r = u_{ij} d(P)$.

引理 1 的证明 (1) 结论是显然的.

(2) 因为 h_i, h_j 是这些圆的外公切线,所以,点 B 是这些圆的位似中心.于是,结论也是显然的.

引理 2 对于每个整数对 (i,j),其中,$1 \leqslant i < j \leqslant 3$,考虑在半平面 H 内与圆弧 Γ_i 外切,与 Γ_j 内切的这些圆 $\Omega(P,r)$.则:

(1) 点 P 的轨迹是一条端点为 A,C 的椭圆弧;

(2) 存在一个常数 v_{ij},使得 $r = v_{ij} d(P)$.

引理 2 的证明 (1) 注意到圆 $\Omega(P,r)$ 与圆弧 Γ_i 外切,与 Γ_j 内切当且仅当
$$O_i P = R_i + r, O_j P = R_j - r$$
则
$$O_i P + O_j P = O_i A + O_j A = O_i C + O_j C = R_i + R_j$$

因此,这些点 P 在以 O_i 和 O_j 为焦点,长轴长为 $R_i + R_j$ 且过点 A 和 C 的椭圆上.

设在半平面 H 内的椭圆弧 $\widehat{AC}$ 为 ε_{ij}(图 51.15),其在圆弧 Γ_i 和 Γ_j 之间.

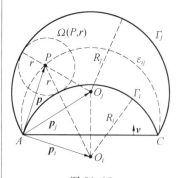

图 51.15

若点 P 在 ε_{ij} 上,则 $O_i P > R_i, O_j P < R_j$.

设 $r = O_i P - R_i = R_j - O_j P > 0$.

则圆 $\Omega(P,r)$ 与圆弧 Γ_i 外切,与 Γ_j 内切.

因此,点 P 的轨迹就是 ε_{ij}.

(2) 设 $\boldsymbol{p} = \overrightarrow{AP}, \boldsymbol{p}_i = \overrightarrow{AO_i}, \boldsymbol{p}_j = \overrightarrow{AO_j}, d_{ij} = O_i O_j, \boldsymbol{v}$ 是垂直于 AC 且指向 H 的单位向量.于是
$$|\boldsymbol{p}_i| = R_i, |\boldsymbol{p}_j| = R_j$$
$$|\overrightarrow{O_i P}| = |\boldsymbol{p} - \boldsymbol{p}_i| = R_i + r$$
$$|\overrightarrow{O_j P}| = |\boldsymbol{p} - \boldsymbol{p}_j| = R_j - r$$

则 $|\boldsymbol{p} - \boldsymbol{p}_i|^2 - |\boldsymbol{p} - \boldsymbol{p}_j|^2 = (R_i + r)^2 - (R_j - r)^2$

即 $(|\boldsymbol{p}_i|^2 - |\boldsymbol{p}_j|^2) + 2\boldsymbol{p} \cdot (\boldsymbol{p}_j - \boldsymbol{p}_i) = (R_i^2 - R_j^2) + 2r(R_i + R_j)$

故
$$d_{ij} d(P) = d_{ij} \boldsymbol{v} \cdot \boldsymbol{p} = (\boldsymbol{p}_j - \boldsymbol{p}_i) \cdot \boldsymbol{p} = r(R_i + R_j)$$

因此,$r = \dfrac{d_{ij}}{R_i + R_j} d(P)$,其中,$\dfrac{d_{ij}}{R_i + R_j} = v_{ij}$ 不依赖于点 P.

引理 3 曲边四边形

$$Q_{ij} = \overbrace{V_{i,j}V_{i+1,j}} \; \overbrace{V_{i+1,j+1}V_{i,j+1}}$$

有内切圆当且仅当
$$u_{i,i+1} = v_{j,j+1}$$

引理 3 的证明 假设曲边四边形 Q_{ij} 有内切圆 $\Omega(P,r)$. 由引理 1,2 得
$$r = u_{i,i+1}d(P), r = v_{j,j+1}d(P)$$

于是，$u_{i,i+1} = v_{j,j+1}$.

反之，假设 $u_{i,i+1} = v_{j,j+1}$，设 P 是角平分线 $\beta_{i,i+1}$ 和椭圆弧 $\varepsilon_{j,j+1}$ 的交点，取
$$r = u_{i,i+1}d(P) = v_{j,j+1}d(P)$$

则由引理 1 知，$\Omega(P,r)$ 与射线 h_i, h_{i+1} 相切.

由引理 2 知，$\Omega(P,r)$ 也与圆弧 Γ_j, Γ_{j+1} 相切. 于是，曲边四边形 Q_{ij} 有内切圆.

回到原题.

由引理 3，且
$$u_{12} = v_{12}, u_{12} = v_{23}, u_{23} = v_{12}$$

得 $u_{23} = v_{23}$.

从而，结论成立.

数论部分

1 求最小的正整数 n，使得存在 n 个不同的正整数 $s_1, s_2, \cdots, s_n$，满足
$$\left(1 - \frac{1}{s_1}\right)\left(1 - \frac{1}{s_2}\right) \cdots \left(1 - \frac{1}{s_n}\right) = \frac{51}{2\,010}$$

解 假设正整数 n 满足条件，且设
$$s_1 < s_2 < \cdots < s_n$$

则 $s_i \geq i+1 (i=1,2,\cdots,n)$.

注意到
$$\frac{51}{2\,010} = \left(1-\frac{1}{s_1}\right)\left(1-\frac{1}{s_2}\right)\cdots\left(1-\frac{1}{s_n}\right) \geq$$
$$\left(1-\frac{1}{2}\right)\left(1-\frac{1}{3}\right)\cdots\left(1-\frac{1}{n+1}\right) = \frac{1}{n+1}$$

于是，$n+1 \geq \frac{2\,010}{51} = \frac{670}{17} > 39$.

从而，$n \geq 39$.

下面举例说明 $n=39$ 满足条件.

取 39 个不同的正整数

$$2,3,\cdots,33,35,36,\cdots,40,67$$

其满足题设等式.

综上,n 的最小值为 39.

❷ 求所有的非负整数对 (m,n),使得
$$m^2 + 2 \times 3^n = m(2^{n+1} - 1)$$

解 对于一个固定的 n,原方程是一个关于 m 的二次方程.

当 $n = 0, 1, 2$ 时,判别式 $\Delta < 0$,无解.

当 $n = 3$ 时,$m^2 - 15m + 54 = 0 \Rightarrow m = 6, 9$.

当 $n = 4$ 时,$m^2 - 31m + 162 = 0$,判别式 $\Delta = 313$,无解.

当 $n = 5$ 时,$m^2 - 63m + 486 = 0 \Rightarrow m = 9, 54$.

下面证明:当 $n \geq 6$ 时,原方程无解.

当 $n \geq 6$ 时
$$m \mid 2 \times 3^n = m(2^{n+1} - 1) - m^2$$

于是,$m = 3^p (0 \leq p \leq n)$ 或 $m = 2 \times 3^q (0 \leq q \leq n)$.

若 $m = 3^p$,设 $q = n - p$,则
$$2^{n+1} - 1 = m + \frac{2 \times 3^n}{m} = 3^p + 2 \times 3^q$$

若 $m = 2 \times 3^q$,设 $p = n - q$,则
$$2^{n+1} - 1 = m + \frac{2 \times 3^n}{m} = 2 \times 3^q + 3^p$$

于是,两种情形统一为求方程
$$3^p + 2 \times 3^q = 2^{n+1} - 1 \quad (p + q = n) \qquad ①$$

的非负整数解.

因为
$$3^p < 2^{n+1} = 8^{\frac{n+1}{3}} < 9^{\frac{n+1}{3}} = 3^{\frac{2(n+1)}{3}}$$
$$2 \times 3^q < 2^{n+1} = 2 \times 8^{\frac{n}{3}} < 2 \times 9^{\frac{n}{3}} = 2 \times 3^{\frac{2n}{3}} < 2 \times 3^{\frac{2(n+1)}{3}}$$

所以,$p, q < \frac{2(n+1)}{3}$. 结合 $p + q = n$,得
$$\frac{n-2}{3} < p, q < \frac{2(n+1)}{3} \qquad ②$$

设 $h = \min\{p, q\}$. 由式 ② 得 $h > \frac{n-2}{3}$. 特别地,$h > 1$.

由式 ① 知
$$3^h \mid (2^{n+1} - 1) \Rightarrow 9 \mid (2^{n+1} - 1)$$

因为 2 模 9 的阶为 6,所以,$6 \mid (n+1)$.

设 $n + 1 = 6r (r \in \mathbf{N}_+)$. 则
$$2^{n+1} - 1 = 4^{3r} - 1 = (4^{2r} + 4^r + 1)(2^r - 1)(2^r + 1) \qquad ③$$

又式 ③ 的因子
$$4^{2r}+4^r+1=(4^r-1)^2+3\times 4^r$$
能被 3 整除,但不能被 9 整除,且 2^r-1 与 2^r+1 互质,则
$$3^{h-1}\mid(2^r-1) \text{ 或 } 3^{h-1}\mid(2^r+1)$$
于是,$3^{h-1}\leqslant 2^r+1\leqslant 3^r=3^{\frac{n+1}{6}}$.

从而,$\dfrac{n-2}{3}-1<h-1\leqslant\dfrac{n+1}{6}$.

所以,$6\leqslant n<11\Rightarrow 6\nmid(n+1)$. 矛盾.

综上,满足条件的有
$$(m,n)=(6,3),(9,3),(9,5),(54,5)$$

❸ 求最小的正整数 n,使得存在有理系数多项式 $f_1,f_2,\cdots,f_n$,满足
$$x^2+7=f_1^2(x)+f_2^2(x)+\cdots+f_n^2(x)$$

解 由于 $x^2+7=x^2+2^2+1^2+1^2+1^2$,则 $n\leqslant 5$.

于是,只需证明 x^2+7 不等于不超过四个有理系数多项式的平方和.

假设存在四个有理系数多项式 f_1,f_2,f_3,f_4(可能某些项是 0),满足
$$x^2+7=f_1^2(x)+f_2^2(x)+f_3^2(x)+f_4^2(x)$$
则 f_1,f_2,f_3,f_4 的次数最多为 1.

设 $f_i(x)=a_ix+b_i(a_i,b_i\in\mathbf{Q},i=1,2,3,4)$.

由 $x^2+7=\sum_{i=1}^{4}(a_ix+b_i)^2$,得
$$\sum_{i=1}^{4}a_i^2=1,\sum_{i=1}^{4}a_ib_i=0,\sum_{i=1}^{4}b_i^2=7$$
设 $p_i=a_i+b_i,q_i=a_i-b_i(i=1,2,3,4)$.则
$$\sum_{i=1}^{4}p_i^2=\sum_{i=1}^{4}a_i^2+2\sum_{i=1}^{4}a_ib_i+\sum_{i=1}^{4}b_i^2=8$$
$$\sum_{i=1}^{4}q_i^2=\sum_{i=1}^{4}a_i^2-2\sum_{i=1}^{4}a_ib_i+\sum_{i=1}^{4}b_i^2=8$$
$$\sum_{i=1}^{4}p_iq_i=\sum_{i=1}^{4}a_i^2-\sum_{i=1}^{4}b_i^2=-6$$

这意味着存在整数 $x_i,y_i(i=1,2,3,4),m(m>0)$ 满足下列方程
$$\sum_{i=1}^{4}x_i^2=8m^2 \qquad ①$$

$$\sum_{i=1}^{4} y_i^2 = 8m^2 \qquad ②$$

$$\sum_{i=1}^{4} x_i y_i = -6m^2 \qquad ③$$

假设上述方程有解,考虑一个使得 m 最小的解.

注意到,当 x 为奇数时,$x^2 \equiv 1 \pmod 8$;当 x 为偶数时,$x^2 \equiv 0 \pmod 8$ 或 $x^2 \equiv 4 \pmod 8$.

由方程 ① 知,x_1, x_2, x_3, x_4 均为偶数,由方程 ② 知,y_1, y_2, y_3, y_4 也均为偶数.于是,方程 ③ 的左边可以被 4 整除.从而,m 为偶数.

故 $\left(\dfrac{x_1}{2}, \dfrac{y_1}{2}, \dfrac{x_2}{2}, \dfrac{y_2}{2}, \dfrac{x_3}{2}, \dfrac{y_3}{2}, \dfrac{x_4}{2}, \dfrac{y_4}{2}, \dfrac{m_1}{2}\right)$ 也是上述方程的解,这与 m 的最小选取矛盾.

综上,n 的最小值为 5.

❹ 设 a, b 是整数,$P(x) = ax^3 + bx$,对于任意一个正整数 n,如果对所有整数 m, k 有
$$n \mid (P(m) - P(k)) \Rightarrow n \mid (m - k)$$
则称数对 (a, b) 是"n-好的".若数对 (a, b) 对于无穷多个正整数 n 是 n-好的,则称数对 (a, b) 是"非常好的".

(1) 求一个"51-好的"数对,但不是非常好的;

(2) 证明:所有"2010-好的"数对都是非常好的.

证明 (1) 首先证明:数对 $(1, -51^2)$ 是 51-好的,但不是非常好的.

设 $p(x) = x^3 - 51^2 x$.因为 $p(51) = p(0)$,所以
$$n \mid (p(51) - p(0))$$

故 $n \mid (51 - 0)$,即 n 的数目是有限的.

因此,$(1, -51^2)$ 不是非常好的.

另一方面,若 $p(m) \equiv p(k) \pmod{51}$,则
$$m^3 \equiv k^3 \pmod{51}$$

由费马小定理知
$$m \equiv m^3 \equiv k^3 \equiv k \pmod 3$$
$$m \equiv m^{33} \equiv k^{33} \equiv k \pmod{17}$$

于是,$m \equiv k \pmod{51}$.

因此,$(1, -51^2)$ 是 51-好的.

(2) 证明:若 (a, b) 是 2010-好的,则对于所有的正整数 i,(a, b) 是"67^i-好的".

从而,(a, b) 是非常好的.

先证明两个命题.

命题 1 如果 (a,b) 是 $2\,010-$ 好的,则 (a,b) 是 $67-$ 好的.

命题 1 的证明 假设
$$p(m) \equiv p(k) \pmod{67}$$

因为 67 与 30 互质,所以,由中国剩余定理知,存在整数 m', k',使得
$$k' \equiv k \pmod{67}, k' \equiv 0 \pmod{30}$$
及
$$m' \equiv m \pmod{67}, m' \equiv 0 \pmod{30}$$
故
$$p(m') \equiv p(0) \equiv p(k') \pmod{30}$$
$$p(m') \equiv p(m) \equiv p(k) \equiv p(k') \pmod{67}$$

从而,$p(m') \equiv p(k') \pmod{2\,010}$.

由于 (a,b) 是 $2\,010-$ 好的,则
$$m' \equiv k' \pmod{2\,010}$$

因此,$m \equiv m' \equiv k' \equiv k \pmod{67}$,即 (a,b) 是 $67-$ 好的.

命题 2 若 (a,b) 是 $67-$ 好的,则 $67 \mid a$.

命题 2 的证明 假设 $67 \nmid a$. 考虑集合
$$\{at^2 \pmod{67} \mid 0 \leqslant t \leqslant 33\}$$
和
$$\{-3as^2 - b \pmod{67} \mid 0 \leqslant s \leqslant 33\}$$

因为 $a \not\equiv 0 \pmod{67}$,所以,每个集合至少有 34 个元素.

于是,至少有一个元素是公共的.

若 $at^2 \equiv -3as^2 - b \pmod{67}$,则对于 $m = t \pm s, k = \mp 2s$,有
$$p(m) - p(k) = (m-k)(a(m^2 + mk + k^2) + b) =$$
$$(t \pm 3s)(at^2 + 3as^2 + b) \equiv 0 \pmod{67}$$

因为 (a,b) 是 $67-$ 好的,所以
$$m \equiv k \pmod{67}$$

故 $t \equiv 3s \pmod{67}$,且
$$t \equiv -3s \pmod{67}$$

这意味着 $t \equiv s \equiv 0 \pmod{67}$,从而
$$b \equiv -3as^2 - at^2 \equiv 0 \pmod{67}$$

又 $67 \mid (p(7) - p(2)) = 5(67a + b)$,且 (a,b) 是 $67-$ 好的,则 $67 \mid (7-2)$. 矛盾.

因此,$67 \mid a$.

回到原题.

由命题 2 可知 $67 \mid a$.

若 $67 \mid b$,则对于所有的整数 x 有
$$p(x) \equiv p(0) \pmod{67}$$

由于 (a,b) 是 $67-$ 好的,则对于所有的整数 x, $67 \mid (x-0)$,这是不可能的.

因此,$67 \nmid b$.

则对任意整数 m, k,$a(m^2 + mk + k^2) + b$ 与 67 互质.

故 $67^i \mid (p(m) - p(k)) \Rightarrow 67^k \mid (m - k)$.

从而,(a, b) 是 67^i - 好的.

❺ 本届 IMO 第 3 题.

解 本届 IMO 第 3 题.

❻ $2^n \times 2^n$ 方格表的行和列分别被编号为 $0 \sim 2^n - 1$ 的整数. 将每个方格依下列方式进行染色:对于每个 $i, j (0 \leqslant i, j \leqslant 2^n - 1)$,第 i 行的第 j 个方格和第 j 行的第 $i+j$ 个方格的颜色相同(在一行中方格的编号是在模 2^n 意义下的). 证明:颜色数目的最大值为 2^n.

证明 用坐标 (i, j) 表示第 i 行的第 j 个方格. 考虑有向图:点为单位方格,对于所有的 $i, j (0 \leqslant i, j \leqslant 2^n - 1)$,边是由 $(i, j) \to (j, i+j)$ 的箭头. 对于每个 (i, j) 恰有一条边由 (i, j) 指向 $(j, i+j)$. 反之,对于每个 (j, k) 恰有一条边由 $(k-j, j)$ 指向 (j, k),其中,$i+j$ 和 $k-j$ 都是在模 2 意义下的. 于是,这个图被分成若干个圈. 由已知条件知,每个圈中的点有相同的颜色.

另一方面,每个圈都有一个属于自己的颜色,则得到满足条件的染法. 于是,颜色数目的最大值就是圈的数目.

下面证明:圈的数目为 2^n.

对于任意的圈 $(i_1, j_1), (i_2, j_2), \cdots$,下面用另一种形式来描述.

定义数列 $a_0, a_1, \cdots$,满足
$$a_0 = i_1, a_1 = j_1, a_{n+1} = a_n + a_{n-1}(n \geqslant 1)$$
(称为斐波那契型数列),则由归纳法易知
$$i_k \equiv a_{k-1} (\bmod 2^n), j_k \equiv a_k (\bmod 2^n)$$

考虑斐波那契型数列模 2^n 的性质.

设斐波那契数列 $F_0, F_1, \cdots$ 定义为
$$F_0 = 0, F_1 = 1, F_{n+2} = F_{n+1} + F_n (n \geqslant 0)$$

由递归式设 $F_{-1} = 1$.

设正整数 m 的质因数分解中 2 的幂指数为 $v(m)$,即 $2^{v(m)} \mid m$,但 $2^{v(m)+1} \nmid m$.

首先证明几个引理.

引理 1 对于每个斐波那契型数列 $a_0, a_1, \cdots$,和每个 $k \geqslant 0$,

有
$$a_k = F_{k-1}a_0 + F_k a_1$$

引理 1 的证明 对 k 用数学归纳法.

当 $k=0,1$ 时是显然的.

假设 $k-1$ 和 k 时结论成立,则
$$a_{k+1} = a_k + a_{k-1} = (F_{k-1}a_0 + F_k a_1) + (F_{k-2}a_0 + F_{k-1}a_1) = F_k a_0 + F_{k+1}a_1$$

引理 2 对于每个 $m \geqslant 3$,有:

(1) $v(F_{3\times 2^{m-2}}) = m$;

(2) $\min\{d \in \mathbf{N}_+ \mid 2^m \mid F_d\} = 3 \times 2^{m-2}$;

(3) $F_{3\times 2^{m-2}+1} \equiv 1 + 2^{m-1} \pmod{2^m}$.

引理 2 的证明 对 m 用数学归纳法.

当 $m=3$ 时,有
$$v(F_{3\times 2^{m-2}}) = v(F_6) = v(8) = 3$$
$$8 \nmid F_d (d < 6)$$
$$F_{3\times 2^{m-2}+1} = F_7 = 13 \equiv 1 + 4 \pmod{8}$$

假设 $m > 3$,且对 $m-1$ 时,结论成立.

设 $k = 3 \times 2^{m-3}$. 对斐波那契型数列 $F_k, F_{k+1}, \cdots$,由引理 1 得
$$F_{2k} = F_{k-1}F_k + F_k F_{k+1} = (F_{k+1} - F_k)F_k + F_k F_{k+1} = 2F_k F_{k+1} - F_k^2$$
$$F_{2k+1} = F_k F_k + F_{k+1} F_{k+1} = F_k^2 + F_{k+1}^2$$

由归纳假设得 $v(F_k) = m-1$, F_{k+1} 是奇数. 于是
$$v(F_k^2) = 2(m-1) > (m-1) + 1 = v(2F_k F_{k+1})$$

这表明, $v(F_{2k}) = m$,即 (1) 对于 m 时,结论成立.

因为 $F_{k+1} = 1 + 2^{m-2} + a2^{m-1}$,其中,$a$ 为某个整数,所以
$$F_{2k+1} = F_k^2 + F_{k+1}^2 \equiv 0 + (1 + 2^{m-2} + a2^{m-1})^2 \equiv 1 + 2^{m-1} \pmod{2^m}$$

即 (3) 对于 m 时结论成立.

下面证明:当 $l < 2k$ 时, $2^m \nmid F_l$.

假设结论不正确. 则 $2^{m-1} \mid F_l$,由归纳假设知 $l \geqslant k$,所以
$$2^{m-1} \mid F_l = (F_{k-1}F_{l-k} + F_k F_{l-k+1})$$

由于 $2^{m-1} \mid F_k$, $F_{k-1} = F_{k+1} - F_k$ 为奇数, $2^{m-1} \nmid F_{l-k}$ (因为 $l-k < k$),从而导致矛盾.

因此,(2) 对于 m 时结论成立.

对于每一个整数对 $(a,b) \neq (0,0)$,设

$$\mu(a,b) = \min\{v(a), v(b)\}$$

用数学归纳法容易得到对于每个斐波那契型数列 $A = (a_0, a_1, \cdots)$，有

$$\mu(a_0, a_1) = \mu(a_1, a_2) = \cdots$$

并记这个值为 $\mu(A)$.

设该数列在模 2^n 意义下的周期为 $p_n(A)$，即存在一个最小的正整数 p，使得对于所有 $k \geq 0$，有

$$a_{k+p} \equiv a_k \pmod{2^n}$$

引理 3 设 $A = (a_0, a_1, \cdots)$ 是一个斐波那契型数列，且满足 $\mu(A) = k < n$，则

$$p_n(A) = 3 \times 2^{n-1-k}$$

引理 3 的证明 因为数列 $(a_0, a_1, \cdots)$ 在模 2^n 的意义下的周期为 p，当且仅当数列 $\left(\dfrac{a_0}{2^k}, \dfrac{a_1}{2^k}, \cdots\right)$ 在模 2^{n-k} 的意义下的周期为 p，所以，不妨假设 $k = 0$.

对 n 用数学归纳法.

当 $n = 1$ 时，斐波那契型数列 A 在 $\mu(A) = 0$ 的情形下模 2 的形式为

$$0, 1, 1, 0, 1, 1, \cdots$$

周期为 3.

当 $n = 2$ 时，斐波那契型数列 A 在 $\mu(A) = 0$ 的情形下模 4 的形式为

$$0, 1, 1, 2, 3, 1, 0, 1, 1, 2, 3, 1, \cdots$$

周期为 6，其中，所有的相邻的两项构成的剩余对中至少有一项是奇数.

假设 $n \geq 3$，且对 $n-1$ 时结论成立. 考虑任意一个满足 $\mu(A) = 0$ 的斐波那契型数列 $A = (a_0, a_1, \cdots)$，则 $p_{n-1}(A) \mid p_n(A)$.

由归纳假设 $p_{n-1}(A) = 3 \times 2^{n-2} = s$.

从而，$s \mid p_n(A)$.

可以假设 a_0 是偶数，a_1 是奇数，且设

$$a_0 = 2b_0, a_1 = 2b_1 + 1 (b_0, b_1 \in \mathbf{Z})$$

考虑以 b_0, b_1 为初始项的斐波那契型数列 $B = (b_0, b_1, \cdots)$.

由于 $a_0 = 2b_0 + F_0, a_1 = 2b_1 + F_1$，由数学归纳法易知对于所有的 $k \geq 0$，有

$$a_k = 2b_k + F_k$$

由归纳假设 $p_{n-1}(B) = s$. 于是，数列 $(2b_0, 2b_1, \cdots)$ 在模 2^n 的意义下的周期为 s.

另一方面，由引理 2 知

$$F_{s+1} \equiv 1 + 2^{n-1} \pmod{2^n}$$
$$F_{2s} \equiv 0 \pmod{2^n}$$
$$F_{2s+1} \equiv 1 \pmod{2^n}$$

故
$$a_{s+1} = 2b_{s+1} + F_{s+1} \equiv 2b_1 + 1 + 2^{n-1} \not\equiv 2b_1 + 1 = a_1 \pmod{2^n} \qquad ①$$

$$a_{2s} = 2b_{2s} + F_{2s} \equiv 2b_0 + 0 = a_0 \pmod{2^n} \qquad ②$$
$$a_{2s+1} = 2b_{2s+1} + F_{2s+1} \equiv 2b_1 + 1 = a_1 \pmod{2^n} \qquad ③$$

式 ① 表示 A 在模 2^n 的意义下的周期不是 s,由式 ②,③ 得 $p_n(A) \mid 2s$.

因为 $s \mid p_n(A)$,且 $p_n(A) \neq s$,所以,$p_n(A) = 2s$.

回到原题.

引理 3 提供了一个直接计算圈的数目的方法.

事实上,对任意的整数 $k(0 \leqslant k \leqslant n-1)$,考虑所有满足 $\mu(i,j) = k$ 的方格 (i,j). 这样的方格的数目为
$$2^{2(n-k)} - 2^{2(n-k-1)} = 3 \times 2^{2n-2k-2}$$

另一方面,它们可以被分成若干个圈. 由引理 3 知,每个圈的长度为 $3 \times 2^{n-1-k}$. 于是,被分成圈的数目恰为
$$\frac{3 \times 2^{2n-2k-2}}{3 \times 2^{n-k-1}} = 2^{n-k-1}$$

最后,还有一个方格 $(0,0)$ 前面没有考虑,它自己成为一个特别的圈.

从而,可得所有圈的数目为
$$1 + \sum_{k=0}^{n-1} 2^{n-1-k} = 1 + 2^n - 1 = 2^n$$

第三编
第52届国际数学奥林匹克

第 52 届国际数学奥林匹克题解

荷兰,2011

❶ 对任意由四个不同正整数组成的集合 $A=\{a_1,a_2,a_3,a_4\}$,记 $S_A=a_1+a_2+a_3+a_4$. 设 n_A 是满足 $a_i+a_j(1\leqslant i< j\leqslant 4)$ 整除 S_A 的数对 (i,j) 的个数. 求所有由四个不同正整数组成的集合 A,使得 n_A 达到最大值.

墨西哥命题

解 对于一个四元正整数集
$$A=\{a_1,a_2,a_3,a_4\}$$
不妨设 $a_1<a_2<a_3<a_4$. 由于
$$\frac{1}{2}S_A=\frac{1}{2}(a_1+a_2+a_3+a_4)<a_2+a_4<a_3+a_4<S_A$$
故 a_2+a_4,a_3+a_4 不整除 S_A.

所以,$n_A\leqslant C_4^2-2=4$.

另一方面,当 $A=\{1,5,7,11\}$ 时,$n_A=4$,故 n_A 达到的最大值为 4.

下面求满足 $n_A=4$ 的所有四元正整数集 A.

当 $n_A=4$ 时,a_2+a_4,a_3+a_4 不整除 S_A.

而 $\frac{1}{2}S_A\leqslant \max\{a_1+a_4,a_2+a_3\}<S_A$,故
$$\frac{1}{2}S_A=\max\{a_1+a_4,a_2+a_3\}$$

所以,$a_1+a_4=a_2+a_3$.

令 $u=a_1+a_2,v=a_1+a_3$,则 u,v 是
$$S_A=2(a_2+a_3)=2(u+v-2a_1)$$
的因子.

于是,v 整除 $2(u-2a_1)$.

而 $u<v$,故
$$1\leqslant \frac{2(u-2a_1)}{v}<2\Rightarrow v=2(u-2a_1)$$

另一方面,u 整除
$$2(v-2a_1)=2(2(u-2a_1)-2a_1)=4u-12a_1$$

故 u 整除 $12a_1$.

因为 $u < v = 2u - 4a_1$,所以,$u > 4a_1$.

从而,$u = 6a_1$ 或 $12a_1$. 故
$$A = \{a_1, 5a_1, 7a_1, 11a_1\}$$
或
$$A = \{a_1, 11a_1, 19a_1, 29a_1\}$$

容易验证,上述的集合均有
$$a_1 + a_2, a_1 + a_3, a_1 + a_4, a_2 + a_3$$
都整除 S_A.

综上,当 n_A 达到最大值 4 时,有
$$A = \{a, 5a, 7a, 11a\}$$
或
$$A = \{a, 11a, 19a, 29a\}$$

其中,a 是正整数.

---

❷ 设 S 是平面上包含至少两个点的一个有限点集,其中没有三点在同一条直线上.

所谓一个"风车"是指这样一个过程:从经过 S 中单独一点 P 的一条直线 l 开始,以 P 为旋转中心顺时针旋转,直至首次遇到 S 中的另一点,记为点 Q. 接着这条直线以 Q 为新的旋转中心顺时针旋转,直到再次遇到 S 中的某一点,这样的过程无限持续下去.

证明:可以适当选取 S 中的一点 P,以及过 P 的一条直线 l,使得由此产生的风车将 S 中的每一点都无限多次用作旋转中心.

英国命题

证明 在直线 l 上固定一个方向,从而,视 l 为有向直线,此方向在 l 旋转时连续变动.

下面先考虑 $|S| = 2k + 1$ 的情形.

在风车运行过程中,如果 l 经过 S 中的两点,且当 l 刚离开其中一点时恰好均分 S 中的点,即 l 的左右两边各有 k 个 S 中的点,则称 l 处在一个"好位置"上.

如果经过 S 中相同两点,且 l 的方向也相同,则认为两个好位置是相同的. 否则,认为是两个不同的好位置.

易知,在所有的风车中可能出现的好位置只有有限多个.

在平面上固定一个 x 轴正方向,将所有的好位置按从 x 轴正方向顺时针转过的角度(此角度在区间 $[0, 2\pi)$ 中)从小到大依次记为 $l_1, l_2, \cdots, l_m$.

分三步证明结论.

(1) 给定一个方向,至多只有一个好位置以此为方向.

如若不然,假设有两个好位置 l_i, l_j 有相同方向,则它们平行但不重合.但它们的右边的点数应为 k 或 $k-1$,这不能同时对 l_i 和 l_j 都成立.

(2) 对任意 S 中一点,都存在某个 l_i 经过这一点.

任取点 $P \in S$,以及过 P 且不经过 S 中的其他点的有向直线 l.

设 l 的右边点数为 s,则左边点数为 $2k-s$,两边点数之差为 $2k-2s$.

现将 l 以 P 为旋转中心顺时针旋转,每越过一个点,s 或增加 1 或减少 1,从而,$2k-2s$ 改变 2. 当 l 转过 $180°$ 后,$2k-2s$ 变为初始时的相反数,故存在某个时刻的 l,其左右两边的点数相同,设最后越过的一点为 Q. 从而,存在一个好位置 l_i,恰过点 P, Q.

(3) 从一个好位置出发的风车一定满足题述要求.

不妨设从 l_1 出发,只需说明下一次遇到 S 中的另一点时恰为 l_2,由此即知该风车遍历所有 l_i 且无限循环下去. 再结合(2)即知,S 中的每一点都被无限多次用作旋转中心.

设 $l = l_1$ 时,过点 P, Q. 接下来以 P 为旋转中心,则当 l 离开 Q 后恰均分 S 中的点. 设下一个遇到的点是 R,则接下来以 R 为旋转中心,当 l 离开 P 后仍然均分 S 中的点.

这表明,当 l 下一次遇到点 R 时仍是好位置,记为 l'.

最后只需说明不存在方向介于 l_1 和 l' 之间的好位置. 即 $l' = l_2$. 如若不然,则 l_2 是方向介于 l_1 和 l' 之间的好位置. 过点 P 作与 l_2 同方向的有向直线 l'',则 l'' 均分 S 中的点. 故 l_2 的一边有至少 $k+1$ 个点,这与 l_2 处在好位置矛盾.

故结论在 $|S|$ 是奇数时成立.

再考虑 $|S| = 2k$ 的情形.

上面的证明只需做适当修改仍然适用.

如果 l 经过 S 中的两点,且当 l 刚离开其中一点时 l 右边恰有 S 中的 k 个点,则称 l 处在一个"好位置"上. (1)和(2)的结论类似可证. (3)中,从一个好位置开始,类似可证当 l 下一次遇到 S 中的点时仍是好位置. 证明不存在方向介于两者之间的好位置与奇数情形略有区别. 过点 P 作方向为 l_2 的有向直线 l'',则 l'' 右侧恰有 S 中的 k 个点.

若 l_2 在 l'' 的右侧,则 l_2 的右侧不超过 $k-2$ 个点,这不可能是好位置.

若 l_2 在 l'' 的左侧,则 l_2 的右侧至少有 $k+1$ 个点,也不可能是好位置.

> ❸ 设 $f:\mathbf{R}\to\mathbf{R}$ 是一个定义在实数集上的实值函数,满足对所有的实数 x,y,都有
> $$f(x+y)\leqslant yf(x)+f(f(x)) \quad ①$$
> 证明:对所有的实数 $x\leqslant 0$,有 $f(x)=0$.

白俄罗斯命题

证明 令 $y=t-x$. 则式 ① 可写为
$$f(t)\leqslant tf(x)-xf(x)+f(f(x)) \quad ②$$
在式 ② 中分别令 $t=f(a),x=b$ 和 $t=f(b),x=a$. 可得
$$f(f(a))-f(f(b))\leqslant f(a)f(b)-bf(b)$$
$$f(f(b))-f(f(a))\leqslant f(a)f(b)-af(a)$$
以上两式相加得
$$2f(a)f(b)\geqslant af(a)+bf(b)$$
令 $b=2f(a)$,则
$$2f(a)f(b)\geqslant af(a)+2f(a)f(b)\Rightarrow af(a)\leqslant 0$$
所以,当 $a<0$ 时
$$f(a)\geqslant 0 \quad ③$$
假设存在某个实数 x,使得 $f(x)>0$. 由式 ② 知,对每个
$$t<\frac{xf(x)-f(f(x))}{f(x)}$$
有 $f(t)<0$,这与式 ③ 矛盾.

因此,对所有的实数 x 均有
$$f(x)\leqslant 0 \quad ④$$
结合式 ③ 知,对所有的实数 $x<0$,有
$$f(x)=0$$
在式 ② 中令 $t=x<0$,则
$$f(x)\leqslant f(f(x))$$
故 $0\leqslant f(0)$. 结合式 ④ 知 $f(0)=0$.

综上,对任意 $x\leqslant 0$,都有 $f(x)=0$.

> ❹ 给定整数 $n>0$. 有一个天平和 n 个重量分别为 2^0, $2^1,\cdots,2^{n-1}$ 的砝码.
>
> 现通过 n 步操作逐个将所有砝码都放上天平,使得在操作过程中,右边的重量总不超过左边的重量. 每一步操作是从尚未放上天平的砝码中选择一只砝码,将其放到天平的左边或右边,直至所有砝码都被放上天平.
>
> 求整个操作过程的不同方法个数.

伊朗命题

解 操作过程的不同方法个数为

$$(2n-1)!! = 1 \times 3 \times \cdots \times (2n-1)$$

下面对 n 用数学归纳法.

当 $n=1$ 时,只有一个砝码,只能放在天平的左边,故只有 1 种方法.

假设 $n=k$ 时,k 个重量为 $2^0, 2^1, \cdots, 2^{k-1}$ 的砝码按题设要求有 $(2k-1)!!$ 种方法.

当 $n=k+1$ 时,将所有砝码的重量都乘以 $\frac{1}{2}$,不影响问题的本质. 此时,$k+1$ 个砝码的重量为 $\frac{1}{2}, 1, 2, \cdots, 2^{k-1}$.

由于对任意的正整数 r 有
$$2^r \geqslant 2^{r-1} + 2^{r-2} + \cdots + 1 + \frac{1}{2} \geqslant \sum_{i=-1}^{r-1} \pm 2^i$$

于是,当所有砝码都放上天平时,天平较重的一端只取决于天平上最重砝码的位置. 故最重砝码一定在左边.

下面考虑重量为 $\frac{1}{2}$ 的砝码在操作过程中的位置.

(1) 若重量为 $\frac{1}{2}$ 的砝码第 1 个放,它只能放在左边,然后剩下的 k 个砝码有 $(2k-1)!!$ 种放法.

(2) 若重量为 $\frac{1}{2}$ 的砝码在第 $t(t=2,3,\cdots,k+1)$ 次操作时放,因为此时已经放在天平上的砝码重量均大于 $\frac{1}{2}$,所以,重量为 $\frac{1}{2}$ 的砝码不会成为最重的一个. 于是,无论它放左边还是右边都不会影响最重砝码的位置. 故有 2 种放法. 而剩下的砝码的放法不受影响,此时,有 $2k \times (2k-1)!!$ 种放法.

综上,当 $n=k+1$ 时,共有
$$(2k-1)!! + 2k \times (2k-1)!! = (2k+1)!!$$
种放法.

由数学归纳法知,对于任意的整数 $n>0$,整个操作过程的不同方法个数为 $(2n-1)!!$.

---

❺ 设 f 是一个定义在整数集上取值为正整数的函数. 已知对任意两个整数 m,n,差 $f(m)-f(n)$ 能被 $f(m-n)$ 整除. 证明:对所有整数 m,n,若 $f(m) \leqslant f(n)$,则 $f(n)$ 被 $f(m)$ 整除.

伊朗命题

证明 设整数 x,y 使得 $f(x) < f(y)$.

令 $m=x, n=y$,则
$$f(x-y) \mid |f(x)-f(y)|$$

即
$$f(x-y) \mid (f(y)-f(x)) \quad ①$$
故
$$f(x-y) < f(y)-f(x) < f(y)$$
于是,差 $d = f(x) - f(x-y)$ 满足
$$-f(y) < -f(x-y) < d < f(x) < f(y)$$
令 $m=x, n=x-y$. 则 $f(y) \mid d$. 故 $d=0$.

从而,$f(x) = f(x-y)$.

由式 ① 得 $f(x) \mid (f(y) - f(x))$.

故 $f(x) \mid f(y)$.

❻ 设锐角 $\triangle ABC$ 的外接圆为圆 Γ,l 是圆 Γ 的一条切线. 记切线 l 关于直线 BC, CA, AB 的对称直线分别为 l_a, l_b, l_c. 证明:由直线 l_a, l_b, l_c 构成的三角形的外接圆与圆 Γ 相切.

日本命题

证明 如图 52.1 所示,分别记圆 Γ 关于 BC, CA, AB 的对称圆为圆 $\Gamma_a, \Gamma_b, \Gamma_c$,并记点 P 关于 BC, CA, AB 的对称点为 P_a, P_b, P_c. 则它们分别在圆 $\Gamma_a, \Gamma_b, \Gamma_c$ 上,且以它们为切点的相应圆的切线就是 l_a, l_b, l_c.

记直线 l_a 与 l_b,l_b 与 l_c,l_c 与 l_a 分别交于点 C', A', B'.

接下来将使用有向角的概念,定义 $\angle(m, n)$ 表示直线 m 到 n 的有向角,其大小等于从 m 开始逆时针旋转到 n 所经过的角度(加减 π 认为是等价的).

(1) P_a, P_b, P_c 三点共线.

事实上,PP_a, PP_b, PP_c 的中点分别是点 P 到 BC, CA, AB 的垂足,而这三个垂足是共线的(西姆松定理). 故 P_a, P_b, P_c 三点共线.

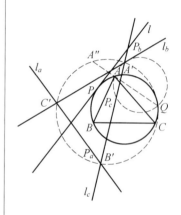

图 52.1

(2) 记 $\triangle A'P_bP_c, \triangle B'P_cP_a, \triangle C'P_aP_b$ 的外接圆分别为圆 $\Gamma_1, \Gamma_2, \Gamma_3$,$\triangle A'B'C'$ 的外接圆为 Ω. 则圆 $\Gamma_1, \Gamma_2, \Gamma_3, \Omega$ 四圆共点.

事实上,此为完全四边形 $(A'P_cB'P_aC'P_b)$ 的密克定理. 记该交点为 Q.

(3) 点 A, B, C 分别在圆 $\Gamma_1, \Gamma_2, \Gamma_3$ 上.

事实上,考虑圆 Γ_b, Γ_c,这两圆交于点 A,且 $\widehat{AP_c} = AP = \widehat{AP_b}$. 作旋转变换 $S(A, \angle(P_cA, P_bA))$,则
$$\Gamma_c \to \Gamma_b, P_c \to P_b$$
于是,切线 $l_c \to l_b$. 故
$$\angle(l_c, l_b) = \angle(P_cA, P_bA)$$
同时又有
$$\angle(l_c, l_b) = \angle(P_cA', P_bA')$$

从而，P_c, A, A', P_b 四点共圆，即点 A 在圆 Γ_1 上.

同理，点 B, C 分别在圆 Γ_2, Γ_3 上.

(4) 点 Q 在圆 Γ 上.

由点 Q 的定义知

$\measuredangle(AQ, BQ) = \measuredangle(AQ, P_cQ) + \measuredangle(P_cQ, BQ) =$
$\measuredangle(AP_b, P_bP_c) + \measuredangle(P_cP_a, BP_a) =$
$\measuredangle(AP_b, BP_a) = \measuredangle(AP_b, AC) + \measuredangle(AC, BC) +$
$\measuredangle(BC, BP_a) = \measuredangle(AC, AP) + \measuredangle(AC, BC) + \measuredangle(BP, BC) =$
$\measuredangle(AC, BC)$

故 A, B, C, D 四点共圆，即点 Q 在圆 Γ 上.

第四编
第52届国际数学奥林匹克预选题

第 52 届国际数学奥林匹克预选题及解答

代数部分

❶ 本届 IMO 第 1 题.

解 本届 IMO 第 1 题.

❷ 求所有正整数数列 $x_1, x_2, \cdots, x_{2011}$,使得对于每个正整数 n,都存在整数 a 满足
$$x_1^n + 2x_2^n + \cdots + 2011 x_{2011}^n = a^{n+1} + 1$$

解 只有一个数列
$$(x_1, x_2, \cdots, x_{2011}) = (1, \underbrace{k, \cdots, k}_{2010 \text{个}})$$

满足条件,其中
$$k = 3 + 3 + \cdots + 2011 = 2\,023\,065$$

事实上,若 $k = 2\,023\,065$,则
$$1^n + 2k^n + \cdots + 2011 k^n =$$
$$1 + k \cdot k^n = k^{n+1} + 1$$

因此,对于所有的正整数 n,$(1, \underbrace{k, \cdots, k}_{2010 \text{个}})$ 满足条件,且 $a = k$.

下面证明这样的正整数数列是唯一的.

假设数列 $(x_1, x_2, \cdots, x_{2011})$ 满足条件. 则对于每个 $n \in \mathbf{Z}_+$,存在 $y_n \in \mathbf{Z}_+$,使得
$$S = x_1^n + 2x_2^n + \cdots + 2011 x_{2011}^n = y_n^{n+1} + 1$$

由 $S < (x_1 + 2x_2 + \cdots + 2011 x_{2011})^{n+1}$ 知,数列 $\{y_n\}$ 有界.

特别地,存在某个 $y \in \mathbf{Z}_+$,有无穷多个 $n \in \mathbf{Z}_+$,满足 $y_n = y$.

设 $x_1, x_2, \cdots, x_{2011}$ 中的最大值为 m,将 $x_1, x_2, \cdots, x_{2011}$ 中的相等的项合并,并将和式 S 写为
$$S = a_m m^n + a_{m-1}(m-1)^n + \cdots + a_1$$

其中,对于所有的整数 $i(1 \leqslant i \leqslant m-1)$,有
$$a_i \geqslant 0, a_m > 0$$

且 $a_1+a_2+\cdots+a_m=1+2+\cdots+2\,011$.

于是,存在任意大的正整数 n 使得
$$a_m m^n + a_{m-1}(m-1)^n + \cdots + a_1 - 1 - y \cdot y^n = 0 \quad ①$$

先证明一个引理.

引理 设 $b_1,b_2,\cdots,b_N$ 是确定的整数,且存在任意大的正整数 n 使得
$$b_1 + b_2 2^n + \cdots + b_N N^n = 0$$
则对于所有的整数 $i(1 \leqslant i \leqslant N)$,有 $b_i=0$.

证明 假设不是所有的 b_i 都等于 0.

不失一般性,假设 $b_N \neq 0$.

同除以 N^n 后得
$$|b_N| = \left| b_{N-1}\left(\frac{N-1}{N}\right)^n + \cdots + b_1\left(\frac{1}{N}\right)^n \right| \leqslant$$
$$(|b_{N-1}|+\cdots+|b_1|)\left(\frac{N-1}{N}\right)^n$$

当 n 足够大时,$\left(\frac{N-1}{N}\right)^n$ 可以任意小,这与 $b_N \neq 0$ 矛盾.

回到原题.

显然,$y>1$.

在式 ① 中,由引理得
$$a_m=y=m, a_1=1, a_2=\cdots=a_{m-1}=0$$

这表明
$$(x_1,x_2,\cdots,x_{2\,011})=(1,\underbrace{m,\cdots,m}_{2\,010\text{个}}).$$

又 $1+m=a_1+a_2+\cdots+a_m=1+2+\cdots+2\,011=1+k$,故 $m=k$.

❸ 求所有从实数集到实数集的函数对 (f,g),满足对于所有实数 x,y 有
$$g(f(x+y))=f(x)+(2x+y)g(y)$$

解 $f(x)=g(x)=0$ 及
$$f(x)=x^2+C, g(x)=x$$
满足条件,其中 C 是实数.

在原方程中,令 $y=-2x$,则
$$g(f(-x))=f(x) \quad ①$$

在式 ① 中,用 $-x-y$ 代替 x 得
$$f(-x-y)=g(f(x+y))=f(x)+(2x+y)g(y) \quad ②$$

对于任意的两个实数 a,b,在式 ② 中令 $x=-b, y=a+b$,则
$$f(-a)=f(-b)+(a-b)g(a+b)$$

若 c 是其他任意实数,类似地,可得
$$f(-b) = f(-c) + (b-c)g(b+c)$$
$$f(-c) = f(-a) + (c-a)g(c+a)$$
将三个方程相加得
$$[(a+c)-(b+c)]g(a+b) +$$
$$[(a+b)-(a+c)]g(b+c) +$$
$$[(b+c)-(a+b)]g(c+a) = 0$$
对于任意三个实数 x,y,z,存在三个实数 a,b,c 满足
$$x = b+c, y = c+a, z = a+b$$
故 $(y-x)g(z) + (z-y)g(x) + (x-z)g(y) = 0$
这表明,g 的图像上的任意三个点
$$(x,g(x)),(y,g(y)),(z,g(z))$$
共线.

于是,g 要么是一个常数,要么是一个线性函数.

设 $g(x) = Ax + B$,其中,A,B 是实数.

在式 ② 中令 $x = 0$,用 $-y$ 代替 y,且 $C = f(0)$.

则 $f(y) = Ay^2 - By + C$.代入式 ① 得
$$A^2 x^2 + ABx + AC + B = Ax^2 - Bx + C$$
比较 x^2 的系数得 $A^2 = A$.

于是,$A = 0$ 或 1.

若 $A = 0$,则 $B = -Bx + C$.

于是,$B = C = 0$.

所以,$f(x) = g(x) = 0$.

若 $A = 1$,则
$$x^2 + Bx + C + B = x^2 - Bx + C$$
于是,$B = 0$.

所以,$g(x) = x, f(x) = x^2 + C$.

❹ 求所有从正整数集到正整数集的函数对 (f,g),满足对于每个正整数 n 有
$$f^{g(n)+1}(n) + g^{f(n)}(n) = f(n+1) - g(n+1) + 1$$
其中,$f^k(n) = \underbrace{f(f(\cdots f(n)\cdots))}_{k\uparrow}$.

解 $f(n) = n, g(n) = 1$ 满足条件.

由题设条件知,对于任意正整数 n 有
$$f(f^{g(n)}(n)) < f(n+1) \qquad ①$$

设 $y_1 < y_2 < \cdots$ 是 f 的所有的取值(这个数列要么有限,要么无限).

下面证明:对于每个正整数 n,函数 f 至少得到了 n 个值,则有:

(i)$_n$:$f(x)=y_n$ 当且仅当 $x=n$;

(ii)$_n$:$y_n=n$.

可采取下面的方案给出证明
$$(\text{i})_1,(\text{ii})_1,(\text{i})_2,(\text{ii})_2,\cdots,(\text{i})_n,(\text{ii})_n,\cdots \qquad ②$$

先考虑任意满足 $f(x)=y_1$ 的正整数 x.

若 $x>1$,由式 ① 知
$$f(f^{g(x-1)}(x-1))<y_1$$
这与 y_1 是最小的数矛盾.

因此,$f(x)=y_1 \Leftrightarrow x=1$.

故(i)$_1$ 成立.

假设对于某个正整数 n,(i)$_n$ 成立.则 ② 中其前面的结论也成立,即对于所有的正整数 $k\geqslant 1$ 和 $a<n$,$f^k(x)=a$ 当且仅当 $x=a$.

由于每个 $y_i(1\leqslant i\leqslant n)$ 可由唯一的整数 i 确定,则 y_{n+1} 存在.

对于任意满足 $f(x)=y_{n+1}$ 的正整数 x,则 $x>n$.

在式 ① 中用 $x-1$ 代替 x 有
$$f(f^{g(x-1)}(x-1))<y_{n+1}$$
于是
$$f^{g(x-1)}(x-1) \in \{1,2,\cdots,n\} \qquad ③$$
设 $b=f^{g(x-1)}(x-1)$.

若 $b<n$,则 $x-1=b$,与 $x>n$ 矛盾.

于是,$b=n$.

因此,$y_n=n$.

由此证明了(ii)$_n$.

又由(i)$_n$ 知
$$f(k)=n \Leftrightarrow k=n$$
将其反复用在 ③ 中得
$$x-1=b=n \Rightarrow x=n+1$$
由此证明了(i)$_{n+1}$.

因此,② 中的所有结论都是成立的.

于是,对于所有的整数 n 有
$$f(n)=n$$
从而,原方程化为
$$n+g^n(n)=n+1-g(n+1)+1 \Rightarrow g^n(n)+g(n+1)=2$$
这表明,对于所有正整数 n 有
$$g(n)=1$$

❺ 证明:对于每个正整数 n,集合
$$\{2,3,4,\cdots,3n+1\}$$
能被分拆为 n 个三元子集,使得每个三元子集中的三个数是某个钝角三角形的三边长.

解 定义 $[a,b]$ 为集合 $\{a,a+1,\cdots,b\}$. 若 a,b,c 是某个钝角三角形的三边长,则称 $\{a,b,c\}$ 为"钝三元集".

利用数学归纳法对 n 进行证明:

存在 $[2,3n+1]$ 的拆分,使得 n 个三元子集 $A_i(2 \leqslant i \leqslant n+1)$ 都是钝三元集,且
$$A_i = \{i, a_i, b_i\}$$

当 $n=1$ 时, $A_2 = \{2,3,4\}$, 结论成立.

先证明一个引理.

引理 若 $\{a,b,c\}$ 是满足 $a<b<c$ 的钝三元集, x 是任意正整数,则 $\{a,b+x,c+x\}$ 也是钝角三元集.

证明 因为 $a<b+x<c+x$, 且
$$(c+x)-(b+x) = c-b < a$$
所以, $a,b+x,c+x$ 是某三角形的三边长. 又
$$\begin{aligned}(c+x)^2-(b+x)^2 &= (c-b)(c+b+2x) > \\ &(c-b)(c+b) = c^2-b^2 > a^2\end{aligned}$$

故 $\{a,b+x,c+x\}$ 是钝三元集.

回到原题.

假设 $n>1$, 且对于小于 n 的正整数, 结论成立.

设 $t = \left[\dfrac{n}{2}\right] < n$, 其中, $[x]$ 表示不超过实数 x 的最大整数.

由归纳假设知, 存在一个 $[2,3t+1]$ 的分拆, 使得 t 个三元子集
$$A'_i = \{i, a'_i, b'_i\} (i \in [2, t+1])$$
都是钝三元集.

对于每个 $i \in [2, t+1]$, 设
$$A_i = \{i, a'_i + (n-t), b'_i + (n-t)\}$$
则这些三元子集两两不交.

由引理知, 这些三元子集均为钝三元集.

故 $\bigcup\limits_{i=2}^{t+1} A_i = [2, t+1] \cup [n+2, n+2t+1]$.

对于每个 $i \in [t+2, n+1]$, 设
$$A_i = \{i, n+t+i, 2n+i\}$$
则这些三元子集两两不交, 且

$$\bigcup_{i=t+2}^{n+1} A_i = [t+2, n+1] \cup [n+2t+2, 2n+t+1] \cup$$
$$[2n+t+2, 3n+1]$$

于是，$\bigcup_{i=2}^{n+1} A_i = [2, 3n+1]$.

接下来只需证明：对 $i \in [t+2, n+1]$，A_i 是钝三元集.

由 $(2n+i) - (n+t+i) = n-t < t+2 \leqslant i$，则 A_i 中的元素是一个三角形的三边长. 又
$$(2n+i)^2 - (n+t+i)^2 = (n-t)(3n+t+2i) \geqslant$$
$$\frac{n}{2}(3n+3(t+1)+1) > \frac{n}{2} \cdot \frac{9n}{2} \geqslant (n+1)^2 \geqslant i^2$$

所以，A_i 是钝三元集.

❻ 本届 IMO 第 3 题.

解 本届 IMO 第 3 题.

❼ 设正实数 a, b, c 满足
$$\min\{a+b, b+c, c+a\} > \sqrt{2}$$
$$a^2 + b^2 + c^2 = 3$$

证明
$$\frac{a}{(b+c-a)^2} + \frac{b}{(c+a-b)^2} + \frac{c}{(a+b-c)^2} \geqslant \frac{3}{(abc)^2}$$

解 记 $\sum f(a,b,c) = f(a,b,c) + f(b,c,a) + f(c,a,b)$，其中 "$\sum$" 表示轮换对称和.

由
$$b + c > \sqrt{2} \Rightarrow b^2 + c^2 > 1 \Rightarrow a^2 = 3 - (b^2 + c^2) < 2 \Rightarrow$$
$$a < \sqrt{2} < b + c \Rightarrow b + c - a > 0$$

同理，$c + a - b > 0$，$a + b - c > 0$

由幂平均不等式得
$$a^5 + b^5 + c^5 \geqslant 3$$

不妨假设 $a \geqslant b \geqslant c$.

因此，只需证
$$\sum \frac{a^3 b^2 c^2}{(b+c-a)^2} \geqslant \sum a^5$$

即
$$\sum \frac{a^3}{(b+c-a)^2}((bc)^2 - (a(b+c-a))^2) \geqslant 0 \qquad ①$$

对于每个正数 x,y,z 由于
$$(yz)^2 - (x(y+z-x))^2$$
与
$$yz - x(y+z-x) = (x-y)(x-z)$$
的符号相同,则式 ① 中关于 a,c 的项非负.

因此,只需证明关于 a,b 的项之和非负,即只需证
$$\frac{a^3}{(b+c-a)^2}(a-b)(a-c)(bc+a(b+c-a)) \geqslant$$
$$\frac{b^3}{(a+c-b)^2}(a-b)(b-c)(ac+b(a+c-b))$$

因为 $a^3 \geqslant b^3 > 0$,有
$$0 < b+c-a \leqslant a+c-b$$
$$a-c \geqslant b-c \geqslant 0$$

所以,只需证
$$\frac{ab+ac+bc-a^2}{b+c-a} \geqslant \frac{ab+ac+bc-b^2}{c+a-b}$$

又 $b+c-a$ 与 $c+a-b$ 均为正数,于是,只需证
$$(c+a-b)(ab+ac+bc-a^2) \geqslant$$
$$(b+c-a)(ab+ac+bc-b^2)$$

即 $(a-b)(2ab-a^2-b^2+ac+bc) \geqslant 0$

由于 $a \geqslant b$,则只需证明
$$c(a+b) \geqslant (a-b)^2$$

结合 $c > a-b \geqslant 0, a+b > a-b \geqslant 0$ 知,上述不等式成立.

组合部分

❶ 本届 IMO 第 4 题.

解 本届 IMO 第 4 题.

❷ 设 1 000 名学生围成一个圈. 证明:存在正整数 $k(100 \leqslant k \leqslant 300)$,使得在此圈中存在相邻的 $2k$ 名学生,满足前面的 k 名学生与后面的 k 名学生中包含女生的数目相同.

证明 将这 1 000 名学生依次编号为 $1,2,\cdots,1\,000$,记第 i 名学生为 a_i. 若第 i 名学生是女生,记 $a_i = 1$,否则,记 $a_i = 0$,其中
$$a_{i+1\,000} = a_{i-1\,000} = a_i (i \in \mathbf{N}_+)$$

设 $S_k(i) = a_i + a_{i+1} + \cdots + a_{i+k-1}$.

则只需证明:存在正整数 $k(100 \leqslant k \leqslant 300)$ 和整数 i,满足
$$S_k(i) = S_k(i+k)$$

假设结论不成立,则存在整数 i 使得 $S_{100}(i)$ 最大,于是
$$S_{100}(i-100) - S_{100}(i) < 0$$
$$S_{100}(i) - S_{100}(i+100) > 0$$
因此,函数 $S_{100}(j) - S_{100}(j+100)$ 在区间 $[i-100, i]$ 上变号.
从而,存在整数 $j \in [i-100, i-1]$,使得
$$S_{100}(j) \leqslant S_{100}(j+100) - 1 \quad ①$$
且
$$S_{100}(j+1) \geqslant S_{100}(j+101) + 1 \quad ②$$

②－① 得
$$a_{j+100} - a_j \geqslant a_{j+200} - a_{j+100} + 2$$
于是,$a_j = 0, a_{j+100} = 1, a_{j+200} = 0$. 将其代入式 ①,② 得
$$S_{99}(j+1) \leqslant S_{99}(j+101) \leqslant S_{99}(j+1)$$
故
$$S_{99}(j+1) = S_{99}(j+101) \quad ③$$
设 t, l 分别是使得 $a_{j-t} = 1, a_{j+200+l} = 1$ 的最小的正整数.
由对称性,不妨假设 $t \geqslant l$.
若 $t \geqslant 200$,则
$$a_j = a_{j-1} = \cdots = a_{j-199} = 0$$
故 $S_{100}(j-199) = S_{100}(j-99) = 0$,矛盾.
因此,$l \leqslant t \leqslant 199$.
故
$$S_{100+l}(j-l+1) = (a_{j-l+1} + \cdots + a_j) + S_{99}(j+1) + a_{j+100} = S_{99}(j+1) + 1$$
$$S_{100+l}(j+101) = S_{99}(j+101) + (a_{j+200} + \cdots + a_{j+200+l-1}) + a_{j+200+l} = S_{99}(j+101) + 1$$
由式 ③ 知
$$S_{100+l}(j-l+1) = S_{100+l}(j+101)$$
其中,$100 + l \leqslant 299$,矛盾.

综上,原命题成立.

---

❸ 本届 IMO 第 3 题.

解 本届 IMO 第 3 题.

---

❹ 求满足下列性质的最大的正整数 k:正整数集能被分拆成 k 个子集 $A_1, A_2, \cdots, A_k$,使得对于所有的整数 $n(n \geqslant 15)$ 和所有的 $i \in \{1, 2, \cdots, k\}$,均存在 A_i 中的两个不同元素,其和为 n.

解 最大的正整数 k 为 3.

当 $k=3$ 时,设
$$A_1 = \{1,2,3\} \cup \{3m \mid m \in \mathbf{Z}, \text{且 } m \geqslant 4\}$$
$$A_2 = \{4,5,6\} \cup \{3m-1 \mid m \in \mathbf{Z}, \text{且 } m \geqslant 4\}$$
$$A_3 = \{7,8,9\} \cup \{3m-2 \mid m \in \mathbf{Z}, \text{且 } m \geqslant 4\}$$

则 A_1 中两个不同元素的和能表示所有大于或等于 $1+12=13$ 的正整数 n;A_2 中两个不同元素的和能表示所有大于或等于 $4+11=15$ 的正整数 n;A_3 中两个不同元素的和能表示所有大于或等于 $7+10=17$ 的正整数 n 及 $7+8=15, 7+9=16$.

若 $k \geqslant 4$,且存在集合 $A_1, A_2, \cdots, A_k$ 满足条件,则集合 $A_1, A_2, A_3, A_4 \cup A_5 \cup \cdots \cup A_k$ 也满足条件.

于是,可以假设 $k=4$.

设 $B_i = A_i \cap \{1,2,\cdots,23\}$ ($i=1,2,3,4$).

对于每个 $i=1,2,3,4$,整数 $15,16,\cdots,24$ 都能写成 B_i 中两个不同元素的和. 因此, B_i 中至少有五个元素.

因为 $|B_1|+|B_2|+|B_3|+|B_4|=23$,所以,存在 $j \in \{1,2,3,4\}$,使得 $|B_j|=5$.

设 $B_j = \{x_1, x_2, \cdots, x_5\}$,则 A_j 中表示为整数 $15,16,\cdots,24$ 的两个不同元素之和恰是 B_j 中所有两个不同元素之和.

故
$$4(x_1+x_2+\cdots+x_5) = 15+16+\cdots+24 = 195$$

由 195 不能被 4 整除知,上式不成立.

从而,导致矛盾.

❺ 设 m 是一个正整数.考虑一个 $m \times m$ 的棋盘.在一些单位方格的中心各有一只蚂蚁.在时刻 0,每只蚂蚁沿着平行于棋盘的某条边的方向以速度 1 运动,当两只蚂蚁沿着相反的方向相遇时,它们均顺时针旋转 $90°$ 后继续以速度 1 运动.当多于两只蚂蚁相遇或两只蚂蚁沿着垂直的方向相遇时,它们沿着相遇前的方向继续运动,当一只蚂蚁到达棋盘的边界时,它掉下棋盘,且不再出现.对于所有可能的初始位置,求最后一只蚂蚁掉下棋盘的最迟时刻,或证明:这一时刻不一定存在.

解 最后一只蚂蚁掉下棋盘的最迟时刻为 $\frac{3m}{2}-1$.

当 $m=1$ 时,结论显然成立.

于是,假设 $m>1$.

恰有两只蚂蚁沿着相反的方向相遇称为"碰撞".

开始时,若将一只蚂蚁放在西南角的单位方格内,且面向东,另一只蚂蚁放在东南角的单位方格内,且面向西.它们在时刻 $\dfrac{m-1}{2}$ 相遇在最后一行的中点(即两只蚂蚁最初所在位置所连线段的中点).碰撞后,其中的一只蚂蚁向北运动,又经过 $m-\dfrac{1}{2}$ 的时间,其掉下棋盘.因此,最后一只蚂蚁在时刻
$$\dfrac{m-1}{2}+m-\dfrac{1}{2}=\dfrac{3m}{2}-1$$
掉下棋盘.

下面证明:这就是最迟的时刻.

考虑两只蚂蚁 a,a' 任意的碰撞.改变碰撞的规则,迫使这两只蚂蚁逆时针旋转,则所有的运动情形不变,只是 a 和 a' 在碰撞后交换了位置.将其应用到任意的碰撞,由此可以假设,对于任意的碰撞,可以选择要么两只蚂蚁都顺时针旋转,要么两只蚂蚁都逆时针旋转.因此,假设只有两种类型的蚂蚁(依赖于它们的初始方向):NE-蚂蚁只向北或东的方向运动,SW-蚂蚁只向南或西的方向运动.

于是,经过时间 $2m-1$ 后,所有蚂蚁都会掉下棋盘.因此,通过考虑一只蚂蚁与其他蚂蚁的碰撞得到一个最佳的上界.

考虑平面直角坐标系,令棋盘四个角的坐标分别为 $(0,0)$,$(m,0)$,(m,m),$(0,m)$.在时刻 t,没有 NE-蚂蚁在区域
$$\{(x,y)\mid x+y<t+1\}$$
且没有 SW-蚂蚁在区域
$$\{(x,y)\mid x+y>2m-t-1\}$$
若两只蚂蚁在时刻 t 碰撞于点 (x,y),则
$$t+1\leqslant x+y\leqslant 2m-t-1 \qquad ①$$

类似地,改变规则使得每只蚂蚁要么只向北或西的方向交替运动,要么只向南或东的方向交替运动.

类似于式 ①,若两只蚂蚁在时刻 t 碰撞于点 (x,y),则
$$|x-y|\leqslant m-t-1$$
设
$$B(t)=\{(x,y)\mid x,y\in[0,m],t+1\leqslant x+y\leqslant 2m-t-1,|x-y|\leqslant m-t-1\}$$

则一只蚂蚁在时刻 t 只能在区域 $B(t)$ 与另一只蚂蚁碰撞.

图 52.2 是 $m=6$ 时在 $t=\dfrac{1}{2}$ 和 $t=\dfrac{7}{2}$ 的时刻所对应的 $B(t)$.

假设一只 NE-蚂蚁在时刻 t 发生了最后一次于点 (x,y) 的碰撞(若这只蚂蚁没发生过碰撞,则由于 $m-\dfrac{1}{2}<\dfrac{3m}{2}-1$ 知,这只

蚂蚁在时刻 $m - \frac{1}{2}$ 时已经掉下棋盘. 于是,可以不考虑这种情形).

因此,$(x,y) \in B(t)$,有
$$x + y \geq t + 1, x - y \geq -(m - t - 1)$$
故 $x \geq \frac{(t+1) - (m-t-1)}{2} = t + 1 - \frac{m}{2}$.

由对称性得 $y \geq t + 1 - \frac{m}{2}$.

所以,$\min\{x, y\} \geq t + 1 - \frac{m}{2}$.

此次碰撞后,这只蚂蚁将直接运动到棋盘的边界,最多用时 $m - \min\{x, y\}$. 于是,这只蚂蚁在棋盘上的时间最多为
$$t + (m - \min\{x, y\}) \leq t + m - \left(t + 1 - \frac{m}{2}\right) = \frac{3m}{2} - 1$$

由对称性,对于 SW—蚂蚁,也有同样的上界.

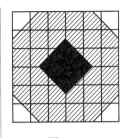

图 52.2

❻ 设 n 是一个正整数,而
$$W = \cdots x_{-1} x_0 x_1 x_2 \cdots$$
是一个包含字母 a 和 b 的无穷周期字母列,且 W 的最小正周期 $N > 2^n$. 在 W 中若存在下标 $k \leq l$ 使 $U = x_k x_{k+1} \cdots x_l$,则称有限非空字母列是"出现的". 若四个字母列 Ua, Ub, aU, bU 在 W 中都是出现的,则称有限字母列 U 是"无所不在的". 证明:至少存在 n 个无所不在的有限非空字母列.

证明 只考虑非空的字母列.

对于任意长为 m 的字母列 R,称 R 与 W 的子字母列 $x_{i+1} x_{i+2} \cdots x_{i+m}$ 相同 $i \in \{1, 2, \cdots, N\}$ 的个数为 R 的"大数目",记为 $\mu(R)$. 则 R 在 W 中是出现的当且仅当 $\mu(R) > 0$.

因为 W 的一个子字母列的后面要么是字母 a,要么是字母 b,类似地,其前面也是这两个字母之一,所以,对于所有的字母列 R,有
$$\mu(R) = \mu(Ra) + \mu(Rb) = \mu(aR) + \mu(bR) \qquad ①$$

首先证明:每一个长度为 N 的字母列的大数目为 1 或 0 依赖于其是否是出现的.

事实上,对于某两个 $i, j (1 \leq i < j \leq N)$,若 $x_{i+1} x_{i+2} \cdots x_{i+N}$ 与 $x_{j+1} x_{j+2} \cdots x_{j+N}$ 相同,则 $x_{i+a} = x_{j+a}$ 对于每个整数 a 均成立. 于是,$j - i$ 也是 W 的周期,矛盾.

因为 $N > 2^n$,所以,a 和 b 至少有一个的大数目大于 2^{n-1}.

对于每个 $k (k = 0, 1, \cdots, n-1)$,设 U_k 是 W 的子字母列,其大

数目大于 2^k，且其长度是满足这些条件的子字母列中最大的. 由前面的结论知，这样的 U_k 是存在的.

对于固定的某个 $k \in \{0, 1, \cdots, n-1\}$，因为字母列 $U_k b$ 比 U_k 长，所以，$U_k b$ 的大数目最多为 2^k.

特别地，有 $\mu(U_k b) < \mu(U_k)$.

由式 ① 知，$U_k a$ 是出现的.

类似地，$U_k b, a U_k, b U_k$ 也是出现的.

于是，字母列 U_k 是无所不在的，而且若 U_k 的大数目大于 2^{k+1}，由式 ① 知，$U_k a$ 和 $U_k b$ 中至少有一个大的数目大于 2^k，这与 U_k 的最大性的定义矛盾. 从而
$$\mu(U_0) \leqslant 2 < \mu(U_1) \leqslant 4 < \cdots \leqslant 2^{n-1} < \mu(U_{n-1})$$
这表明，$U_0, U_1, \cdots, U_{n-1}$ 是不同的字母列.

由于它们都是无所不在的，因此，所证结论成立.

❼ 在由单位方格组成的 $2\,011 \times 2\,011$ 的正方形桌子上放了有限条餐巾，每条餐巾覆盖了 52×52 的正方形. 在每个单位方格内写上覆盖它的餐巾的数目，记写着相同数的方格个数的最大值为 k. 对于所有可能的餐巾的配置，求 k 的最大值.

解 k 的最大值为
$$2\,011^2 - ((52^2 - 35^2) \times 39 - 17^2) =$$
$$4\,044\,121 - 57\,392 = 3\,986\,729$$
设 $m = 39$，则 $2\,011 = 52m - 17$.

下面给出存在 $3\,986\,729$ 个单位方格内写的数相同的例子.

设列数从左到右，行数从下到上分别为 $1, 2, \cdots, 2\,011$.

每条餐巾用其左下角的坐标表示，将餐巾分成四类：

第一类的坐标为
$$(52i + 36, 52j + 1)(0 \leqslant j \leqslant i \leqslant m - 2)$$
第二类的坐标为
$$(52i + 1, 52j + 36)(0 \leqslant j \leqslant i \leqslant m - 2)$$
第三类的坐标为
$$(52i + 36, 52j + 36)(0 \leqslant i \leqslant m - 2)$$
第四类的坐标为 $(1, 1)$.

图 52.3 中的不同影线表示不同类的餐巾.

除了至少有两类影线的单位方格，其余所有单位方格内写的数都是 1. 容易计算至少有两类影线的单位方格的数目为
$$(52^2 - 35^2)m - 17^2 = 57\,392$$
下面证明：写的数相同的单位方格的数目不超过 $3\,986\,729$.

对于任意餐巾的配置和任意正整数 M，假设有 g 个单位方格

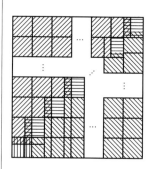

图 52.3

内写的数与 M 不同. 只要证明 $g \geqslant 57\,392$.

规定直线要么是一行, 要么是一列.

考虑任意的直线 l, 设依次写在相邻的单位方格内的数分别为 $a_1, a_2, \cdots, a_{52m-17}$.

对于 $i = 1, 2, \cdots, 52$, 设 $s_i = \sum_{t \equiv i \pmod{52}} a_t$, 其中 $s_1, s_2, \cdots, s_{35}$ 各有 m 项, $s_{36}, s_{37}, \cdots, s_{52}$ 各有 $m-1$ 项. 每条餐巾与直线 l 的交在每个 s_i 中的贡献恰为 1.

于是, 所有与 l 相交的餐巾数目 s 满足
$$s_1 = s_2 = \cdots = s_{52} = s$$

若 $s > (m-1)M$, 则称直线 l 是"富的", 否则, 称直线 l 为"穷的".

假设 l 是富的. 则和 $s_{36}, s_{37}, \cdots, s_{52}$ 中的每一个都存在一项大于 M. 考虑所有的这些项对应的单位方格, 且称其为对于这条直线的"富坏格", 于是, 每条富直线上至少有 17 个单位方格是对于这条直线的富坏格.

另一方面, 若 l 是穷的, 则
$$s \leqslant (m-1)M < mM$$

于是, 和 $s_1, s_2, \cdots, s_{35}$ 中的每一个都存在一项小于 M.

考虑所有的这些项对应的单位方格, 且称其为对于这条直线的"穷坏格", 于是, 每条穷直线上至少有 35 个单位方格是对于这条直线的穷坏格.

称所有模 52 与 $1, 2, \cdots, 35$ 同余的标号为"小的", 其他标号, 即模 52 与 $36, 37, \cdots, 52$ 同余的标号为"大的".

考虑到列数从左到右, 行数从下到上分别为 $1, 2, \cdots, 52m - 17$, 称一条直线是"大的"或"小的"依赖于共标号是大的或小的.

由定义知, 行的富坏格属于大的列, 而行的穷坏格属于小的列, 反之亦然.

在每条直线上, 对于这条直线上的每个坏的方格内放一只草莓, 另外, 对于每条"小富的"直线, 在每个富坏格内放入额外一只草莓. 一个单位方格可以独立地从它所在的行和列中得到草莓.

注意到, 一个有一只草莓的单位方格内写着一个不同于 M 的数. 若这个单位方格由额外的规则得到一只草莓, 则该单位方格内写的数大于 M. 于是, 其要么在小的行, 要么在大的列, 反之亦然. 假设它在小的行, 则它对于这列不是坏的. 于是, 在这种情形中, 其内不多于两只草莓. 若额外的规则不适用在这个单位方格, 则它的内部也不超过两只草莓. 于是, 草莓的总数 N 最多为 $2g$.

下面用不同的方法估算 N.

对于 $2 \times 35m$ 条小的直线, 若它是富的, 则至少有 34 只草莓;

若它是穷的,则至少有 35 只草莓.因此,无论是哪种情形,均至少有 34 只草莓.

类似地,对于 $2 \times 17(m-1)$ 条大的直线,至少有 $\min\{17,35\} = 17$ 只草莓.

对所有直线求和得
$$2g \geqslant N \geqslant 2(35m \times 34 + 17(m-1) \times 17) = 2(1\,479m - 289) = 2 \times 57\,392$$

即 $g \geqslant 57\,392$.

几何部分

❶ 已知锐角 $\triangle ABC$,L 为边 BC 上一点,以 L 为圆心的圆 ω 与边 AB,AC 分别切于点 B',C'.若 $\triangle ABC$ 的外心 O 在圆 ω 的劣弧 $\overparen{B'C'}$ 上,证明:$\triangle ABC$ 的外接圆与圆 ω 交于两点.

证明 作辅助线如图 52.4 所示.

因为 B' 是点 L 在 AB 上的投影,所以,点 B' 在线段 AB 的内部.

同理,点 C' 在线段 AC 的内部.

由于点 O 在 $\triangle AB'C'$ 的内部,则
$$\angle COB < \angle C'OB'$$

设 $\angle CAB = \alpha$,则
$$\angle COB = 2\alpha$$
$$2\angle C'OB' = 360° - \angle C'LB'$$

因为四边形 $AB'LC'$ 是圆内接四边形,所以
$$\angle C'LB' = 180° - \angle C'AB' = 180° - \alpha$$

则
$$2\alpha = \angle COB < \angle C'OB' = \frac{360° - \angle C'LB'}{2} = \frac{360° - (180° - \alpha)}{2} = 90° + \frac{\alpha}{2}$$

故 $\alpha < 60°$.

设 O' 为点 O 关于 BC 的对称点,则
$$\angle CO'B + \angle CAB = \angle COB + \angle CAB = 2\alpha + \alpha = 3\alpha < 180°$$

于是,点 O' 在 $\triangle ABC$ 的外接圆的外部.

由于 O,O' 是圆 ω 上的两个点,且一个在 $\triangle ABC$ 的外接圆内,另一个在 $\triangle ABC$ 的外接圆外,因此,$\triangle ABC$ 的外接圆与圆 ω 交于两点.

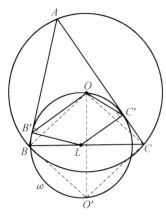

图 52.4

❷ 设四边形 $A_1A_2A_3A_4$ 不是圆内接四边形，O_1 为 $\triangle A_2A_3A_4$ 的外心，外接圆半径为 r_1. 类似地，定义 O_2, O_3, O_4 和 r_2, r_3, r_4. 证明

$$\frac{1}{O_1A_1^2-r_1^2}+\frac{1}{O_2A_2^2-r_2^2}+\frac{1}{O_3A_3^2-r_3^2}+\frac{1}{O_4A_4^2-r_4^2}=0$$

证明 设对角线 A_1A_3 与 A_2A_4 交于点 M，在每条对角线上选一个方向，设点 M 到点 A_1, A_2, A_3, A_4 的有向距离分别为 x, y, z, w. $\triangle A_2A_3A_4$ 的外接圆圆 Γ_1 与直线 A_1A_3 的第二个交点为 B_1（B_1 与 A_3 重合当且仅当 A_1A_3 与圆 Γ_1 相切）.

因为 $O_1A_1^2-r_1^2$ 是点 A_1 关于圆 Γ_1 的圆幂，所以
$$O_1A_1^2-r_1^2=A_1B_1\cdot A_1A_3$$

又 $MB_1 \cdot MA_3 = MA_2 \cdot MA_4$，则
$$MB_1=\frac{yw}{z}$$

故
$$O_1A_1^2-r_1^2=\left(\frac{yw}{z}-x\right)(z-x)=\frac{z-x}{z}(yw-xz)$$

同理，得另外三个等式. 故
$$\sum_{i=1}^{4}\frac{1}{O_iA_i^2-r_i^2}=\frac{1}{yw-xz}\left(\frac{z}{z-x}-\frac{w}{w-y}+\frac{x}{x-z}-\frac{y}{y-w}\right)=0$$

❸ 已知凸四边形 $ABCD$ 的边 AD, BC 不平行，分别以边 AB, CD 为直径的圆交于点 E, F，且 E, F 在四边形 $ABCD$ 的内部. 设 ω_E 是过点 E 在直线 AB, BC, CD 上的投影的圆，ω_F 是过点 F 在直线 CD, DA, AB 上的投影的圆. 证明：线段 EF 的中点在过圆 ω_E 和 ω_F 的交点的直线上.

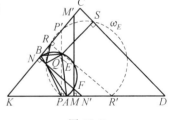

图 52.5

证明 如图 52.5 所示，设点 E 在直线 DA, AB, BC, CD 上的投影分别为 P, Q, R, S.

则点 P, Q 在以 AE 为直线的圆上.

于是，$\angle QPE = \angle QAE$. 同理，$\angle QRE = \angle QBE$. 故
$$\angle QPE + \angle QRE = \angle QAE + \angle QBE = 90°$$

类似地，$\angle SPE + \angle SRE = 90°$. 故
$$\angle QPS + \angle QRS = \angle QPE + \angle SPE + \angle QRE + \angle SRE =$$
$$90° + 90° = 180°$$

即四边形 $PQRS$ 是圆 ω_E 的内接四边形.

同理，点 F 在四边形 $ABCD$ 的四条边上的投影在圆 ω_F 上.

设直线 DA 与 CB 交于点 K.

假设 $\angle CKD \geq 90°$. 则以 CD 为直径的圆覆盖整个四边形 $ABCD$. 于是,点 E,F 不在四边形 $ABCD$ 的内部,矛盾.

因此,直线 PE 与 BC 交于点 P', ER 与 AD 交于点 R'.

下面证明:点 P', R' 均在圆 ω_E 上.

因为 R, E, Q, B 四点共圆,所以
$$\angle QRK = \angle QEB = 90° - \angle QBE = \angle QAE = \angle QPE$$
于是,$\angle QRK = \angle QPP'$.

从而,点 P' 在圆 ω_E 上.

类似地,点 R' 也在圆 ω_E 上.

同理,设点 F 在直线 AD, BC 上的投影分别为 M, N,直线 FM 与 BC 交于点 M', FN 与 AD 交于点 N'. 则点 M', N' 均在圆 ω_F 上.

如图 52.6 所示,设 NN' 与 PP' 交于点 U, MM' 与 RR' 交于点 V.

因为 $\angle P'PN' = \angle P'NN' = 90°$,所以,$N, N', P, P'$ 四点共圆.

故 $UN \cdot UN' = UP \cdot UP'$.

这表明,点 U 在圆 ω_E 和 ω_F 的根轴上.

同理,点 V 也在圆 ω_E 和 ω_F 的根轴上.

又因为四边形 $EUFV$ 是平行四边形,所以,圆 ω_E 和 ω_F 的根轴 UV 平分线段 EF.

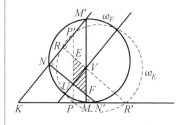

图 52.6

❹ 已知锐角 $\triangle ABC$ 的外接圆为 Ω,边 AC, AB 的中点分别为 B_0, C_0,点 A 在边 BC 上的投影为 D, G 为 $\triangle ABC$ 的重心. 设过点 B_0, C_0 的圆 ω 与圆 Ω 切于点 X(点 X 与 A 不重合). 证明:D, G, X 三点共线.

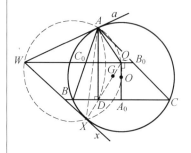

图 52.7

证明 若 $AB = AC$,则结论是平凡的.

不失一般性,假设 $AB < AC$.

如图 52.7 所示,设边 BC 的中点为 A_0, O 为圆 Ω 的圆心, $\triangle AB_0C_0$ 的外接圆为 Ω_1.

因为 $B_0C_0 \parallel BC$,所以,圆 Ω 与 Ω_1 切于点 A.

设圆 Ω 与 Ω_1、圆 Ω 与 ω 的根轴分别为 a, x. 由于圆 Ω_1 与 ω 的根轴为 B_0C_0,则直线 a, x, B_0C_0 交于点 W,且直线 a, x 分别为圆 Ω 和 Ω_1、圆 Ω 和 ω 的公切线.

设点 A_0 在 B_0C_0 上的投影为 Q.

由 $\angle WAO = \angle WQO = \angle WXO = 90°$ 知,A, W, X, O, Q 五点共圆.

由于点 A 关于 B_0C_0, OW 的对称点分别为 D, X, 则
$$\angle WQD = \angle AQW = \angle AXW = \angle WAX = \angle WQX$$
于是, Q, D, X 三点共线(记为 l).

因为点 G 是 $\triangle ABC$ 和 $\triangle A_0B_0C_0$ 的位似中点, AD 和 A_0Q 是对应高线, D 和 Q 是对应点, 所以, D, G, Q 三点共线.

从而, 点 G 在直线 l 上.

❺ 设 I 为 $\triangle ABC$ 的内心, 其外接圆为圆 ω. 直线 AI, BI 与圆 ω 的第二个交点分别为点 D, E, 弦 DE 与 AC, BC 分别交于点 F, G, 过 F 且平行于 AD 的直线与过 G 且平行于 BE 的直线交于点 P, 过 A, B 分别与圆 ω 相切的直线交于点 K. 证明: 直线 AE, BD, KP 要么互相平行, 要么交于一点.

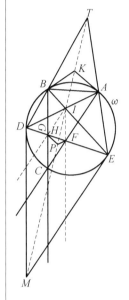

图 52.8

证明 如图 52.8 所示, 设过点 D, E 分别与圆 ω 相切的直线交于点 M, EA 与 DB 的延长线交于点 T.

若 $AE \parallel BD$, 假设 T 交在无穷远点.

对于圆内接退化六边形 $AADBBE$, 由帕斯卡定理得, K, I, T 三点共线.

对于圆内接退化六边形 $ADDBEE$, 由帕斯卡定理得, I, M, T 三点共线.

从而, T, K, I, M 四点共线.

因为 D, E 分别是弧 $\overset{\frown}{BC}$, $\overset{\frown}{CA}$ 的中点, 所以
$$DM \parallel BC, EM \parallel AC$$

对于圆内接退化六边形 $CADDEB$, 由帕斯卡定理得, CA 与 DE 的交点 F, AD 与 EB 的交点 I, DM 与 BC 的无穷远处的交点三点共线.

于是, $FI \parallel BC$, $FI \parallel DM$.

类似地, $GI \parallel AC$, $GI \parallel EM$.

因为 $\triangle EDM$ 与 $\triangle GFI$ 的对应边互相平行, 所以, 以 $-\dfrac{FG}{ED}$ 为位似比的位似变换将点 E, D, M 分别变为点 G, F, I.

类似地, $\triangle DEI$ 与 $\triangle FGP$ 的对应边互相平行.

所以, 同样的位似变换将点 I 变为点 P.

于是, 点 M, I, P 与其位似中心 H 四点共线.

因此, 点 P 也在直线 $TKIM$ 上.

❻ 已知 △ABC 满足 AB = AC, D 是边 AC 的中点, ∠BAC 的角平分线与过点 D, B, C 的圆交于 △ABC 内一点 E, 直线 BD 与过点 A, E, B 的圆交于两点 B, F, 直线 AF 与 BE 交于点 I, CI 与 BD 交于点 K. 证明: I 是 △KAB 的内心.

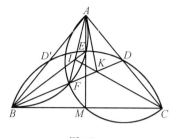

图 52.9

证明 如图 52.9 所示, 设边 AB, BC 的中点分别为 D', M'. 由于 AM 是 △ABC 的对称轴, 则点 D' 在 △BCD 的外接圆上.

因为 $\overset{\frown}{D'E} = \overset{\frown}{DE}$, 所以
$$\angle ABI = \angle D'BE = \angle EBD = \angle IBK$$
即点 I 在 $\angle ABK$ 的角平分线上.

又
$$\angle DFA = 180° - \angle BFA = 180° - \angle BEA = \angle MEB = \frac{1}{2}\angle CEB = \frac{1}{2}\angle CDB$$

则 $\angle DFA = \angle DAF$.

故 △AFD 是等腰三角形, 且 $AD = DF$.

对于直线 CKI 和 △ADF, 由梅涅劳斯定理及在 △ABF 中应用角平分线定理得
$$1 = \frac{AC}{CD} \cdot \frac{DK}{KF} \cdot \frac{FI}{IA} = 2 \cdot \frac{DK}{KF} \cdot \frac{BF}{BA} = 2 \cdot \frac{DK}{KF} \cdot \frac{BF}{2AD} = \frac{DK}{KF} \cdot \frac{BF}{AD}$$

故
$$\frac{BD}{AD} = \frac{BF + FD}{AD} = \frac{BF}{AD} + 1 = \frac{KF}{DK} + 1 = \frac{DF}{DK} = \frac{AD}{DK}$$

从而, △AKD ∽ △BAD, 有
$$\angle DAK = \angle ABD$$

又
$$\angle IAB = \angle AFD - \angle ABD = \angle DAF - \angle DAK = \angle KAI$$
则点 I 在 $\angle BAK$ 的角平分线上.

于是, I 为 △KAB 的内心.

❼ 已知凸六边形 $ABCDEF$ 有内切圆 $\odot O$,且 $\triangle ACE$ 的外接圆的圆心也是 O. 设点 B 在直线 CD 上的投影为 J,过 B 且垂直于 DF 的直线与直线 OE 交于点 K,K 在直线 DE 上的投影为 L. 证明: $DJ = DL$.

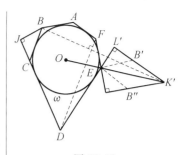

图 52.10

证明 如图 52.10 所示. 因为 $\triangle ACE$ 的外接圆与 $\odot O$ 是同心圆,所以,过点 A,C,E 作 $\odot O$ 的切线的长都相等. 这表明
$$AB = BC, CD = DE, EF = FA$$
且 $\angle BCD = \angle DEF = \angle FAB$.

考虑以点 D 为旋转中心将点 C 变为 E 的旋转变换. 设此变换将点 B,J 变为点 B', L'.

则 $DJ = DL'$,且 $B'L' \perp DE$ 及 $\triangle B'ED \cong \triangle BCD$.

因为 $\angle DEO < 90°$,所以,直线 OE 与 $B'L'$ 相交,记交点为 K'.

下面证明: $K'B \perp DF$. 从而,K 与 K',L 与 L' 重合,即 $DJ = DL$.

类似地,考虑以 F 为旋转中心将点 A 变为 E 的旋转变换. 设此变换将点 B 变为点 B''.

则 $\triangle FAB \cong \triangle FEB''$. 于是
$$EB'' = AB = BC = B'E$$
$$\angle FEB'' = \angle FAB = \angle BCD = \angle DEB'$$

从而,点 B' 和 B'' 关于 $\angle DEF$ 的角平分线 EO 对称.

由 $K'B' \perp DE$,得 $K'B'' \perp EF$. 因此
$$K'D^2 - K'E^2 = B'D^2 - B'E^2$$
$$K'E^2 - K'F^2 = B''E^2 - B''F^2$$

两式相加及 $B'E = B''E$ 得
$$K'D^2 - K'F^2 = B'D^2 - B''F^2 = BD^2 - BF^2$$

即 $K'B \perp DF$.

❽ 本届 IMO 第 6 题.

解 本届 IMO 第 6 题.

数论部分

> **❶** 对于任意正整数 d,$f(d)$ 是满足恰有 d 个正因数的最小的正整数（如 $f(1)=1,f(5)=16,f(6)=12$）. 证明：对于每个非负整数 k,均有
> $$f(2^k) \mid f(2^{k+1})$$

证明 对于任意正整数 n,记 $d(n)$ 为 n 的正因数的个数. 设 $n=\prod_{p} p^{a(p)}$ 是 n 的质因数分解式,其中,质数 p 取遍所有质数,$a(p)$ 是非负整数,且除了有限个外都是 0. 于是
$$d(n) = \prod_{p}(a(p)+1)$$

因此,$d(n)$ 是 2 的整数次幂当且仅当对于每个质数 p,都存在非负整数 $b(p)$,满足
$$a(p) = 2^{b(p)} - 1 = 1 + 2 + 2^2 + \cdots + 2^{b(p)-1}$$

故
$$n = \prod_{p}\prod_{i=0}^{b(p)-1} p^{2^i}$$
$$d(n) = 2^k \left(k = \sum_{p} b(p)\right)$$

设 S 是所有形如 p^{2^r} 的整数的集合,其中,p 是质数,r 是非负整数. 则 $d(n)$ 是 2 的整数次幂当且仅当 n 是 S 的某个有限子集 T 中元素的积,且满足对于所有的 $t \in T$ 和 $s \in S$,若 $s \mid t$,则 $s \in T$,且若 $d(n) = 2^k$,则相应的集合 T 有 k 个元素.

设 T_k 是 S 中包含最小的 k 个元素的集合. 则 T_k 满足上述的条件.

对于确定的 k,满足 $d(n) = 2^k$ 的最小的 n 是 T_k 中元素的积,这个 n 就是 $f(2^k)$.

又因为 $T_k \subset T_{k+1}$,所以,$f(2^k) \mid f(2^{k+1})$.

> **❷** 考虑多项式
> $$P(x) = (x+d_1)(x+d_2)\cdots(x+d_9)$$
> 其中 $d_1,d_2,\cdots,d_9$ 是 9 个不同的整数. 证明：存在整数 N,使得对于所有的整数 $x \geq N$,均有 $P(x)$ 能被一个大于 20 的质数整除.

证明 因为当 N 变大后,结论仍成立,所以,不失一般性,假设 $d_1,d_2,\cdots,d_9$ 是正整数.

注意到,小于20的质数只有8个.只需证明:$P(x)$有多于8个不同的质因数.

设 $d = \max\{d_1, d_2, \cdots, d_9\}, N = d^8$.

下面证明:对于所有的整数 $x \geq N$,均有 $P(x)$ 有多于8个不同的质因数.

假设存在整数 $x \geq N$,使 $P(x)$ 只包含小于20的质因数,则对每个 $i \in \{1, 2, \cdots, 9\}$,$x + d_i$ 可以表示为前8个质数的幂的积.

因为对于每个 $i \in \{1, 2, \cdots, 9\}$,有
$$x + d_i > x \geq d^8$$
所以,存在一个质数的幂 $f_i > d$,且
$$f_i \mid (x + d_i)$$

由抽屉原则知,存在两个不同的下标 i, j,使得 f_i 和 f_j 是同一个质数的幂.

由对称性,假设 $f_i \leq f_j$.

于是,$x + d_i, x + d_j$ 均可被 f_i 整除.

从而,其差 $d_i - d_j$ 也可被 f_i 整除,但
$$0 < |d_i - d_j| \leq \max\{d_i, d_j\} \leq d < f_i$$
矛盾.

❸ 设 n 是正奇数.求所有函数 $f: \mathbf{Z} \to \mathbf{Z}$,使得对所有整数 x, y 均有
$$(f(x) - f(y)) \mid (x^n - y^n)$$

证明 $f(x) = \varepsilon x^d + c$,其中 $\varepsilon \in \{1, -1\}$,整数 d 是 n 的正因数,c 是任意整数.

易验证,函数 $f(x)$ 满足条件.

设 f 是满足条件的函数.对于每个整数 a,定义函数
$$g(x) = f(x) + a$$
则 $g(x)$ 也满足条件.

故假设 $f(0) = 0$(若 $f(0) \neq 0$,则考虑 $f(x) - f(0)$).

对于任意质数 p,取 $(x, y) = (p, 0)$,则 $f(p) \mid p^n$.

因为质数有无穷多个,所以,存在整数 d, ε,使得对于无穷多个质数 p,有
$$f(p) = \varepsilon p^d \quad (0 \leq d \leq n, \varepsilon \in \{1, -1\})$$

设这些质数的集合为 P.

又因为 f 满足条件当且仅当 $-f$ 满足条件,所以,假设 $\varepsilon = 1$.

若 $d = 0$,则对不同的质数 $p_1, p_2 \in P$,有
$$0 = (f(p_1) - f(p_2)) \nmid (p_1^n - p_2^n)$$

矛盾,因此,$d \geqslant 1$.

设 $n = md + r$,其中 m, r 为整数,且 $m \geqslant 1, 0 \leqslant r \leqslant d-1$.

对任意整数 x 和每一个质数 $p \in P$,有
$$(f(p) - f(x)) \mid (p^n - x^n)$$

由于 $f(p) = p^d$,则
$$p^n - x^n = p^r(p^d)^m - x^n \equiv p^r f^m(x) - x^n \equiv$$
$$0 (\bmod (p^d - f(x)))$$

因为 $r < d$,所以,对于足够大的 $p \in P$,有
$$\mid p^r f^m(x) - x^n \mid < p^d - f(x)$$

故 $p^r f^m(x) - x^n = 0$.

这表明,$r = 0$,且 $x^n = (x^d)^m = f^m(x)$.

因为 n 为奇数,所以,m 也是奇数.

从而,$f(x) = x^d$.

> **❹** 对于每个正整数 k,设 $t(k)$ 是 k 的最大的奇因数.求所有的正整数 a,使得存在正整数 n 满足所有的差
> $$t(n+a) - t(n), t(n+a+1) - t(n+1), \cdots$$
> $$t(n+2a-1) - t(n+a-1)$$
> 均能被 4 整除.

解 $a = 1, 3, 5$.

称满足条件的数对 (a, n) 为"胜数对".

直接验证知,数对 $(1,1), (3,1), (5,4)$ 是胜数对.

假设正整数 $a \neq 1, 3, 5$.

下面分三种情形.

(1) 若 a 为偶数,设 $a = 2^\alpha d$,其中,α 为正整数,d 为奇数.

因为 $a \geqslant 2^\alpha$,所以,对于每个正整数 n,存在 $i \in \{0, 1, \cdots, a-1\}$,使得
$$n + i = 2^{\alpha-1} e (e \text{ 为奇数})$$
则
$$t(n+i) = t(2^{\alpha-1} e) = e$$
$$t(n+a+i) = t(2^\alpha d + 2^{\alpha-1} e) =$$
$$2d + e \equiv e + 2 (\bmod 4)$$

故 $t(n+a+i) - t(n+i) \equiv 2 (\bmod 4)$.

因此,(a, n) 不是胜数对.

(2) 若 a 是一个奇数,且 $a > 8$,对于每个正整数 n,存在 $i \in \{0, 1, \cdots, a-5\}$,使得 $n + i = 2d (d$ 是奇数$)$.故
$$t(n+i) = d \not\equiv d + 2 = t(n+i+4) (\bmod 4)$$
$$t(n+a+i) = n+a+i \equiv n+a+i+4 \equiv$$

$$t(n+a+i+4) \pmod 4$$

即 $t(n+a+i)-t(n+i)$ 与 $t(n+a+i+4)-t(n+i+4)$ 不能同时被 4 整除.

因此,(a,n) 不是胜数对.

(3) 若 $a=7$,对于每个正整数 n,存在 $i \in \{0,1,\cdots,6\}$,使得 $n+i$ 要么是 $8k+3$ 型,要么是 $8k+6$ 型,其中,k 是非负整数.

由
$$t(8k+3) \equiv 3 \not\equiv 1 \equiv 4k+5 \equiv t(8k+3+7) \pmod 4$$
$$t(8k+6) \equiv 4k+3 \equiv 3 \not\equiv 1 \equiv t(8k+6+7) \pmod 4$$
知 $(7,n)$ 不是胜数对.

综上,$a=1,3,5$.

❺ 本届 IMO 第 5 题.

解 本届 IMO 第 5 题.

❻ 设 $P(x),Q(x)$ 是两个整系数多项式,且满足不存在非常值有理系数多项式整除 $P(x),Q(x)$. 若对于每个正整数 n,$P(n),Q(n)$ 都是正整数,且 $(2^{Q(n)}-1) \mid (3^{P(n)}-1)$,证明:$Q(x)$ 是一个常值多项式.

证明 首先证明:存在一个正整数 d,使得对于所有的正整数 n,有
$$(P(n),Q(n)) \leqslant d$$

因为 $P(x)$ 与 $Q(x)$ 互质,所以,存在有理系数多项式 $R_0(x)$,$S_0(x)$,使得
$$P(x)R_0(x) - Q(x)S_0(x) = 1$$

设 $R_0(x),S_0(x)$ 的所有系数分母的最小公倍数为 d. 则
$$R(x) = dR_0(x) \text{ 和 } S(x) = dS_0(x)$$
均为整系数多项式,且
$$P(x)R(x) - Q(x)S(x) = d$$

从而,对于任意整数 n 有
$$(P(n),Q(n)) \leqslant d$$

假设 $Q(x)$ 不是常数,则数列 $\{Q(n)\}$ 无界. 于是,存在正整数 m 使得
$$M = 2^{Q(m)} - 1 \geqslant 3^{\max\{P(1),P(2),\cdots,P(d)\}} \qquad ①$$

因为 $(2^{Q(m)}-1) \mid (3^{P(m)}-1)$,所以,$2 \nmid M$,$3 \nmid M$.

设 $2,3$ 模 M 的阶分别为 a,b. 则
$$a = Q(m)$$

这是因为若 $a < Q(m)$,则 $2^a - 1 < M$.

由于 $M \mid (3^{P(m)} - 1)$,则 $b \mid P(m)$.

于是,$(a,b) \leqslant (P(m), Q(m)) \leqslant d$.

因为当 x,y 取遍所有非负整数时,$ax - by$ 能够得到所有 (a,b) 的倍数,所以,存在非负整数 x,y 使得
$$1 \leqslant m + ax - by \leqslant d$$

由 $Q(m+ax) \equiv Q(m) \pmod{a}$,知
$$2^{Q(m+ax)} \equiv 2^{Q(m)} \equiv 1 \pmod{M}$$

于是,$M \mid (2^{Q(m+ax)} - 1)$.

又 $(2^{Q(m+ax)} - 1) \mid (3^{P(m+ax)} - 1)$,则
$$M \mid (3^{P(m+ax)} - 1)$$

由 $P(m + ax - by) \equiv P(m + ax) \pmod{b}$,知
$$3^{P(m+ax-by)} \equiv 3^{P(m+ax)} \equiv 1 \pmod{M}$$

因为 $P(m + ax - by) > 0$,所以
$$M \leqslant 3^{P(m+ax-by)} - 1$$

由于 $P(m + ax - by)$ 属于集合
$$\{P(1), P(2), \cdots, P(d)\}$$

则 $M < 3^{P(m+ax-by)} \leqslant 3^{\max\{P(1), P(2), \cdots, P(d)\}}$,与式 ① 矛盾.

从而,$Q(x)$ 是常值多项式.

---

❼ 设 p 是一个奇质数,对于每个整数 a,定义
$$S_a = \frac{a}{1} + \frac{a^2}{2} + \cdots + \frac{a^{p-1}}{p-1}$$

若整数 m, n 满足
$$S_3 + S_4 - 3S_2 = \frac{m}{n}$$

证明:$p \mid m$.

证明 对于有理数 $\frac{p_1}{q_1}, \frac{p_2}{q_2}$,其中,分母 q_1, q_2 均不被 p 整除,如果其差的分子 $p_1 q_2 - p_2 q_1$ 能被 p 整除,则将其表示为
$$\frac{p_1}{q_1} \equiv \frac{p_2}{q_2} \pmod{p}$$

由于当 $k = 1, 2, \cdots, p-1$ 时,有 $p \mid C_p^k$,则
$$\frac{1}{p} C_p^k = \frac{(p-1)(p-2)\cdots(p-k+1)}{k!} \equiv$$
$$\frac{(-1)(-2)\cdots(-k+1)}{k!} =$$
$$\frac{(-1)^{k-1}}{k} \pmod{p}$$

故
$$S_a = -\sum_{k=1}^{p-1} \frac{(-a)^k(-1)^{k-1}}{k} \equiv -\sum_{k=1}^{p-1}(-a)^k \cdot \frac{1}{p}C_p^k \pmod{p}$$

其中,右边的数是整数,且由二项式定理及 p 是奇数,知
$$-\sum_{k=1}^{p-1}(-a)^k \cdot \frac{1}{p}C_p^k = -\frac{1}{p}\left[-1-(-a)^p+\sum_{k=0}^{p}(-a)^k C_p^k\right] = \frac{(a-1)^p - a^p + 1}{p}$$

从而,$S_a \equiv \dfrac{(a-1)^p - a^p + 1}{p} \pmod{p}$.

由上述公式得
$$S_3 + S_4 - 3S_2 \equiv \frac{(2^p - 3^p + 1) + (3^p - 4^p + 1) - 3(1^p - 2^p + 1)}{p} = \frac{4 \times 2^p - 4^p - 4}{p} = -\frac{(2^p - 2)^2}{p} \pmod{p}$$

由费尔马小定理知,$p \mid (2^p - 2)$,则 $p^2 \mid (2^p - 2)^2$.

故 $S_3 + S_4 - 3S_2 \equiv 0 \pmod{p}$.

从而,$p \mid m$.

> **❽** 设 $n = 2^k + 1 (k \in \mathbf{N}_+)$. 证明:$n$ 是一个质数当且仅当下述结论成立:存在 $1, 2, \cdots, n-1$ 的一个排列 $a_1, a_2, \cdots, a_{n-1}$ 和一个整数数列 $g_1, g_2, \cdots, g_{n-1}$,使得对于每个 $i \in \{1, 2, \cdots, n-1\}$,均有
> $$n \mid (g_i^{a_i} - a_{i+1})$$
> 其中,$a_n = a_1$.

证明 设 $N = \{1, 2, \cdots, n-1\}$.

对于 $a, b \in N$,若存在一个整数 g,使得 $b \equiv g^a \pmod{n}$,则称 b 跟着 a,记为 $a \to b$.

这样得到一个将 N 看成是点集后的有向图.

若 $1, 2, \cdots, n-1$ 的一个排列 $a_1, a_2, \cdots, a_{n-1}$ 满足
$$a_1 \to a_2 \to \cdots \to a_{n-1} \to a_1$$
则其为此图中的一个哈密顿圈.

第一步:若 n 是合数,设 $n = p_1^{\alpha_1} p_2^{\alpha_2} \cdots p_s^{\alpha_s}$ 是质因数分解,且所有质数均为奇数.

假设对于某个 i,有 $\alpha_i > 1$.

对于所有的整数 a, g,且 $a \geq 2$,因为要么 $p_i^2 \mid g^a$,要么 $p_i \nmid g^a$,所以
$$g^a \not\equiv p_i \pmod{p_i^2}$$

从而,在任何哈密顿圈中,p_i 一定跟着 1,即 $1 \to p_i$.

同理，$2p_i$ 也跟着 1，即 $1 \to 2p_i$，矛盾.

于是，这个图中不存在哈密顿圈.

若 $n = p_1 p_2 \cdots p_s > 9$，且 $s \geq 2$，假设存在一个哈密顿圈. 则在此圈中有 $\frac{n-1}{2}$ 个偶数，跟着它们中的每一个数的数应该是模 n 的二次剩余.

于是，至少存在 $\frac{n-1}{2}$ 个模 n 的非零二次剩余.

另一方面，对于每个 p_i，恰好在 $\frac{p_i+1}{2}$ 个模 p_i 的二次剩余.

由中国剩余定理知，模 n 的二次剩余恰有 $\frac{p_1+1}{2} \cdot \frac{p_2+1}{2} \cdot \cdots \cdot \frac{p_s+1}{2}$ 个，其中包括 0. 而

$$\frac{p_1+1}{2} \cdot \frac{p_2+1}{2} \cdot \cdots \cdot \frac{p_s+1}{2} \leq \frac{2p_1}{3} \cdot \frac{2p_2}{3} \cdot \cdots \cdot \frac{2p_s}{3} = \left(\frac{2}{3}\right)^s n \leq \frac{4n}{9} < \frac{n-1}{2}$$

矛盾.

从而，完成了充分性的证明.

第二步：若 n 是质数，则对于任意 $a \in \mathbf{N}$，记 $\gamma_2(a)$ 表示 a 的质因数分解中 2 的幂次.

设 $\mu(a) = \max\{t \in [0, k] \mid 2^t \to a\}$.

首先证明一个引理.

引理 对于任意 $a, b \in \mathbf{N}$，有 $a \to b$ 当且仅当 $\gamma_2(a) \leq \mu(b)$.

证明 设 $l = \gamma_2(a), m = \mu(b)$.

若 $l \leq m$，因为 b 跟着 2^m，所以，存在整数 g_0 使得 $b \equiv g_0^{2^m} \pmod{n}$.

由 $(a, n-1) = 2^l$，则存在整数 p, q 使
$$pa - q(n-1) = 2^l$$

取 $g = g_0^{2^{m-l}p}$，由费马小定理得
$$g^a = g_0^{2^{m-l}pa} = g_0^{2^m + 2^{m-l}q(n-1)} \equiv g_0^{2^m} \equiv b \pmod{n}$$

于是，$a \to b$.

若 $a \to b$，则存在整数 g 使得
$$b \equiv g^a \pmod{n}$$

于是，$b \equiv (g^{\frac{a}{2^l}})^{2^l} \pmod{n}$. 这表明，$2^l \to b$.

由 $\mu(b)$ 的定义知 $\mu(b) \geq l$.

回到原题.

对于每个整数 $i(0 \leq i \leq k)$，设
$$A_i = \{a \in \mathbf{N} \mid \gamma_2(a) = i\}$$

$$B_i = \{a \in N \mid \mu(a) = i\}$$
$$C_i = \{a \in N \mid \mu(a) = i\} = B_i \bigcup B_{i+1} \bigcup \cdots \bigcup B_k$$

下面证明:对于每个 $i(0 \leqslant i \leqslant k)$,有 $\mid A_i \mid = \mid B_i \mid$.

易知,$\mid A_i \mid = 2^{k-i-1}(i=0,1,\cdots,k-1)$,$\mid A_k \mid = 1$.

接下来计算 $\mid C_i \mid$ 的值.

当 $i=0$ 时,有 $\mid C_0 \mid = n-1$.

当 $i=k$ 时,由费马小定理得 $C_k = \{1\}$,则 $\mid C_k \mid = 1$.

注意到,$C_{i+1} = \{x^2 \pmod n \mid x \in C_i\}$,对于每个 $a \in N$,同余式 $x^2 \equiv a \pmod n$ 在 N 中最多有两个解,则有 $2 \mid C_{i+1} \mid \leqslant \mid C_i \mid$,等号仅当对于每一个 $y \in C_{i+1}$,存在两个不同的元素 $x, x' \in C_i$,使得
$$x^2 \equiv x'^2 \equiv y \pmod n \ (\text{即 } x + x' = n)$$

因为 $2^k \mid C_k \mid = \mid C_0 \mid$,所以,上面的每一个不等式的等号均成立.

于是,$\mid C_i \mid = 2^{k-i}(0 \leqslant i \leqslant k)$,且
$$\mid B_i \mid = 2^{k-i-1}(i=0,1,\cdots,k-1), \mid B_k \mid = 1$$

由前面证明的结论知,对于每个 $z \in C_i(0 \leqslant i < k)$,方程 $x^2 \equiv z^2 \pmod n$ 在 C_i 中有两个解.

于是,$n - z \in C_i$.

由此知,对每一个 $i(i=0,1,\cdots,k-1)$,C_i 中恰有一半元素是奇数,即
$$B_i = C_i \backslash C_{i+1}(0 \leqslant i \leqslant k-2)$$

特别地,每个 B_i 包含一个奇数.

注意到,$B_k = \{1\}$ 也包含一个奇数.

因为 C_{k-1} 包含了模 n 的两个 1 的平方根,所以,$B_{k-1} = \{2^k\}$.

第三步:在图中构造一个哈密顿圈.

首先,对于每个 $i(0 \leqslant i \leqslant k)$,以任意一一映射的方式将 A_i 中的元素引向 B_i 中的元素.

经上述操作,对于每个 i,得到一个子图,且所有点的入度为 1,出度为 1,于是,子图是不交的圈的并.

若图中存在唯一的圈,则结论成立.否则,用下述方式修正子图,使得前面的性质被保留,而圈的数目减少.经有限次后,得到一个圈.

对于每个圈 C,设 $\lambda(C) = \min_{c \in C} \{\gamma_2(c)\}$.

考虑一个使得 $\lambda(C)$ 最大的圈 C.

若 $\lambda(C) = 0$,则对于每个其他的圈 C',有 $\lambda(C') = 0$.

选取任意两个点 $a \in C$ 和 $a' \in C'$,且有 $\gamma_2(a) = \gamma_2(a') = 0$.

设 b 和 b' 分别跟着 a 和 a',用 $a \to b'$,$a' \to b$ 来代替 $a \to b$,

$a' \to b'$，则 C 和 C' 合并为一个圈.

假设 $\lambda = \lambda(C) \geq 1$，设 $a \in C \cap A_\lambda$.

若存在某个 $a' \in A_\lambda \backslash C$，则 a' 也在另一个圈 C' 中.

同前面的方法，可以将两个圈合并为一个圈. 剩下来的情形是 $A_\lambda \subset C$. 因为边从 A_λ 引向 B_λ，所以，$B_\lambda \subset C$.

若 $\lambda \neq k-1$，则 B_λ 包含一个奇数，这与假设 $\lambda(C) > 0$ 矛盾.

若 $\lambda = k-1$，则 C 包含 2^{k-1}，这是 A_{k-1} 中的唯一的元素.

因为 $B_{k-1} = \{2^k\} = A_k, B_k = \{1\}$，所以，圈 C 包含通路 $2^{k-1} \to 2^k \to 1$，也包含一个奇数.

从而，完成了必要性的证明.

第五编
第53届国际数学奥林匹克

第 53 届国际数学奥林匹克题解

阿根廷,2012

> **❶** 设 J 为 $\triangle ABC$ 顶点 A 所对旁切圆的圆心. 该旁切圆满与边 BC 切于点 M, 与直线 AB,AC 分别切于点 K,L, 直线 LM 与 BJ 交于点 F, 直线 KM 与 CJ 交于点 G. 设 S 是直线 AF 与 BC 的交点, T 是直线 AG 与 BC 的交点. 证明: M 是线段 ST 的中点.
>
> 注: $\triangle ABC$ 的顶点 A 所对的旁切圆是指与边 BC 相切, 并且与边 AB,AC 的延长线相切的圆.

希腊命题

解 如图 53.1 所示, 设 $\angle CAB = \alpha$, $\angle ABC = \beta$, $\angle BCA = \gamma$. 由于 AJ 是 $\angle CAB$ 的角平分线, 于是

$$\angle JAK = \angle JAL = \frac{\alpha}{2}$$

因为 $\angle AKJ = \angle ALJ = 90°$, 所以, 点 K,L 在以 AJ 为直径的圆 ω 上.

又 BJ 是 $\angle KBM$ 的角平分线, 因此

$$\angle MBJ = 90° - \frac{\beta}{2}$$

而 $\triangle KBM$ 是等腰三角形, 于是

$$\angle BMK = \frac{\beta}{2}$$

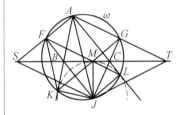

图 53.1

同理, $\angle MCJ = 90° - \frac{\gamma}{2}$, $\angle CML = \frac{\gamma}{2}$.

故 $\angle LFJ = \angle MBJ - \angle BMF = \angle MBJ - \angle CML = \left(90° - \frac{\beta}{2}\right) - \frac{\gamma}{2} = \frac{\alpha}{2} = \angle LAJ$.

所以, 点 F 在圆 ω 上. 同理, 点 G 也在圆 ω 上.

由于 AJ 为圆 ω 的直径, 于是

$$\angle AFJ = \angle AGJ = 90°$$

因为直线 AB 与 BC 关于 $\angle ABC$ 的外角平分线 BF 对称, 又 $AF \perp BF$, $KM \perp BF$, 所以, 线段 SM 与 AK 关于 BF 对称.

故 $SM = AK$.

同理, $TM = AL$.

因为 $AK = AL$，所以 $SM = TM$.

❷ 设整数 $n \geq 3$，正实数 $a_2, a_3, \cdots, a_n$ 满足 $a_2 a_3 \cdots a_n = 1$. 证明
$$(1+a_2)^2(1+a_3)^3 \cdots (1+a_n)^n > n^n$$

澳大利亚命题

解 由平均不等式，对 $k = 2, 3, \cdots, n$，有
$$(1+a_k)^k = \left(\frac{1}{k-1} + \frac{1}{k-1} + \cdots + \frac{1}{k-1} + a_k \right)^k \geq k^k \left(\frac{1}{k-1} \right)^{k-1} a_k$$

故
$$(1+a_2)^2(1+a_3)^3 \cdots (1+a_n)^n \geq$$
$$2^2 a_2 \cdot 3^3 \left(\frac{1}{2} \right)^2 a_3 \cdot 4^4 \left(\frac{1}{3} \right)^3 a_4 \cdot \cdots \cdot$$
$$n^n \left(\frac{1}{n-1} \right)^{n-1} a_n = n^n$$

当 $a_k = \frac{1}{k-1}(k=2,3,\cdots,n)$ 时，上式等号成立，这与 $a_2 a_3 \cdots a_n = 1$ 矛盾.

因此，$(1+a_2)^2(1+a_3)^3 \cdots (1+a_n)^n > n^n$.

❸ "欺诈猜数游戏" 在两个玩家甲和乙之间进行，游戏依赖于两个甲和乙都知道的正整数 k, n.

加拿大命题

游戏开始时，甲先选定两个整数 $x, N(1 \leq x \leq N)$. 甲如实告诉乙 N 的值，但对 x 守口如瓶. 乙现在试图通过如下方式的提问来获得关于 x 的信息：每次提问，乙任选一个由若干正整数组成的集合 S（可以重复使用之前提问中使用过的集合），问甲 "x 是否属于 S". 乙可以提任意数量的问题. 在乙每次提问之后，甲必须对乙的提问立刻回答 "是" 或 "否"，甲可以说谎话，并且说谎的次数没有限制，唯一的限制是甲在任意连续 $k+1$ 次回答中至少有一次回答是真话.

在乙问完所有想问的问题之后，乙必须指出一个至多包含 n 个正整数的集合 X，若 x 属于 X，则乙获胜；否则甲获胜. 证明：

(1) 若 $n \geq 2^k$，则乙可保证获胜；

(2) 对所有充分大的整数 k，存在整数 $n \geq 1.99^k$，使得乙无法保证获胜.

解 (1) 将问题改述为：

甲选定一个有限集 T 和其中一个元素 x,将 T 告诉乙,但乙不知道 x.乙每次任选一个 T 的子集 S,问甲"是否 $x \in S$".甲回答"是"或"否",甲至多连续说 k 次谎话.如果在有限次提问后,乙可指定 T 的一个 n 元子集,使得 $x \in T$,则乙获胜.

只需说明:当 $|T| > 2^k$ 时,乙总可确定某个 $y \in T$,使得 $y \neq x$,这样乙总可以将 x 的范围缩小到 2^k 个数中.

乙采取如下策略:不妨将 T 其中 $2^k + 1$ 个元素记为 $\{0, 1, \cdots, 2^k - 1, 2^k\}$.乙先反复问"是否 $x \in \{2^k\}$".若甲连续 $k+1$ 次回答"否",则可确定 $x \neq 2^k$.如果甲有一次回答"是",从这次回答之后,乙依次对 $i = 1, 2, \cdots, k$,问:

"是否 $x \in \{t \in \mathbf{Z} \mid 0 \leqslant t < 2^k,$ 且 t 的二进制表示中 2^{i-1} 的系数为 $0\}$".

不论甲对这 k 个问题的回答如何,恰存在一个 $y \in \{0, 1, \cdots, 2^k - 1\}$,使得若 $x = y$,则这 k 个回答皆为谎言,连同之前的一次回答,甲便连续撒谎 $k+1$ 次,故 $y \neq x$.

(2) 下面证明:对任意的 $1 < \lambda < 2$,如果 $n = [(2-\lambda)\lambda^{k+1}] - 1$,则乙无法保证获胜.

特别地,取定一个 λ 满足 $1.99 < \lambda < 2$,对充分大的整数 k 有
$$n = [(2-\lambda)\lambda^{k+1}] - 1 > 1.99^k$$
即得所要结论.

事实上,甲取 $T = \{1, 2, \cdots, n+1\}$,以及任选 $x \in T$.对甲的一组回答,记 m_i 为假设 $x = i$ 时,甲的回答中包含最后一个回答的连续说谎次数的最大值.

甲的策略如下:每次在两种回答中选择使得 $\phi = \sum_{i=1}^{n+1} \lambda^{m_i}$ 较小的那个答案.

按下来说明甲按此方式回答,任何时候总有 $\phi < \lambda^{k+1}$,从而,每个 $m_i \leqslant k$.

特别地,$m_x \leqslant k$,即甲至多说谎 k 次,并且乙在假设 $x = i$ 时,甲的回答仍是合法的,即乙在任意有限次提问后无法确定任何一个 $i \in T$ 是否不等于 x.从而,乙不能保证获胜.

再证明:$\phi < \lambda^{k+1}$.

一开始,每个 $m_i = 0$,故 $\phi = n + 1 < \lambda^{k+1}$.

假设若干次回答后 $\phi < \lambda^{k+1}$,现乙问"是否 $x \in S$".回答"是"或者"否"分别产生的两个 ϕ 值为
$$\phi_1 = \sum_{i \in S} 1 + \sum_{i \notin S} \lambda^{m_i + 1}$$
$$\phi_2 = \sum_{i \notin S} 1 + \sum_{i \in S} \lambda^{m_i + 1}$$

由定义

$$\phi = \min(\phi_1, \phi_2) \leqslant \frac{1}{2}(\phi_1 + \phi_2) = \frac{1}{2}(\lambda\phi + n + 1) <$$
$$\frac{1}{2}[\lambda^{k+2} + (2-\lambda)\lambda^{k+1}] = \lambda^{k+1}$$

结论证毕.

❹ 求所有的函数 $f: \mathbf{Z} \to \mathbf{Z}$,使得对所有满足 $a+b+c=0$ 的整数 a, b, c,都有
$$f^2(a) + f^2(b) + f^2(c) = 2f(a)f(b) + 2f(b)f(c) + 2f(c)f(a)$$

南非命题

解 令 $a=b=c=0$,得
$$3f^2(0) = 6f^2(0)$$
所以
$$f(0) = 0 \qquad ①$$
令 $b=-a, c=0$,得
$$(f(a) - f(-a))^2 = 0$$
因此,f 是偶函数,即对所有 $a \in \mathbf{Z}$,有
$$f(a) = f(-a) \qquad ②$$
令 $b=a, c=-2a$,得
$$2f^2(a) + f^2(2a) = 2f^2(a) + 4f(a)f(2a)$$
所以,对所有 $a \in \mathbf{Z}$,有
$$f(2a) = 0 \text{ 或 } f(2a) = 4f(a) \qquad ③$$
若对某个 $r \geqslant 1, f(r) = 0$,则令
$$b=r, c=-a-r$$
得
$$(f(a+r) - f(a))^2 = 0$$
从而,f 是以 r 为周期的周期函数,即对于所有的 $a \in \mathbf{Z}$,有
$$f(a+r) = f(a)$$
特别地,若 $f(1) = 0$,则 f 是常数.
于是,对于所有的 $a \in \mathbf{Z}$,有
$$f(a) = 0$$
下面假设 $f(1) = k \neq 0$.
由式 ③ 知
$$f(2) = 0 \text{ 或 } f(2) = 4k$$
若 $f(2) = 0$,则 f 是以 2 为周期的周期函数.故对于所有的 $n \in \mathbf{Z}$,有
$$f(2n) = 0, f(2n+1) = k$$
若 $f(2) = 4k \neq 0$,由式 ③ 知
$$f(4) = 0 \text{ 或 } f(4) = 16k$$

当 $f(4)=0$ 时，f 是以 4 为周期的周期函数，且
$$f(3)=f(-1)=f(1)=k$$
故对于所有的 $n\in \mathbf{Z}$，有
$$f(4n)=0, f(4n+1)=f(4n+3)=k$$
$$f(4n+2)=4k$$
当 $f(4)=16k\neq 0$ 时，令
$$a=1, b=2, c=-3$$
则 $f^2(3)-10kf(3)+9k^2=0$.

所以，$f(3)\in \{k, 9k\}$.

令 $a=1, b=3, c=-4$，则
$$f^2(3)-34kf(3)+225k^2=0$$
所以，$f(3)\in \{9k, 25k\}$.

故 $f(3)=9k$.

下面用数学归纳法证明：对于任意的 $x\in \mathbf{Z}$，有
$$f(x)=kx^2$$
当 $k=0,1,\cdots,4$ 时，命题已经成立.

假设命题对 $x=0,1,\cdots,n(n\geqslant 4)$ 成立.

令 $a=n, b=1, c=-n-1$，则
$$f(n+1)\in \{k(n+1)^2, k(n-1)^2\}$$
令 $a=n-1, b=2, c=-n-1$，则
$$f(n+1)\in \{k(n+1)^2, k(n-3)^2\}$$
又当 $n\neq 2$ 时，$k(n-1)^2\neq k(n-3)^2$，则
$$f(n+1)=k(n+1)^2$$
这就证明了 $f(x)=kx^2 (x\in \mathbf{N})$.

而 f 是偶函数，于是，对于任意的 $x\in \mathbf{Z}$，有
$$f(x)=kx^2$$

综上，可得
$$f_1(x)=0, f_2(x)=kx^2$$
$$f_3(x)=\begin{cases} 0, x\equiv 0(\bmod 2) \\ k, x\equiv 1(\bmod 2) \end{cases}$$
$$f_4(x)=\begin{cases} 0, x\equiv 0(\bmod 4) \\ k, x\equiv 1(\bmod 2) \\ 4k, x\equiv 2(\bmod 4) \end{cases}$$

其中 k 是任意非零整数.

最后检验上述符合题设条件.

显然，f_1 和 f_2 满足题设条件.

对于 f_3，当 a, b, c 均为偶数时，得
$$f(a)=f(b)=f(c)=0$$
满足题设条件.

当 a,b,c 为一偶两奇时,左边等于 $2k^2$,右边也等于 $2k^2$,故满足题设条件.

对于 f_4,由对称性及 $a+b+c=0$,只需考虑 $(f(a),f(b),f(c))$ 为
$$(0,k,k),(4k,k,k),(0,0,0),(0,4k,4k)$$
这四种情形.

显然,它们都满足题设条件.

❺ 在 $\triangle ABC$ 中,已知 $\angle BCA=90°$,D 是过顶点 C 的高的垂足.设 X 是线段 CD 内部的一点,K 是线段 AX 上一点,使得 $BK=BC$,L 是线段 BX 上一点,使得 $AL=AC$.设 M 是 AL 与 BK 的交点.证明:$MK=ML$.

捷克命题

解 如图 53.2 所示,设 C' 是点 C 关于直线 AB 的对称点,圆 ω_1 和 ω_2 分别是以点 A 和 B 为圆心、AL 和 BK 为半径的圆.

因为 $AC'=AC=AL$,$BC'=BC=BK$,所以,点 C,C' 均在圆 ω_1,ω_2 上.

由于 $\angle BCA=90°$,于是,直线 AC 与圆 ω_2 切于点 C,直线 BC 与圆 ω_1 切于点 C.

设 K_1 是直线 AX 与圆 ω_2 的不同于点 K 的另一个交点,L_1 是直线 BX 与圆 ω_1 的不同于点 L 的另一个交点.

由圆幂定理得
$$XK \cdot XK_1 = XC \cdot XC' = XL \cdot XL_1$$
所以,K_1,L,K,L_1 四点共圆,记该圆为 ω_3.

对圆 ω_2 应用圆幂定理得
$$AL^2 = AC^2 = AK \cdot AK_1$$
这说明直线 AL 与圆 ω_3 切于点 L.

同理,直线 BK 与圆 ω_3 切于点 K.

于是,MK,ML 是从点 M 到圆 ω_3 的两条切线.

所以,$MK=ML$.

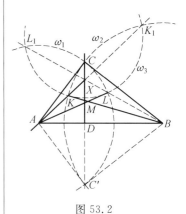

图 53.2

❻ 求所有的正整数 n,使得存在非负整数 $a_1,a_2,\cdots,a_n$,满足
$$\frac{1}{2^{a_1}}+\frac{1}{2^{a_2}}+\cdots+\frac{1}{2^{a_n}}=\frac{1}{3^{a_1}}+\frac{2}{3^{a_2}}+\cdots+\frac{n}{3^{a_n}}=1$$

塞尔维亚命题

解 假设 n 满足条件,即存在非负整数 $a_1,a_2,\cdots,a_n$,使得

$$\sum_{i=1}^{n} 2^{-a_i} = \sum_{i=1}^{n} i \cdot 3^{-a_i} = 1$$

对第二个等式两边去分母后模 2 得

$$\sum_{i=1}^{n} i = \frac{1}{2}n(n+1) \equiv 1 \pmod{2}$$

故 $n \equiv 1, 2 \pmod{4}$.

首先证明这个条件也是充分的,即所求 n 为满足 $n \equiv 1, 2 \pmod{4}$ 的所有正整数.

如果将由正整数构成的有限可重集合 $B = \{b_1, b_2, \cdots, b_n\}$ 中元素一一对应于非负整数 $a_1, a_2, \cdots, a_n$,使得

$$\sum_{i=1}^{n} 2^{-a_i} = \sum_{i=1}^{n} b_i \cdot 3^{-a_i} = 1$$

成立,则称集合 B 是"可行的".

注意到,若 B 是可行的,则将 B 中任意一个元素 b 替换为两个正整数 u, v 满足 $u + v = 3b$,所得集合记为 B',则 B' 仍为可行的. 否则,假设 b 对应的非负整数为 a,将 u, v 均对应于 $a+1$,其余数均对应于原先的数.

由于
$$2^{-a-1} + 2^{-a-1} = 2^{-a}$$
$$u \cdot 3^{-a-1} + v \cdot 3^{-a-1} = b \cdot 3^{-a}$$

故 B' 是可行的. 把若干次这种替换后可从 B 产生 B' 记为 $B \to B'$.

特别地,若 $b \in B$,可将 b 替换为 $b, 2b$,则有 $B \to B \cup \{2b\}$.

其次证明:对每个正整数

$$n \equiv 1, 2 \pmod{4}$$

$B_n = \{1, 2, \cdots, n\}$ 都是可行的.

注意到, B_1 是可行的,取 $a_1 = 0$ 即可.

因为 $B_1 \to B_2$,所以, B_2 是可行的.

一般地,对 $n \equiv 1 \pmod{4}$,若 B_n 是可行的,由于 $B_n \to B_{n+1}$,从而, B_{n+1} 也是可行的.

故只需对 $n \equiv 1 \pmod{4}$ 来证明 B_n 是可行的.

因为 $B_2 \to \{1, 3, 3\} \to \{1, 3, 4, 5\} \to B_5$,所以, B_5 是可行的.

又因为
$$B_5 \to \{1, 2, 3, 4, 6, 9\} \to \{1, 2, 3, 5, 6, 7, 9\} \to B_9 \setminus \{8\} \to B_9$$
所以, B_9 是可行的.

而 $B_9 \to \{1, 2, \cdots, 7, 9, 11, 13\} \to B_{13}$,故 B_{13} 是可行的.

上面后一步多次利用了添加 $2b$ 的特殊情形. 依次添加 $8, 10$ 和 12.

由
$$B_6 \to B_5 \cup \{7, 11\} \to B_8 \cup \{11\} \to B_7 \cup \{9, 11, 15\} \to$$

$$B_{12} \cup \{15\} \to B_{17} \setminus \{10, 14, 16\} \to B_{17}$$

知 B_{17} 是可行的.

最后，对任意整数 $k \geqslant 2$，证明 $B_{4k+2} \to B_{4k+13}$，即完成本题证明.

先通过若干次添加 $2b$ 的操作，依次添加
$$4k+4, 4k+6, \cdots, 4k+12$$

注意到，$\dfrac{(4k+12)}{2} \leqslant 4k+2$.

剩下的六个奇数 $4k+3, 4k+5, \cdots, 4k+13$ 模 3 余 $0, 1, 2$ 各两个，将其中两个模 3 余 0 的数记为 u_1, v_1，余下四个数取模 3 余 1 和模 3 余 2 的各一个，组成两对，记为 u_2, v_2 和 u_3, v_3. 此时，对 $i=1, 2, 3$，将 $b_i = \dfrac{1}{3}(u_i + v_i)$ 替换为 u_i, v_i，这里只需注意到 b_i 是偶数，又可以通过 $\dfrac{b_i}{2}$ 立刻补回 b_i，最后得到 B_{4k+13}.

故结论成立.

第六编
第53届国际数学奥林匹克预选题

第53届国际数学奥林匹克预选题及解答

代数部分

1 本届 IMO 第 4 题.

解 本届 IMO 第 4 题.

2 (1) 是否能将 $\mathbf{Z}$ 分拆成三个非空子集 A,B,C,使得 $A+B,B+C,C+A$ 两两不交?

(2) 是否能将 $\mathbf{Q}$ 分拆成三个非空子集 A,B,C,使得 $A+B,B+C,C+A$ 两两不交?

解 (1) 能将 $\mathbf{Z}$ 分拆成三个非空子集
$$A=\{3k \mid k \in \mathbf{Z}\}$$
$$B=\{3k+1 \mid k \in \mathbf{Z}\}$$
$$C=\{3k+2 \mid k \in \mathbf{Z}\}$$

(2) 不能.

假设 $\mathbf{Q}$ 能分拆成三个非空子集 A,B,C 且满足条件. 则对于所有的 $a \in A, b \in B, c \in C$, 有
$$a+b-c \in C, b+c-a \in A, c+a-b \in B \qquad ①$$
事实上, 由 $(A+B) \cap (A+C) = \emptyset$, 则
$$a+b-c \notin A$$
类似地, 得 $a+b-c \notin B$.

于是, $a+b-c \in C$.

同理, 得 ① 的另外两个类似的结论.

故 $A+B \subset C+C, B+C \subset A+A, C+A \subset B+B$.

对于任意的 $a, a' \in A, b \in B, c \in C$, 由结论 ① 得 $a'+c-b \in B$.

由 $a \in A, c \in C$, 联系结论 ① 得
$$a+a'-b = a+(a'+c-b)-c \in C$$
于是, $A+A \subset B+C$.

同理, $B+B \subset C+A, C+C \subset A+B$.

故 $A+B=C+C, B+C=A+A, C+A=B+B$.

不失一般性，假设 $0 \in A$. 则
$$B=\{0\}+B \subset A+B, C=\{0\}+C \subset A+C$$

又 $B+C$ 与 $A+B$ 和 $A+C$ 均不交，且 B 和 C 不交，则 $B+C$ 包含于 $\mathbf{Q} \setminus (B \cup C)=A$.

又因为 $B+C=A+A$，所以，$A+A \subset A$.

另一方面，$A=\{0\}+A \subset A+A$，这表明
$$A=A+A=B+C$$

于是，$A+B+C=A+A+A=A$，且由
$$B+B=C+A \text{ 和 } C+C=A+B$$
知
$$B+B+B=C+A+B=A$$
$$C+C+C=A+B+C=A$$

特别地，对于任意的 $r \in \mathbf{Q}=A \cup B \cup C$，均有 $3r \in A$.

由于 $B \neq \varnothing$，任取 $b \in B$，设 $r=\dfrac{b}{3} \in \mathbf{Q}$. 则 $b=3r \in A$，矛盾.

❸ 本届 IMO 第 2 题.

解 本届 IMO 第 2 题.

❹ 已知 f, g 是两个整系数非零多项式，且 $\deg f > \deg g$. 若对于无穷多个素数 p，多项式 $pf+g$ 有一个有理根，证明：f 有一个有理根.

解 因为 $\deg f > \deg g$，所以，对于足够大的 x 有
$$\left|\frac{g(x)}{f(x)}\right|<1$$

因此，存在一个正实数 R，使得对于所有的 $x(|x|>R)$，均有
$$\left|\frac{g(x)}{f(x)}\right|<1$$

故对所有这样的 x 和所有素数 p，均有
$$|pf(x)+g(x)| \geqslant |f(x)| \left(p-\frac{|g(x)|}{|f(x)|}\right)>0$$

由上式知，多项式 $pf+g$ 的所有实根均属于区间 $[-R, R]$.
设
$$f(x)=a_n x^n + a_{n-1} x^{n-1} + \cdots + a_0$$
$$g(x)=b_m x^m + b_{m-1} x^{m-1} + \cdots + b_0$$
其中 $n>m, a_n \neq 0, b_m \neq 0$.

分别用 $a_n^{n-1}f\left(\dfrac{x}{a_n}\right)$, $a_n^{n-1}g\left(\dfrac{x}{a_n}\right)$ 代替 $f(x), g(x)$, 则原问题化为 $a_n = 1$ 的情形.

因此, 可假设 f 是首一的.

于是, $pf + g$ 的首项系数为 p.

若 $r = \dfrac{u}{v}$ 是 $pf + g$ 的一个有理根, 其中 $(u, v) = 1, v > 0$, 则 $v = 1$ 或 p.

若 $v = 1$ 的情形有无穷多次, 对于 $v = 1$, 则 $|u| \leqslant R$.

因此, 存在一个整数 u, 对应着无穷多个素数 p.

设不同的素数 p, q 对应着同一个 u. 则多项式 $pf + g$ 和 $qf + g$ 有公共根 u. 这表明
$$f(u) = g(u) = 0$$
此情形中, f 和 g 有一个公共的整根.

若 $v = p$ 的情形有无穷多次, 比较 $pf\left(\dfrac{u}{p}\right)$ 和 $g\left(\dfrac{u}{p}\right)$ 的分母中 p 的幂指数, 得 $m = n - 1$.

于是, $pf\left(\dfrac{u}{p}\right) + g\left(\dfrac{u}{p}\right) = 0$ 可化为方程
$$(u^n + a_{n-1}pu^{n-1} + \cdots + a_0 p^n) + (b_{n-1}u^{n-1} + b_{n-2}pu^{n-2} + \cdots + b_0 p^{n-1}) = 0$$

上述方程表明 $p \mid (u^n + b_{n-1}u^{n-1})$.

因为 $(u, p) = 1$, 所以 $p \mid (u + b_{n-1})$.

设 $u + b_{n-1} = pk$ (k 为整数).

另一方面, $pf + g$ 的所有实根均属于区间 $[-R, R]$, 于是
$$\dfrac{|pk - b_{n-1}|}{p} = \dfrac{|u|}{p} \leqslant R$$

故 $|k| \leqslant R + \dfrac{|b_{n-1}|}{p} < R + |b_{n-1}|$.

因此, k 只有有限个取值.

由此知, 存在一个整数 k, 对于无穷多个素数 p, $\dfrac{pk - b_{n-1}}{p} = k - \dfrac{b_{n-1}}{p}$ 是 $pf + g$ 的根.

对于这些素数 p, 得
$$f\left(k - b_{n-1} \cdot \dfrac{1}{p}\right) + \dfrac{1}{p}g\left(k - b_{n-1} \cdot \dfrac{1}{p}\right) = 0$$

则方程
$$f(k - b_{n-1}x) + xg(k - b_{n-1}x) = 0 \qquad ①$$

有无穷多个解 $x = \dfrac{1}{p}$.

因为式 ① 左边是多项式, 所以式 ① 是恒等式, 即对于所有的

实数 x, 式 ① 均成立.

特别地, 将 $x=0$ 代入式 ①, 得 $f(k)=0$. 于是, 整数 k 是 f 的一个根.

综上, 首一的多项式 f 总有一个整数根.

故原多项式 f 有一个有理根.

❺ 求所有函数 $f: \mathbf{R} \to \mathbf{R}$, 使得对于所有的 $x, y \in \mathbf{R}$, 均有
$$f(1+xy) - f(x+y) = f(x)f(y)$$
且
$$f(-1) \neq 0$$

解 满足条件的唯一解为函数
$$f(x) = x - 1 (x \in \mathbf{R})$$

设 $g(x) = f(x) + 1$.

先证明: 对于所有实数 x, 均有 $g(x) = x$. 原条件转化为: 对于所有的 $x, y \in \mathbf{R}$, 均有
$$g(1+xy) - g(x+y) = (g(x)-1)(g(y)-1) \qquad ①$$
且 $g(-1) \neq 1$.

记 $C = g(-1) - 1 \neq 0$.

在式 ① 中, 令 $y = -1$, 得
$$g(1-x) - g(x-1) = C(g(x)-1) \qquad ②$$

在式 ② 中, 令 $x = 1$, 得
$$C(g(1) - 1) = 0$$

因为 $C \neq 0$, 所以 $g(1) = 1$.

在式 ② 中, 令 $x = 0$, 得
$$-C = C(g(0) - 1) \Rightarrow g(0) = 0$$

令 $x = 2$, 得
$$C = C(g(2) - 1) \Rightarrow g(2) = 2$$

再证明: 对于所有的 $x \in \mathbf{R}$, 均有
$$g(x) + g(2-x) = 2 \qquad ③$$
$$g(x+2) - g(x) = 2 \qquad ④$$

在式 ② 中, 用 $1-x$ 代替 x 得
$$g(x) - g(-x) = C(g(1-x) - 1)$$

在上式中, 用 $-x$ 代替 x 得
$$g(-x) - g(x) = C(g(1+x) - 1)$$

两式相加得
$$C(g(1-x) + g(1+x) - 2) = 0$$

因为 $C \neq 0$, 所以
$$g(1-x) + g(1+x) = 2$$

用 $1-x$ 代替 x, 即可得到式 ③.

设 u, v 满足 $u+v=1$.

在式 ① 中,令
$$(x, y) = (u, v) \text{ 和} (2-u, 2-v)$$
得
$$g(1+uv) - g(1) = (g(u)-1)(g(v)-1)$$
$$g(3+uv) - g(3) = (g(2-u)-1)(g(2-v)-1)$$
由式 ③ 知
$$g(2-u) - 1 = 2 - g(u) - 1 = 1 - g(u)$$
$$g(2-v) - 1 = 2 - g(v) - 1 = 1 - g(v)$$
故 $(g(u)-1)(g(v)-1) = (g(2-u)-1)(g(2-v)-1)$.

则 $g(1+uv) - g(1) = g(3+uv) - g(3)$,即对于 $u+v=1$,有
$$g(uv+3) - g(uv+1) = g(3) - g(1)$$

对于每个实数 $x \leqslant \dfrac{5}{4}$,均可表示为
$$x = uv + 1, \text{且 } u + v = 1$$

这是因为当 $x \leqslant \dfrac{5}{4}$ 时,二次方程
$$t^2 - t + (x-1) = 0$$
的判别式大于或等于 0,所以有实根 u, v. 这表明,对于所有的实数 $x \leqslant \dfrac{5}{4}$,均有
$$g(x+2) - g(x) = g(3) - g(1) \qquad ④$$

因为对于 $x = 0, 1, 2$,有 $g(x) = x$,所以在上式中令 $x = 0$,得 $g(3) = 3$. 这就证明了式 ④ 对于 $x \leqslant \dfrac{5}{4}$ 成立.

若 $x > \dfrac{5}{4}$,则 $-x < -\dfrac{5}{4} < \dfrac{5}{4}$. 代入式 ④ 得
$$g(2-x) - g(-x) = 2$$

另一方面,由式 ③ 知
$$g(x) = 2 - g(2-x)$$
$$g(x+2) = 2 - g(-x)$$
故 $g(x+2) - g(x) = g(2-x) - g(-x) = 2$.

因此,式 ④ 对于所有的 $x \in \mathbf{R}$ 均成立.

在式 ③ 中,用 $-x$ 代替 x 得
$$g(-x) + g(2+x) = 2$$
结合式 ④ 得
$$g(x) + g(-x) = 0$$
即对于所有的 $x \in \mathbf{R}$,均有
$$g(-x) = -g(x)$$

在式 ① 中,用 $(-x,y),(x,-y)$ 分别代替 (x,y) 得
$$g(1-xy)-g(-x+y)=(g(x)+1)(1-g(y))$$
$$g(1-xy)-g(x-y)=(1-g(x))(g(y)+1)$$
两式相加得
$$g(1-xy)=1-g(x)g(y)$$
在上式中,用 $-x$ 代替 x,并结合 $g(-x)=-g(x)$,得
$$g(1+xy)=1+g(x)g(y)$$
代入式 ① 得
$$g(x+y)=g(x)+g(y)$$
于是,g 是加性的.

由 $g(1+xy)=g(1)+g(xy)=1+g(xy)$ 和 $g(1+xy)=1+g(x)g(y)$ 知
$$g(xy)=g(x)g(y)$$
于是,g 是积性的.

特别地,设 $y=x$. 知对于所有的实数 x 有
$$g(x^2)=g^2(x)\geqslant 0$$
故对于所有的实数 $x\geqslant 0$,有 $g(x)\geqslant 0$.

因为 g 是加性的,在区间 $[0,+\infty)$ 上有下界,所以 g 是线性的. 从而,对于所有的 $x\in \mathbf{R}$,有
$$g(x)=g(1)x=x$$
综上,对于所有的 $x\in \mathbf{R}$,有
$$f(x)=x-1$$
直接验证知,该函数满足原方程.

❻ 设函数 $f:\mathbf{Z}_+\to \mathbf{Z}_+$ 满足对于每个 $n\in \mathbf{Z}_+$,均存在一个 $k\in \mathbf{Z}_+$,使得
$$f^{2k}(n)=n+k$$
其中 f^m 是 f 复合 m 次. 设 k_n 是满足上述条件的 k 中的最小值,证明:数列 $k_1,k_2,\cdots$ 无界.

解 设 $S=\{1,f(1),f^2(1),\cdots\}$. 对于每个正整数 $n\in S$,存在正整数 k,使得
$$f^{2k}(n)=n+k\in S$$
因此,集合 S 是无界的,且函数 f 将 S 映射到 S. 此外,函数 f 在集合 S 上是单射.

事实上,若 $f^i(1)=f^j(1)(i\neq j)$,则 $f^m(1)$ 从某个值开始周期性地进行重复. 于是,集合 S 是有界的,矛盾.

定义 $g:S\to S$ 为
$$g(n)=f^{2k_n}(n)=n+k_n$$

首先证明:g 也是单射.

假设 $g(a) = g(b)(a < b)$,则
$$a + k_a = f^{2k_a}(a) = f^{2k_b}(b) = b + k_b$$
于是,$k_a > k_b$.

因为函数 f 在集合 S 上是单射,所以
$$f^{2(k_a - k_b)}(a) = b = a + (k_a - k_b)$$
又 $0 < k_a - k_b < k_a$,与 k_a 的最小性矛盾.

设 T 是集合 S 中非形如 $g(n)(n \in S)$ 的元素构成的集合. 由于对每个 $n \in S$,均有 $g(n) > n$,则 $1 \in T$. 于是,T 是非空集合.

对每个 $t \in T$,记
$$C_t = \{t, g(t), g^2(t), \cdots\}$$
且称 C_t 为从 t 开始的"链".

因为 g 是单射,所以不同的链不交.

对每个 $n \in S \backslash T$,均有 $n = g(n')$,其中 $n' < n, n' \in S$. 重复上述过程知,存在 $t \in T$,使得 $n \in C_t$,从而,集合 S 是链 C_t 的并.

若 $f^n(1)$ 是从 $t = f^{n_t}(1)$ 开始的链 C_t 中的元素,则
$$n = n_t + 2a_1 + \cdots + 2a_j$$
其中 $f^n(1) = g^j(f^{n_t}(1)) = f^{2a_j}(f^{2a_{j-1}}(\cdots f^{2a_1}(f^{n_t}(1))\cdots)) = f^{n_t}(1) + a_1 + \cdots + a_j$.

故
$$f^n(1) = f^{n_t}(1) + \frac{n - n_t}{2} = t + \frac{n - n_t}{2} \qquad ①$$

其次证明:集合 T 是无限的.

假设集合 T 中只有有限个元素. 则只有有限个链 $C_{t_1}, C_{t_2}, \cdots, C_{t_r}(t_1 < t_2 < \cdots < t_r)$.

固定 N. 若 $f^n(1)(1 \leqslant n \leqslant N)$ 是链 C_t 中的元素,则由式①知
$$f^n(1) = t + \frac{n - n_t}{2} \leqslant t_r + \frac{N}{2}$$
由于 $N + 1$ 个不同的正整数 $1, f(1), \cdots, f^N(1)$ 均不超过 $t_r + \frac{N}{2}$,则
$$N + 1 \leqslant t_r + \frac{N}{2}$$
当 N 足够大时,这是不可能的.

因此,集合 T 是无限的.

选取任意正整数 k,考虑从集合 T 中前 $k + 1$ 个数开始的 $k + 1$ 个链. 设 t 是这 $k + 1$ 个数中最大的一个. 则每个链中均包含一个元素不超过 t,且至少有一个链中不含 $t + 1, t + 2, \cdots, t + k$ 中的任何一个数. 于是,在这个链中存在一个元素 n,使得 $g(n) - n > k$,

即 $k_n > k$.

从而,数列 $k_1, k_2, \cdots$ 无界.

> **7** 已知对两个正整数 m, n,函数 f 均能表示为
> $$f(x_1, x_2, \cdots, x_k) = \max_{i \in \{1, 2, \cdots, m\}} \min_{j \in \{1, 2, \cdots, n\}} \{P_{i,j}(x_1, x_2, \cdots, x_k)\}$$
> 其中 $P_{i,j}$ 是 k 元多项式,则称函数 $f: \mathbf{R}^k \to \mathbf{R}$ 是"超级多项式".
> 证明:两个超级多项式的积也是超级多项式.

解 对 $x = (x_1, x_2, \cdots, x_k)$,记
$$f(x) = f(x_1, x_2, \cdots, x_k)$$
且 $[m] = \{1, 2, \cdots, m\}$.

若 $f(x)$ 是超级多项式,且对于某两个正整数 $m, n, f(x)$ 可以表示为题目中表述的形式,则可用任意 $m'(m' \geqslant m)$ 和 $n'(n' \geqslant n)$ 来代替 m, n. 例如,用 $m+1$ 代替 m,只需定义 $P_{m+1,j}(x) = P_{m,j}(x)$,则一个集合中重复出现一个元素,不改变其最大值和最小值.

于是,可假设任意两个超级多项式被定义为具有相同的 m, n.

用 P, Q 表示多项式,每个函数 $P, P_{i,j}, Q, Q_{i,j}, \cdots$ 均为多项式函数.

先证明一个引理,将形如 $\min \max f_{i,j}$ 的表达式变为形如 $\max \min g_{i,j}$ 的表达式.

引理 若对所有的 $i \in [m], j \in [n], a_{i,j}$ 均为实数,则
$$\min_{i \in [m]} \max_{j \in [n]} a_{i,j} = \max_{j_1, j_2, \cdots, j_m \in [n]} \min_{i \in [m]} a_{i,j_i}$$
其中右边的最大值遍历所有向量 $(j_1, j_2, \cdots, j_m)$,其中 $j_1, j_2, \cdots, j_m \in [n]$.

证明 假设对所有的 i,有
$$a_{i,n} = \max\{a_{i,1}, a_{i,2}, \cdots, a_{i,n}\}$$
$$a_{m,n} = \min\{a_{1,n}, a_{2,n}, \cdots, a_{m,n}\}$$
则左边等于 $a_{m,n}$.

接下来证明右边也等于 $a_{m,n}$.

若 $(j_1, j_2, \cdots, j_m) = (n, n, \cdots, n)$,则
$$\min\{a_{1,j_1}, a_{1,j_2}, \cdots, a_{m,j_m}\} = \min\{a_{1,n}, a_{2,n}, \cdots, a_{m,n}\} = a_{m,n}$$
这表明,右边大于等于 $a_{m,n}$.

因为对于所有可能的 $(j_1, j_2, \cdots, j_m)$,有
$$\min\{a_{1,j_1}, a_{2,j_2}, \cdots, a_{m,j_m}\} \leqslant a_{m,j_m} \leqslant a_{m,n}$$
所以,右边小于等于 $a_{m,n}$.

于是,右边也等于 $a_{m,n}$.

回到原题.

只需证明:超级多项式族 $\mathcal{M}$ 关于乘法是封闭的.

先证明: $\mathcal{M}$ 关于最大、最小和加法也是封闭的.

若 $f_1, f_2, \cdots, f_r$ 是超级多项式,且设它们被定义为具有相同的 m, n. 则
$$f = \max\{f_1, f_2, \cdots, f_r\} = $$
$$\max\{\max_{i\in[m]}\min_{j\in[n]} P^1_{i,j}, \cdots, \max_{i\in[m]}\min_{j\in[n]} P^r_{i,j}\} = $$
$$\max_{\substack{s\in[r]\\i\in[m]}}\min_{j\in[n]} P^s_{i,j}$$

故 $f = \max\{f_1, f_2, \cdots, f_r\}$ 是超级多项式.

同理,可证关于最小的封闭性,只需利用引理,用 min max 代替 max min 即可.

注意到,另一个性质:或 $f = \max\min P_{i,j}$ 是超级多项式,则 $-f$ 也是超级多项式.

这是因为
$$-f = \min\{-\min P_{i,j}\} = \min\max\{-P_{i,j}\}$$

再证明: $\mathcal{M}$ 关于加法封闭.

设 $f = \max\min P_{i,j}, g = \max\min Q_{i,j}$. 则
$$f(x) + g(x) = \max_{i\in[m]}\min_{j\in[n]} P_{i,j}(x) + \max_{i\in[m]}\min_{j\in[n]} Q_{i,j}(x) = $$
$$\max_{i_1, i_2 \in[m]}\{\min_{j\in[n]} P_{i_1,j}(x) + \min_{j\in[n]} Q_{i_2,j}(x)\} = $$
$$\max_{i_1, i_2 \in[m]}\min_{j_1, j_2 \in[n]}\{P_{i_1,j_1}(x) + Q_{i_2,j_2}(x)\}$$

于是, $f(x) + g(x)$ 是超级多项式.

从而,证明了 $\mathcal{M}$ 关于最大、最小和加法是封闭的. 特别地,任意可以表示为 $\mathcal{M}$ 中元素的和、最大、最小的函数及多项式、超级多项式乘以 -1 均在 $\mathcal{M}$ 中.

同样,用类似于证明加法的封闭性的思路,来证明关于乘法的封闭性,且包含必要的减法的封闭性.

一般情形下,两个集合最大值的积不一定等于积的最大值,即由 $a < b, c < d$ 不一定能得到 $ac < bd$,但若 $a, b, c, d \geqslant 0$,则有
$$ac < bd$$

因此,将每个函数 $f(x)$ 分为正的部分 $f^+(x) = \max\{f(x), 0\}$ 和负的部分 $f^-(x) = \max\{0, -f(x)\}$.

故 $f = f^+ - f^-$.

若 $f \in \mathcal{M}$,则 $f^+, f^- \in \mathcal{M}$. 只需证明若 f, g 是超级多项式,且 $f, g \geqslant 0$,则 fg 也是超级多项式. 这是因为,若上述结论成立,则对于任意的 $f, g \in \mathcal{M}$,有
$$fg = (f^+ - f^-)(g^+ - g^-) = f^+g^+ - f^+g^- - f^-g^+ + f^-g^-$$

由于 $f^+, f^-, g^+, g^- \geqslant 0$,则
$$f^+ g^+, f^+ g^-, f^- g^+, f^- g^- \in \mathscr{M}$$
于是,$fg \in \mathscr{M}$.

若 $f, g \in \mathscr{M}$,且 $f, g \geqslant 0$,类似和的证明,设
$$f = \max \min P_{i,j} \geqslant 0, g = \max \min Q_{i,j} \geqslant 0$$
则
$$fg = \max \min P_{i,j} \cdot \max \min Q_{i,j} =$$
$$\max \min P_{i,j}^+ \cdot \max \min Q_{i,j}^+ =$$
$$\max \min P_{i_1,j_1}^+ Q_{i_1,j_1}^+.$$

于是,只需证明对任意的多项式 P, Q,均有 $P^+ Q^+ \in \mathscr{M}$.

若用 u, v 代替 $P(x), Q(x)$,只需证明
$$u^+ v^- = \max\{0, \min\{uv, u, v\}, \min\{uv, uv^2, u^2 v\},$$
$$\min\{uv, u, u^2 v\}, \min\{uv, uv^2, v\}\} \quad \text{①}$$

事实上,若 $u \leqslant 0$ 或 $v \leqslant 0$,则式 ① 两边均为 0;若 $u, v \geqslant 0$,则式 ① 左边等于 uv,右边明显小于或等于 uv.

当 $0 \leqslant u, v \leqslant 1$ 时,$uv = \min\{uv, u, v\}$;

当 $u, v \geqslant 1$ 时,$uv = \min\{uv, uv^2, u^2 v\}$;

当 $0 \leqslant v \leqslant 1 \leqslant u$ 时,$uv = \min\{uv, u, u^2 v\}$;

当 $0 \leqslant u \leqslant 1 \leqslant v$ 时,$uv = \min\{uv, uv^2, v\}$.

因此,式 ① 右边大于或等于 uv.

于是,式 ① 右边等于 uv.

从而,所证等式成立.

综上,$\mathscr{M}$ 关于乘法是封闭的.

组合部分

❶ n 个正整数写成一行,爱丽丝选两个相邻的数 x, y($x > y$,且 x 在 y 的左边). 她用数对 $(y+1, x)$ 或 $(x-1, x)$ 来代替 (x, y). 证明:爱丽丝只能进行有限次上述操作.

解 设 n 个数中最大的一个数为 M. 则每次操作后,这些数的最大值不变. 设某次操作后,这 n 个数为 $a_1, a_2, \cdots, a_n$.

定义:$S = a_1 + 2a_2 + \cdots + na_n$.

选取数对 (a_i, a_{i+1}),并用 (c, a_i) 来代替,其中 $a_i > a_{i+1}, c = a_{i+1} + 1$ 或 $a_i - 1$,则新、老 S 的值之差
$$d = [ic + (i+1)a_i] - [ia_i + (i+1)a_{i+1}] = a_i - a_{i+1} + i(c - a_{i+1})$$

因为 $a_i - a_{i+1} \geqslant 1, c - a_{i+1} \geqslant 0$,所以 d 为正整数.

因此,每次操作后,S 的值至少增加 1.

另一方面，对所有的 $i(i=1,2,\cdots,n)$，均有 $a_i \leqslant M$，则
$$S \leqslant (1+2+\cdots+n)M$$
即 S 有上界.

于是，有限次操作后一定会停止.

❷ 已知 n 为正整数．求集合 $\{1,2,\cdots,n\}$ 中不交的元素对的数目的最大值，使得对于任意两个不同的元素对 (a,b)，(c,d)，均有 $a+b$，$c+d$ 是不超过 n 的不同整数.

解 设 $\{1,2,\cdots,n\}$ 中有 x 个元素对满足条件.

由于这 x 个元素对两两不交，则这些元素对中的 $2x$ 个数的和 S 至少有
$$1+2+\cdots+2x$$

另一方面，由于每个元素对中的两个数之和均不超过 n，且两两不同，则
$$S \leqslant n+(n-1)+\cdots+(n-x+1)$$
因此，$\dfrac{2x(2x+1)}{2} \leqslant nx - \dfrac{x(x-1)}{2}$，即 $x \leqslant \dfrac{2n-1}{5}$.

故最多有 $\left[\dfrac{2n-1}{5}\right]$ 个元素对满足条件.

下面的例子说明：最大值 $\left[\dfrac{2n-1}{5}\right]$ 是可以取到的.

若 $n=5k+3(k\in\mathbf{N})$，此时，$\left[\dfrac{2n-1}{5}\right]=2k+1$ 个元素对的选取如表 1.

表 1

元素对	$3k+1$	$3k$	$\cdots$	$2k+2$	$4k+2$	$4k+1$	$\cdots$	$3k+3$	$3k+2$
	2	4	$\cdots$	$2k$	1	3	$\cdots$	$2k-1$	$2k+1$
和	$3k+3$	$3k+4$	$\cdots$	$4k+2$	$4k+3$	$4k+4$	$\cdots$	$5k+2$	$5k+3$

这 $2k+1$ 个元素对包含了从 $1 \sim 4k+2$ 的所有整数，元素对中的两个数之和为从 $3k+3 \sim 5k+3$ 的所有整数.

对于 $n=5k+4,5k+5(k\in\mathbf{N})$，此时，$\left[\dfrac{2n-1}{5}\right]=2k+1$，仍然可以选取 $n=5k+3$ 时的 $2k+1$ 个元素对.

若 $n=5k+2(k\in\mathbf{N})$，此时，$\left[\dfrac{2n-1}{5}\right]=2k$，只需将 $n=5k+3$ 时的 $2k+1$ 个元素对中的最后一个和为 $5k+3$ 的元素对去掉即可.

若 $n=5k+1(k\in \mathbf{N})$，此时，$\left[\dfrac{2n-1}{5}\right]=2k$，将 $n=5k+3$ 时的 $2k+1$ 个元素对中的最后一个和为 $5k+3$ 的元素对去掉，并将表 1 中第一行的 $2k$ 个数中的每个均减去 1 即可.

> **❸** 在一个 999×999 的方格表中，一些方格是白色的，其他均是红色的. 设 T 是由三个方格 C_1, C_2, C_3 组成的方格组 (C_1, C_2, C_3) 的个数，使得方格 C_1, C_2 在同一行，方格 C_2, C_3 在同一列，且方格 C_1, C_3 是白色的，方格 C_2 是红色的. 求 T 的最大值.

解 先证明：对于 $n\times n$ 的方格表有
$$T\leqslant \dfrac{4n^4}{27}$$

设第 i 行有 a_i 个白格，第 j 列有 b_j 个白格，R 是红格的集合. 对于每个红格 (i,j)，有 $a_i b_j$ 个满足条件的方格组 (C_1, C_2, C_3)，其中 $C_2=(i,j)$. 于是
$$T=\sum_{(i,j)\in R} a_i b_j$$

由均值不等式得
$$T\leqslant \dfrac{1}{2}\sum_{(i,j)\in R}(a_i^2+b_j^2)=$$
$$\dfrac{1}{2}\sum_{i=1}^{n}(n-a_i)a_i^2+\dfrac{1}{2}\sum_{j=1}^{n}(n-b_j)b_j^2$$

这是因为第 i 行有 $n-a_i$ 个红格，第 j 列有 $n-b_j$ 个红格.

对 $0\leqslant x\leqslant n$，由均值不等式知
$$(n-x)x^2=\dfrac{1}{2}(2n-2x)x\cdot x\leqslant \dfrac{1}{2}\left(\dfrac{2n}{3}\right)^3=\dfrac{4n^3}{27}$$

当且仅当 $x=\dfrac{2n}{3}$ 时，上式等号成立.

故 $T\leqslant \dfrac{n}{2}\cdot \dfrac{4n^3}{27}+\dfrac{n}{2}\cdot \dfrac{4n^3}{27}=\dfrac{4n^4}{27}$.

若 $n=999$，则 $x=\dfrac{2n}{3}=666$.

对于每行、每列均有 666 个白格的染法，上述关于 T 的不等式的等号均成立.

下面的例子就能使得每行、每列均有 666 个白格.

若 $i-j\equiv 1,2,\cdots,666\pmod{999}$，则将方格 (i,j) 染为白色，其他方格染为红色. 于是，T 的最大值为
$$\dfrac{4\times 999^4}{27}=148\times 999^3$$

❹ A, B 两个人玩一种游戏：有 $N(N \geq 2\,012)$ 枚硬币和 $2\,012$ 个放在圆周上的盒子，开始时，A 将这些硬币分配到 $2\,012$ 个盒子中，使得每个盒子中至少有一枚硬币，然后他们依 $B, A, B, A, \cdots$ 的次序进行操作，且满足下述规则：

(i) B 的每次操作均是从每个盒子中拿一枚硬币，并放到相邻的一个盒子中；

(ii) A 的每次操作均是选一些 B 在前面的一次操作中没移动过且在不同盒子中的硬币，并将它们分别放到相邻的一个盒子中.

A 的目的：无论 B 如何操作，且操作多少次，A 每次操作后，每个盒子中至少有一枚硬币. 求 N 的最小值，使得 A 能达到目的.

解 用 $n(n \geq 7)$ 来代替 $2\,012$，并证明 N 的最小值为 $2n-2$. 对于 $n = 2\,012$，有 $N_{\min} = 4\,022$.

(1) 若 $N = 2n-2$，A 能成功达到目的.

设 A 在游戏开始时给出一个"标准"分布：$n-2$ 个盒子中各有两枚硬币，两个盒子中各有一枚硬币，并将这两种盒子分别称为红色的和白色的.

先证明：无论 B 的第一次操作 M 怎样移动硬币，A 的第一次操作总能得到一个标准分布，其在 B 操作 M 后依据情形 S 是否发生进行操作. 其中，情形 S：开始时的分布包含一个红盒子 R 和与其相邻的两个白盒子，且在操作 M 中，R 没有从两个白盒子中得到硬币.

假设情形 S 没有发生. 则一个确定的红盒子 X 中的硬币 c_1, c_2 恰有一枚在操作 M 中被移动，不妨设为 c_1. 若操作 M 将硬币 c_1 移到红盒子 X 右边与其相邻的盒子中，则 A 将硬币 c_2 移到红盒子 X 左边与其相邻的盒子中. 反之亦然. 对于所有红盒子这样操作后，A 进行了一次满足题意的操作 M'. 于是，操作 M 和 M' 合起来，从每个红盒子中沿相反方向移动了两枚硬币. 从而，操作 M 和 M' 完成后，与红盒子 X 相邻的每个盒子中恰包含最初在红盒子 X 中的一枚硬币. 因此，操作 M' 完成后与红盒子相邻的盒子不是空的. 若开始时有一个盒子 X，与其相邻的两个盒子是白色的，则 X 是红色的，且是唯一的. 因为操作 M 后情形 S 没有发生，所以，红盒子 X 至少从这两个白盒子中的一个盒子处得到一枚硬币，这枚硬币在操作 M' 中没有移动. 因此，操作 M' 后红盒子 X 也不是空的，而且在操作 M 和 M' 后中，每个盒子 Y 中均不是最初的硬币. 与 Y

相邻的红盒子给 Y 一枚硬币,与 Y 相邻的白盒子最多给 Y 一枚硬币,这是因为若其给了 Y 一枚硬币,这枚硬币在操作 M' 中没有移动.于是,操作 M' 后,每个盒子中包含一或两枚硬币.又 $N=2n-2$,此时是一个标准分布.

设操作 M 后,情形 S 发生了,除了这个红盒子 R 外, A 对其他红盒子像前面的情形一样进行操作,于是,得到了一次满足题意的操作 M''.在两次操作 M 和 M'' 中,红盒子 R 没从与其相邻的盒子中得到硬币,从而,操作 M'' 后,红盒子 R 中有一枚硬币.像前面一样,将操作 M 和 M' 合起来,每个不同于红盒子 R 的红盒子中向与其相邻的每个盒子中恰移动了一枚硬币.除了红盒子 R,每个盒子均有一个不同于红盒子 R 的相邻的红盒子.因此,操作 M'' 后,所有盒子均不是空的,而且在操作 M 和 M'' 后,除了红盒子 R,每个盒子 Y 中不是最初的硬币.与 Y 相邻的红盒子最多给 Y 一枚硬币,与 Y 相邻的白盒子也最多给 Y 一枚硬币,这是因为若其给了 Y 一枚硬币,此枚硬币在操作 M'' 中没有移动.于是,操作 M'' 后,每个盒子中包含一或两枚硬币,从而,可得此时是一个标准分布.

综上, A 可以无限次地应用该策略.

于是,当 $N=2n-2$ 时, A 能达到目的.

(2) 若 $N \leqslant 2n-3$,在 A 的某次操作后, B 能使一个盒子是空的.

设 α 是共包含 $N(\alpha)$ 枚硬币的连续 l 个盒子的集合.

若 $l \leqslant n-2$,且 $N(\alpha) \leqslant 2l-3$,则称 α 是一段弧.

由后一个条件知, $l \geqslant 2$.

若 α 的两端的盒子均非空,则 $N(\alpha) \geqslant 2$.于是,由 $N(\alpha) \leqslant 2l-3$ 知, $l \geqslant 3$.若 α 的一端的盒子 X 中有多于一枚硬币,则删掉盒子 X,得到较短的一段弧.这样每段弧的两端的每个盒子中最多有一枚硬币.

将盒子按顺时针方向分别编号为 $1, 2, \cdots, n$.假设盒子 1, $2, \cdots, l$ 是一段弧.则

$$l \leqslant n-2, N(\alpha) \leqslant 2l-3$$

假设对于 $n \geqslant 7$,所有的盒子均不是空的, B 采取的操作可以在 A 的任意可能应对的操作后存在一段弧 α' 满足

$$N(\alpha') < N(\alpha)$$

假设在 1 号盒子中恰有一枚硬币, l 的意义同前面的假设. B 沿逆时针的方向将 1 号盒子中的一枚硬币移到 n 号盒子中,属于 α 的其他盒子中的每一个均沿顺时针的方向将一枚硬币移到与其相邻的盒子中.则 α 中的盒子包含硬币的总数为 $N(\alpha)-2$,且 $3 \leqslant l \leqslant n-2$, l 号盒子恰有一枚硬币 c 是从 $l-1$ 号盒子移来的.

设 A 的下一次操作 M 从剩下的硬币中移动 $k(k \leqslant 2)$ 枚硬币

到 $1,2,\cdots,l$ 号盒子中.则只有 1 号和 l 号盒子能得到这样的硬币,且每个盒子最多得到一枚.

若 $k<2$,则操作 M 完成后,盒子 $1,2,\cdots,l$ 构成一段弧 α',且 $N(\alpha')<N(\alpha)$.

若 $k=2$,则操作 M 将一枚硬币移到 l 号盒子中.操作 M 没有从 l 号盒子中移动硬币 c(这是因为在前面 B 的操作中移动过了).此时,像前面一样,盒子 $1,2,\cdots,l$ 中共包含 $N(\alpha)$ 枚硬币,且构成一段弧.但是,这段弧的一端的编号为 l 的盒子中有两枚硬币.删掉编号为 l 的盒子,得到较短的一段弧 α',则
$$N(\alpha')<N(\alpha)$$

考虑任意初始的所有盒子是非空的分布.

因为 $N\leqslant 2n-3$,所以,至少存在三个盒子中恰有一枚硬币.

对于 $n\geqslant 7$,这三个盒子中的两个是一段弧 α 的两端.于是,B 应用上述操作,能使得在 A 采用应对的操作后,存在一段弧 α' 满足
$$N(\alpha')<N(\alpha)$$

若所有盒子在新的分布中仍满足每个盒子均不是空的,则 B 可以反复用同样的策略.因为 $N(\alpha)$ 不可能无穷减少,所以,在 A 的某次操作后将会出现一个盒子中没有硬币.

❺ $3n\times 3n$ 的方格表的行和列分别编号为 $1,2,\cdots,3n$.对于每个方格 (x,y)($1\leqslant x,y\leqslant 3n$),若 $x+y$ 模 3 的剩余为 0 或 1 或 2,则将方格 (x,y) 分别染为 a 色或 b 色或 c 色.每个方格内放置一枚颜色为 a 色或 b 色或 c 色的硬币,且每种颜色的硬币均有 $3n^2$ 枚.

假设能重新摆放硬币的位置,使得每枚硬币从原来的位置移动的距离不超过 d,且每枚 a 色硬币取代一枚 b 色硬币,每枚 b 色硬币取代一枚 c 色硬币,每枚 c 色硬币取代一枚 a 色硬币.证明:可以重新摆放硬币的位置,使得每枚硬币从原来的位置移动的距离不超过 $d+2$,且每个方格中硬币的颜色与方格的颜色相同.

解 设颜色为 a,b,c 的硬币分别为 A 硬币、B 硬币、C 硬币,颜色为 a,b,c 的方格分别为 A 方格、B 方格、C 方格.

不失一般性,只需证所有 A 硬币能被放置到不同的 A 方格,使得每枚 A 硬币从原来的位置移动的距离不超过 $d+2$.这表明,需要在 $3n^2$ 个 A 方格和 $3n^2$ 枚 A 硬币之间寻求一个"完美配对",使得每一对之间的距离不超过 $d+2$.

于是,构造一个二部图:A 方格是图中的一类点,A 硬币是图

中的另一类点.

将 $3n \times 3n$ 的方格表分成 1×3 的水平"多米诺骨牌",每块多米诺骨牌恰包含一个 A 方格.设将 A 硬币移到 B 硬币的位置、B 硬币移到 C 硬币的位置、C 硬币移到 A 硬币的位置,且每枚硬币从原来的位置移动的距离不超过 d 的变换为 π.

对于每一个 A 方格 S 和每一枚 A 硬币 T,若 $T, \pi(T)$ 或 $\pi^{-1}(T)$ 在包含 S 的一块多米诺骨牌中,则在 S 和 T 之间连一条边,且多重边是有可能的,甚至可能是同一个方格和同一枚硬币连三条边.显然,此图中边的长度不超过 $d+2$,其中边的长是指该边联结的 A 方格和 A 硬币之间的距离.

每枚 A 硬币 T 与包含 $T, \pi(T)$ 和 $\pi^{-1}(T)$ 的多米诺骨牌的三个 A 方格之间有边相连,则在此图中所有的 A 硬币的度为 3.

接下来证明,对于 A 方格仍有同样的结论.

设 S 是任意一个 A 方格,T_1, T_2, T_3 是包含 S 的多米诺骨牌中的三枚硬币.

若 $T_i (i=1,2,3)$ 为 A 硬币,则 S 与 T_i 之间有边相连;若 T_i 为 B 硬币,则 S 与 $\pi^{-1}(T_i)$ 之间有边相连;若 T_i 为 C 硬币,则 S 与 $\pi(T_i)$ 有边相连.于是,在此图中所有的 A 方格的度也为 3.

对于每个 A 方格的集合 $\mathscr{S}$,因为所有的 A 方格的度为 3,所以,集合 $\mathscr{S}$ 中的 A 方格引出的边的数目的总和为 $3|\mathscr{S}|$.

又所有 A 硬币的度也为 3,则这些边的终点至少为 $|\mathscr{S}|$ 枚硬币.于是,每个 A 方格的集合 $\mathscr{S}$ 至少与 A 硬币中的 $|\mathscr{S}|$ 个相邻.

由 Hall 婚配定理[①]知,存在两类点之间的完美配对,即存在 A 方格和 A 硬币之间的完美配对,且边的长不超过 $d+2$.

❻ 本届 IMO 第 3 题.

解 本届 IMO 第 3 题.

❼ 已知在一个圆上有 2^{500} 个点,且按某个次序编号为 $1, 2, \cdots, 2^{500}$.证明:可以选出联结这些点的 100 条两两不交的弦,使得所有这些弦的两个端点的编号之和相等.

解 先证明一个引理.

引理 已知图 G 的每个点 v 的度为 d_v.则图 G 包含一个点的

[①] Hall 定理参考由 1980 年 1 月上海科学技术出版社出版,F·哈拉里著,李慰萱译的《图论》一书.
—— 译者注

独立集 S,使得 $|S| \geqslant f(G)$,其中 $f(G) = \sum\limits_{v \in G} \dfrac{1}{d_v + 1}$.

证明 对 $n = |G|$ 用数学归纳法.

当 $n = 1$ 时,结论显然成立.

假设对包含 $n - 1$ 个点的图,结论成立.

对于满足 $|G| = n$ 的图 G,设图 G 中的点 v_0 的度 d 最小,与 v_0 相邻的点分别为 $v_1, v_2, \cdots, v_d$,删去 v_0 及 $v_1, v_2, \cdots, v_d$ 和所有端点均为 $v_0, v_1, \cdots, v_d$ 的边,得到一个新的图 G'.

由归纳假设,图 G' 包含一个点的独立集 S',使得 $|S'| \geqslant f(G')$.

因为在 S' 中没有点与图 G 中的点 v_0 相邻,所以,集合 $S = S' \cup \{v_0\}$ 是图 G 中的点的独立集.

设图 G' 中的一个点 v 的度为 d'_v.则对每个点 v,有 $d'_v \leqslant d_v$.由于 v_0 的度最小,故对所有的 $i(i = 0, 1, \cdots, d)$,有 $d_{v_i} \geqslant d$.于是

$$f(G') = \sum_{v \in G'} \dfrac{1}{d'_v + 1} \geqslant \sum_{v \in G'} \dfrac{1}{d_v + 1} = f(G) - \sum_{i=0}^{d} \dfrac{1}{d_{v_i} + 1} \geqslant$$
$$f(G) - \dfrac{d+1}{d+1} = f(G) - 1$$

故 $|S| = |S'| + 1 \geqslant f(G') + 1 \geqslant f(G)$.

回到原题.

设 $n = 2^{499}$.考虑端点为这 $2n$ 个点的所有弦.

根据每条弦的两个端点的编号之和将这条弦染为颜色 $3, 4, \cdots, 4n - 1$ 之一,则有公共端点的两条弦不同色.

对于每个颜色 c,考虑下列的图 G_c:图 G_c 中的点是所有颜色为 c 的弦.若颜色为 c 的两条弦相交,则在图 G_c 中,这两条弦对应的点是相邻的.对于所有的图 G_c,设 $f(G_c)$ 与引理中的定义相同.

对于每条弦 l,将圆分成两条弧,其中一条弧中包含的已知点的数目 $m(l) \leqslant n - 1$.特别地,若 l 联结的是相邻的点,则 $m(l) = 0$.对于每个 $i(i = 0, 1, \cdots, n - 2)$,均有 $2n$ 条弦 l,使得 $m(l) = i$.这样的一条弦在各自的图中的度最多为 i.事实上,设颜色为 c 的弦 l 满足 $m(l) = i$,由 l 确定的一条弧上的 i 个点分别为 $A_1, A_2, \cdots, A_i$,每个 $A_j(j = 1, 2, \cdots, i)$ 最多是一条颜色为 c 的弦的端点.于是,最多有 i 条颜色为 c 的弦与 l 相交.

对每个 $i(i = 0, 1, \cdots, n - 2)$,$2n$ 条满足 $m(l) = i$ 的弦 l 在和 $\sum\limits_{c} f(G_c)$ 中至少贡献了 $\dfrac{2n}{i+1}$.求和得

$$\sum_{c} f(G_c) \geqslant 2n \sum_{i=1}^{n-1} \dfrac{1}{i}$$

因为共有 $4n - 3$ 种颜色,所以,存在颜色 c 使得

$$f(G_c) \geqslant \frac{2n}{4n-3} \sum_{i=1}^{n-1} \frac{1}{i} > \frac{1}{2} \sum_{i=1}^{n-1} \frac{1}{i}$$

由引理知,至少有 $\frac{1}{2} \sum_{i=1}^{n-1} \frac{1}{i}$ 条两两不交且颜色为 c 的弦,即每条弦的两个端点的编号之和均为 c.

接下来只需证明

$$\frac{1}{2} \sum_{i=1}^{n-1} \geqslant 100 (n = 2^{499})$$

事实上

$$\sum_{i=1}^{n-1} \frac{1}{i} > \sum_{i=1}^{2^{400}} \frac{1}{i} = 1 + \sum_{k=1}^{400} \sum_{i=2^{k-1}+1}^{2^k} \frac{1}{i} >$$
$$1 + \sum_{k=1}^{400} \frac{2^{k-1}}{2^k} = 201 > 200$$

因此,结论成立.

几何部分

❶ 本届 IMO 第 1 题.

解 本届 IMO 第 1 题.

❷ 已知圆内接四边形 $ABCD$ 的对角线 AC 与 BD 交于点 E,DA、CB 的延长线交于点 F,点 G 满足四边形 $ECGD$ 为平行四边形,H 为点 E 关于直线 AD 的对称点.证明:D,H,F,G 四点共圆.

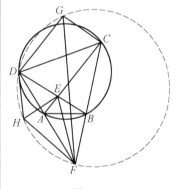

图 53.3

解 如图 53.3 所示.因为四边形 $ECGD$ 是平行四边形,且 A、B、C、D 四点共圆,所以

$$\angle GDC = \angle DCG = \angle DCA = \angle DBA$$
$$\angle CDA = \angle ABF$$

故 $\angle GDF = \angle GDC + \angle CDA = \angle DBA + \angle ABF = \angle EBF$.

又因为 $GD = CE$,$\triangle EDC \backsim \triangle EAB$,$\triangle FAB \backsim \triangle FCD$,所以

$$\frac{GD}{EB} = \frac{CE}{EB} = \frac{CD}{AB} = \frac{FD}{FB}$$

于是,$\triangle FDG \backsim \triangle FBE$.故 $\angle FGD = \angle FEB$.

由于点 H,E 关于直线 FD 对称,则

$\angle FHD = \angle FED = 180° - \angle FEB = 180° - \angle FGD$

因此,D,H,F,G 四点共圆.

❸ 在锐角 $\triangle ABC$ 中,已知点 D,E,F 分别是点 A,B,C 在边 BC,CA,AB 上的投影,$\triangle AEF$,$\triangle BDF$ 的内心分别为 I_1,I_2,$\triangle ACI_1$,$\triangle BCI_2$ 的外心分别为 O_1,O_2. 证明
$$I_1I_2 \parallel O_1O_2$$

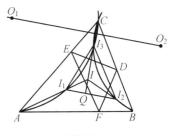

图 53.4

解 如图 53.4 所示. 设 $\angle CAB = \alpha$, $\angle ABC = \beta$, $\angle BCA = \gamma$, AI_1, BI_2 的延长线交于点 I.

由 AI_1, BI_2 分别为 $\angle CAB, \angle ABC$ 的角平分线知,I 为 $\triangle ABC$ 的内心.

因为点 E,F 均在以 BC 为直径的圆上,所以
$$\angle AEF = \angle ABC, \angle AFE = \angle ACB$$
则 $\triangle AEF \backsim \triangle ABC$,相似比 $\dfrac{AE}{AB} = \cos \alpha$.

又因为 I_1, I 分别为 $\triangle AEF, \triangle ABC$ 的内心,所以,$I_1A = IA\cos \alpha$.

故 $II_1 = IA - I_1A = IA(1 - \cos \alpha) = 2IA\sin^2 \dfrac{\alpha}{2}$.

同理,$II_2 = 2IB\sin^2 \dfrac{\beta}{2}$.

在 $\triangle ABI$ 中,由正弦定理知
$$IA\sin \dfrac{\alpha}{2} = IB\sin \dfrac{\beta}{2}$$
则 $II_1 \cdot IA = 2\left(IA\sin \dfrac{\alpha}{2}\right)^2 = 2\left(IB\sin \dfrac{\beta}{2}\right)^2 = II_2 \cdot IB$.

故 A,B,I_2,I_1 四点共圆,且 I 关于 $\odot O_1, \odot O_2$ 等幂.
于是,CI 是 $\odot O_1$ 与 $\odot O_2$ 的根轴. 故 $CI \perp O_1O_2$.
设 CI 与 I_1I_2 交于点 Q,则
$\angle II_1Q + \angle I_1IQ = \angle II_1I_2 + \angle ACI + \angle CAI =$
$\angle ABI_2 + \angle ACI + \angle CAI = \dfrac{\beta}{2} + \dfrac{\gamma}{2} + \dfrac{\alpha}{2} = 90°$

因此,$CI \perp I_1I_2$. 从而,$I_1I_2 \parallel O_1O_2$.

❹ 在 $\triangle ABC$ 中,已知 $AB \neq AC$,O 为 $\triangle ABC$ 的外心,$\angle BAC$ 的角平分线与 BC 交于点 D,点 E 与 D 关于 BC 的中点对称,过点 D,E 分别作垂直于 BC 的直线,与 AO,AD 交于点 X,Y. 证明:B,X,C,Y 四点共圆.

解 如图 53.5 所示. 设 $\angle BAC$ 的角平分线与 BC 的中垂线交于点 P. 则 P 是弧 $\overset{\frown}{BC}$ 的中点. 设 OP 与 BC 交于点 M,则 M 为 BC

的中点.设点 Y 关于直线 OP 的对称点为 Y'.

由于 $\angle BYC = \angle BY'C$,因此,只需证 B,X,C,Y' 四点共圆即可.

由 EY,OP 均垂直于 BC 知,$EY \parallel OP$.

又因为 $OA = OP$,所以
$$\angle XAP = \angle OPA = \angle EYP$$

由点 Y 与 Y',E 与 D 分别关于直线 OP 对称知,X,D,Y' 三点共线,且
$$\angle EYP = \angle DY'P$$

则 $\angle XAP = \angle DY'P = \angle XY'P$.

这表明,X,A,Y',P 四点共圆.

由相交弦定理得
$$XD \cdot DY' = AD \cdot DP = BD \cdot DC$$

从而,B,X,C,Y' 四点共圆.

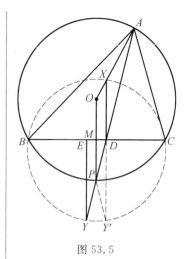

图 53.5

❺ 本届 IMO 第 5 题.

解 本届 IMO 第 5 题.

❻ 已知 $\triangle ABC$ 的外心、内心分别为 O,I,点 D,E,F 分别在边 BC,CA,AB 上,且满足
$$BD + BF = CA, CD + CE = AB$$
$\triangle BFD$ 与 $\triangle CDE$ 的外接圆交于不同于点 D 的点 P. 证明:$OP = OI$.

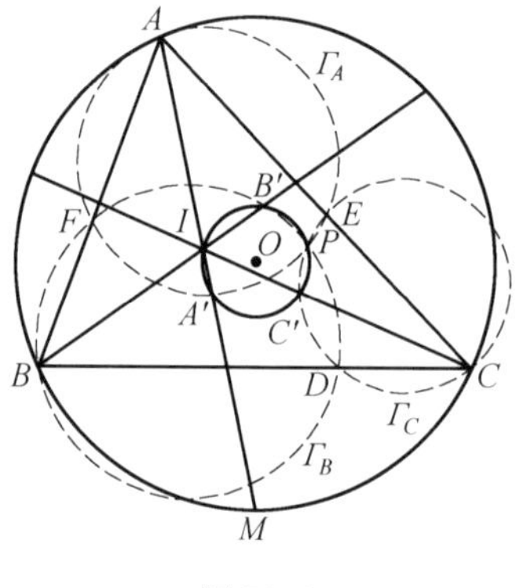

解 设 $\triangle AEF$,$\triangle BFD$,$\triangle CDE$ 的外接圆分别为圆 Γ_A,Γ_B,Γ_C.

由密克定理知圆 Γ_A 过点 P.

如图 53.6 所示,设直线 AI,BI,CI 与圆 Γ_A,Γ_B,Γ_C 分别交于不同于 A,B,C 的点 A',B',C'.

由 $BD + BF = CA$,$CD + CE = AB$,知
$$AE + AF = AC - CE + AB - BF =$$
$$(AC - BF) + (AB - CE) =$$
$$BD + CD = BC$$

图 53.6

先证明一个引理.

引理 已知 $\angle A = \alpha$,过点 A 的圆 Γ' 与 $\angle A$ 的角平分线交于点 L,与 $\angle A$ 的两条夹边分别交于点 X,Y. 则
$$AX + AY = 2AL\cos\frac{\alpha}{2}$$

证明 如图 53.7 所示，由于 L 是圆 Γ' 的弧 $\overparen{XLY}$ 的中点，则 $XL = YL$.

设 $XL = YL = u, XY = v$.

由托勒密定理得
$$AX \cdot YL + AY \cdot XL = AL \cdot XY$$

故 $(AX + AY)u = AL \cdot v$.

因为 $\angle LXY = \dfrac{\alpha}{2}, \angle XLY = 180° - \alpha$，所以，由正弦定理得

$$\frac{u}{\sin\dfrac{\alpha}{2}} = \frac{v}{\sin(180° - \alpha)} \Rightarrow v = 2u\cos\dfrac{\alpha}{2}$$

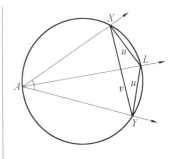

图 53.7

于是，$AX + AY = 2AL\cos\dfrac{\alpha}{2}$.

回到原题.

设 $\angle BAC = \alpha, \angle CBA = \beta, \angle ACB = \gamma$.

由引理知 $2AA'\cos\dfrac{\alpha}{2} = AE + AF = BC$.

同理，$2BB'\cos\dfrac{\beta}{2} = CA, 2CC'\cos\dfrac{\gamma}{2} = AB$.

故点 A', B', C' 不依赖于 D, E, F 的选择.

设圆 Γ 是以 AI 为直径的圆，X, Y 分别为 $\triangle ABC$ 的内切圆与边 AB, AC 的切点.

则 $AX = AY = \dfrac{1}{2}(AB + AC - BC)$.

由引理知
$$2AI\cos\dfrac{\alpha}{2} = AB + AC - BC$$

若圆 Γ 是 $\triangle ABC$ 的外接圆 $\odot O$，直线 AI 与 $\odot O$ 交于不同于 A 的点 M，由引理知
$$2AM\cos\dfrac{\alpha}{2} = AB + AC$$

则
$$2AA'\cos\dfrac{\alpha}{2} = BC$$
$$2AI\cos\dfrac{\alpha}{2} = AB + AC - BC \qquad ①$$
$$2AM\cos\dfrac{\alpha}{2} = AB + AC$$

这表明，$AA' + AI = AM$. 因此，AM 与 IA' 的中点重合. 从而，点 I, A' 到 O 的距离相等.

同理，点 I 与 B', I 与 C' 分别到 O 的距离也相等，即

$$OI = OA' = OB' = OC'$$

于是,I, A', B', C' 四点共圆,且该圆的圆心为 O.

要证明 $OP = OI$,只需 I, A', B', C', P 五点共圆,且不妨假设点 P 与 I, A', B', C' 均不重合.

用 $\langle l, m \rangle$ 表示直线 l 和 m 所夹的有向角,则
$$\langle l, m \rangle = -\langle m, l \rangle$$
$$\langle l, m \rangle + \langle m, n \rangle = \langle l, n \rangle$$

其中 l, m, n 为任意直线.

故四个不同的非共线的点 U, V, X, Y 四点共圆当且仅当
$$\langle UX, VX \rangle = \langle UY, VY \rangle$$

假设 A', B', P, I 是不同的四个点,且不共线,只需证 $\langle A'P, B'P \rangle = \langle A'I, B'I \rangle$.

因为点 A, F, P, A' 均在圆 Γ_A 上,所以
$$\langle A'P, FP \rangle = \langle A'A, FA \rangle = \langle A'I, AB \rangle$$

同理,$\langle B'P, FP \rangle = \langle B'I, AB \rangle$.

故 $\langle A'P, B'P \rangle = \langle A'P, FP \rangle + \langle FP, B'P \rangle = \langle A'I, AB \rangle - \langle B'I, AB \rangle = \langle A'I, B'I \rangle$.

这里,假设点 P 与 F 不重合.否则,若点 P 与 F 重合,则 P 是不同于 D, E 的点,且有类似的结论.

若 $\triangle ABC$ 为正三角形,则由方程组 ① 知,A', B', C', I, O, P 六点重合.故 $OP = OI$.

否则,A', B', C' 中最多有一个点与 I 重合.不妨设点 C' 与 I 重合,则 $OI \perp CI$.于是,点 A' 和 B' 均不与 I 重合,点 A' 不与 B' 重合.

由 I, A', B', C' 四点共圆知,A', B', I 三点不共线.

综上,$OP = OI$.

---

❼ 在凸四边形 $ABCD$ 中,已知边 BC 与 AD 不平行,E 为边 BC 上一点,且四边形 $ABED$,四边形 $AECD$ 均有内切圆.证明:在边 AD 上存在一点 F,使得四边形 $ABCF$,四边形 $BCDF$ 均有内切圆的充分必要条件是 $AB \parallel CD$.

解 如图 53.8 所示,设四边形 $ABED$,四边形 $AECD$ 的内切圆分别为 $\odot O_1, \odot O_2$.则满足条件的点 F 存在,当且仅当 $\odot O_1, \odot O_2$ 也分别为四边形 $ABCF$,四边形 $BCDF$ 的内切圆.

设由点 B 向 $\odot O_2$ 引不同于 BC 的切线与 AD 交于点 F_1,由点 C 向 $\odot O_1$ 引不同于 BC 的切线与 AD 交于点 F_2.只需证点 F_1 与 F_2 重合的充分必要条件是 $AB \parallel CD$.

先证明一个引理.

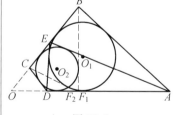

图 53.8

引理 已知 $\odot O_1, \odot O_2$ 均与以 O 为顶点的角的两条边相切，点 P, S 在 $\angle O$ 的一条边上，点 Q, R 在另一条边上，且 $\odot O_1$ 是 $\triangle PQO$ 的内切圆，$\odot O_2$ 是 $\triangle RSO$ 中 $\angle O$ 内的旁切圆，设 $p = OO_1 \cdot OO_2$. 则下面的三个关系式恰有一个成立

$$OP \cdot OR < p < OQ \cdot OS$$
$$OP \cdot OR > p > OQ \cdot OS$$
$$OP \cdot OR = p = OQ \cdot OS$$

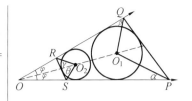

图 53.9

证明 如图 53.9 所示. 设
$$\angle OPO_1 = \alpha, \angle OQO_1 = \beta, \angle OO_2 R = \gamma$$
$$\angle OO_2 S = \theta, \angle POQ = 2\varphi$$

由 PO_1, QO_1 为 $\triangle PQO$ 的角平分线，RO_2, SO_2 为 $\triangle RSO$ 的外角平分线知

$$\alpha + \beta = \gamma + \theta = 90° - \varphi \qquad ①$$

由正弦定理知

$$\frac{OP}{OO_1} = \frac{\sin(\alpha + \varphi)}{\sin \alpha}$$

$$\frac{OO_2}{OR} = \frac{\sin(\gamma + \varphi)}{\sin \gamma}$$

又 γ, α, φ 均为锐角，则

$$OP \cdot OR \geqslant p \Leftrightarrow \frac{OP}{OO_1} \geqslant \frac{OO_2}{OR} \Leftrightarrow$$

$$\sin \gamma \cdot \sin(\alpha + \varphi) \geqslant \sin \alpha \cdot \sin(\gamma + \varphi) \Leftrightarrow$$

$$\sin(\gamma - \alpha) \geqslant 0 \Leftrightarrow$$

$$\gamma \geqslant \alpha$$

即 $OP \cdot OR = p$，当且仅当 $\gamma = \alpha$.

同理，$p \geqslant OQ \cdot OS \Leftrightarrow \beta \geqslant \theta$. 当且仅当 $\beta = \theta$ 时，$p = OQ \cdot OS$.
由式 ① 知，$\gamma \geqslant \alpha$ 和 $\beta \geqslant \theta$ 是等价的，且 $\gamma = \alpha$ 当且仅当 $\beta = \theta$.
回到原题.

设直线 BC 与 AD 交于点 O，对四点组 $\{B, E, D, F_1\}, \{A, B, C, D\}$ 和 $\{A, E, C, F_2\}$ 应用引理. 假设
$$OE \cdot OF_1 > p \Rightarrow OB \cdot OD < p \Rightarrow OA \cdot OC > p \Rightarrow$$
$$OE \cdot OF_2 < p$$

另一方面，$OE \cdot OF_1 > p$. 这表明
$$OB \cdot OD < p < OA \cdot OC$$
$$OE \cdot OF_1 > p > OE \cdot OF_2$$

类似地，$OE \cdot OF_1 < p$ 也表明
$$OB \cdot OD > p > OA \cdot OC$$
$$OE \cdot OF_1 < p < OE \cdot OF_2$$

在这两种情形中，点 F_1 不与 F_2 重合，$OB \cdot OD \neq OA \cdot OC$，

即 AB 与 CD 不平行.

剩下的情形为 $OE \cdot OF_1 = p$.

由引理得

$$OB \cdot OD = p = OA \cdot OC$$
$$OE \cdot OF_1 = p = OE \cdot OF_2$$

因此,点 F_1 与 F_2 重合,$AB \parallel CD$,即点 F_1 与 F_2 重合的充分必要条件是 $AB \parallel CD$.

❽ 已知直线 l 与 $\triangle ABC$ 的外接圆 $\odot O$ 没有公共点,O 在直线 l 上的投影为 P,直线 BC,CA,AB 与 l 分别交于不同于点 P 的点 X,Y,Z. 证明:$\triangle AXP$ 的外接圆、$\triangle BYP$ 的外接圆、$\triangle CZP$ 的外接圆要么有一个不同于点 P 的公共点,要么互相切于点 P.

证明 设圆 Γ_A,Γ_B,Γ_C,Γ 分别为 $\triangle AXP$,$\triangle BYP$,$\triangle CZP$,$\triangle ABC$ 的外接圆. 要证问题成立,只需构造一个点 Q,使得 Q 关于这四个圆等幂. 则 P,Q 均分别关于圆 Γ_A,Γ_B,Γ_C 等幂. 于是,这三个圆共根轴. 因此,这三个圆要么有另外一个公共点 P',要么互相切于点 P.

如图 53.10 所示,设圆 Γ 与 Γ_A 的不同于点 A 的交点为 A',类似地定义点 B',C'.

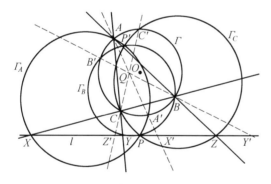

图 53.10

先证明:AA',BB',CC' 交于一点 Q.

若此结论成立,则点 Q 在圆 Γ 与 Γ_A、Γ 与 Γ_B、Γ 与 Γ_C 的根轴上. 于是,点 Q 关于圆 Γ,Γ_A,Γ_B,Γ_C 等幂.

设 $\triangle ABC$ 的外接圆半径为 r,直线 AA',BB',CC' 与 l 分别交于点 X',Y',Z'. 显然,点 X',Y',Z' 是存在的.

事实上,若 $AA' \parallel l$,由于 P 为点 O 在 l 上的投影,则圆 Γ_A 与 l 相切. 于是,点 X 与 P 重合,矛盾.

同理,BB',CC' 均不平行于 l.

因为点 X' 关于圆 Γ_A, Γ 等幂, 所以
$$X'P(X'P + PX) = X'P \cdot X'X = X'A' \cdot X'A = X'O^2 - r^2$$
故 $X'P \cdot PX = X'O^2 - r^2 - X'P^2 = OP^2 - r^2$.

同理, 对于点 Y', Z', 有类似的结论. 故
$$X'P \cdot PX = Y'P \cdot PY = Z'P \cdot PY = OP^2 - r^2 \triangleq k^2 \quad ①$$
其中所有线段均为有向线段, 且后面的线段也是如此.

再用塞瓦定理证明: AA', BB', CC' 三线交于一点, 且两条直线平行看作这两条直线交于无穷远点.

如图 53.11 所示, 设 AA' 与 BC, BB' 与 CA, CC' 与 AB 依次交于点 U, V, W.

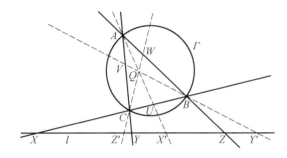

图 53.11

对于 $\triangle ABC$, 由梅涅劳斯定理有
$$\frac{BX}{XC} \cdot \frac{CY}{YA} \cdot \frac{AZ}{ZB} = 1$$
则 $\dfrac{BU}{CU} \cdot \dfrac{CV}{AV} \cdot \dfrac{AW}{BW} = \dfrac{\frac{BU}{CU}}{\frac{BX}{CX}} \cdot \dfrac{\frac{CV}{AV}}{\frac{CY}{AY}} \cdot \dfrac{\frac{AW}{BW}}{\frac{AZ}{BZ}}$.

从点 A 将直线 BC 射影到直线 l, 则 BC 和 UX 的十字比等于 ZY 和 $X'X$ 的十字比. 对于直线 CA 和 AB 亦有类似的结论.

故 $\dfrac{BU}{CU} \cdot \dfrac{CV}{AV} \cdot \dfrac{AW}{BW} = \dfrac{\frac{ZX'}{YX'}}{\frac{ZX}{YX}} \cdot \dfrac{\frac{XY'}{ZY'}}{\frac{XY}{ZY}} \cdot \dfrac{\frac{YZ'}{XZ'}}{\frac{YZ}{XZ}} = -\dfrac{ZX'}{YX'} \cdot \dfrac{XY'}{ZY'} \cdot \dfrac{YZ'}{XZ'}$.

由式 ① 知, 变换 $t \to -\dfrac{k^2}{t}$ 保持十字比不变, 且点 X, Y, Z 与 X', Y', Z' 交换.

故 $\dfrac{BU}{CU} \cdot \dfrac{CV}{AV} \cdot \dfrac{AW}{BW} = -\dfrac{\frac{ZX'}{YX'}}{\frac{ZZ'}{YZ}} \cdot \dfrac{\frac{XY'}{ZY'}}{\frac{XZ'}{ZZ'}} = -\dfrac{Z'X}{Y'X} \cdot \dfrac{XY'}{ZY'} \cdot \dfrac{Y'Z}{ZZ'} = -1$.

由塞瓦定理的逆定理知, AA', BB', CC' 三线交于一点 Q.

数论部分

❶ 设 A 为整数集合. 若对于任意的 $x,y \in A$(允许 x,y 相同),及每个整数 k,均有 $x^2+kxy+y^2 \in A$,则称集合 A 是"允许的". 求所有非零整数数对 (m,n),使得包含 m,n 的唯一允许的集合是由所有整数构成的.

解 整数数对 (m,n) 满足条件当且仅当
$$(m,n)=1$$
假设 $(m,n)=d>1$. 则集合
$$A=\{\cdots,-2d,-d,0,d,2d,\cdots\}$$
是允许的,这是因为若 d 整除 x,y,则对于每个整数 k,均有 $d \mid (x^2+kxy+y^2)$.

显然,$m,n \in A, A \neq \mathbf{Z}$.

设 $(m,n)=1$,且 A 是包含 m,n 的允许的集合.

接下来证明:

(1) 对于每个 $x \in A$ 和每个整数 k,均有 $kx^2 \in A$;

(2) 对于所有的 $x,y \in A$,均有
$$(x+y)^2 \in A$$

事实上,对于(1),(2)只需在条件中分别令 $y=x,k=2$ 即可.

因为 $(m,n)=1$,所以 $(m^2,n^2)=1$.

由裴蜀定理知,存在整数 a,b 使得
$$am^2+bn^2=1$$

由(1)知 $am^2 \in A, bn^2 \in A$.

由(2)知 $1=(am^2+bn^2)^2 \in A$.

由(1)及 $1 \in A$ 知,对于每个整数 k 均有 $k \in A$. 从而,$A=\mathbf{Z}$.

❷ 求所有的三元正整数数组 (x,y,z),使得 $x \leqslant y \leqslant z$,且
$$x^3(y^3+z^3)=2\,012(xyz+2)$$

解 由原方程知
$$x \mid (2\,012 \times 2) \Rightarrow x \mid 2^3 \times 503$$

若 $503 \mid x$,则
$$503^3 \mid 2\,012(xyz+2)$$

于是,$503^2 \mid (xyz+2)$,这与 $503 \mid x$ 矛盾.

因此,$x=2^m (m \in \{0,1,2,3\})$.

若 $m \geqslant 2$,则

$$2^5 \mid 2\,012(xyz+2)$$
但 $2^2 \parallel 2\,012, 2 \parallel (xyz+2)$，矛盾.

从而，$x=1$ 或 2，且得到两个方程
$$y^3 + z^3 = 2\,012(yz+2) \qquad ①$$
和
$$y^3 + z^3 = 503(yz+1) \qquad ②$$

两种情形均有素数
$$503 = (3 \times 167 + 2) \mid (y^3 + z^3)$$

接下来证明：$503 \mid (y+z)$.

若 $503 \mid y$，则 $503 \mid z$. 于是，$503 \mid (y+z)$.

若 $503 \nmid y$，则 $503 \nmid z$.

由费马小定理知
$$y^{502} \equiv z^{502} \pmod{503}$$

另一方面，由 $y^3 \equiv -z^3 \pmod{503}$ 知
$$y^{3 \times 167} \equiv -z^{3 \times 167} \pmod{503}$$
即
$$y^{501} \equiv -z^{501} \pmod{503}$$

这表明，$y \equiv -z \pmod{503}$，即 $503 \mid (y+z)$.

设 $y + z = 503k \,(k \in \mathbf{Z}_+)$.

由 $y^3 + z^3 = (y+z)[(y-z)^2 + yz]$ 知，方程 ①、② 可化为
$$k(y-z)^2 + (k-4)yz = 8 \qquad ③$$
$$k(y-z)^2 + (k-1)yz = 1 \qquad ④$$

在方程 ③ 中，有 $(k-4)yz \leqslant 8$. 故 $k \leqslant 4$.

事实上，若 $k > 4$，则 $1 \leqslant (k-4)yz \leqslant 8$. 于是，$y \leqslant 8, z \leqslant 8$. 这与 $y + z = 503k \geqslant 503$ 矛盾.

由方程 ① 知 $y^3 + z^3$ 为偶数，则 $y+z = 503k$ 也为偶数. 从而，k 为偶数，即 $k=2$ 或 4.

若 $k=4$，则方程 ③ 化为 $(y-z)^2 = 2$，此时，无整数解.

若 $k=2$，则方程 ③ 化为
$$(y+z)^2 - 5yz = 4$$
由于 $y+z = 503 \times 2$，从而
$$5yz = 503^2 \times 2^2 - 4$$
但 $5 \nmid (503^2 \times 2^2 - 4)$，因此，无整数解.

在方程 ④ 中，有 $0 \leqslant (k-1)yz \leqslant 1$.

故 $k = 1$ 或 2.

若 $k=2$，由 $0 \leqslant k(y-z)^2 \leqslant 1$ 知，$y = z$.
则 $y = z = 1$，与 $y + z \geqslant 503$ 矛盾.

若 $k=1$，则方程 ④ 化为 $(y-z)^2 = 1$.

于是，$z - y = |y - z| = 1$.

再结合 $y + z = 503$，得 $y = 251, z = 252$.

综上,满足条件的三元正整数数组 $(2,251,252)$ 是唯一的解.

❸ 求所有整数 $m(m \geqslant 2)$,使得每个整数 $n\left(\frac{m}{3} \leqslant n \leqslant \frac{m}{2}\right)$ 均整除二项式系数 C_n^{m-2n}.

解 满足条件的整数 m 是所有素数.

首先,验证所有素数均满足条件.

可证明一个更强的结论:

若 p 为素数,则每个整数 $n\left(1 \leqslant n \leqslant \frac{p}{2}\right)$,满足 $n \mid C_n^{p-2n}$.

若 $p=2$,则 $n=1$,结论显然成立.

若 p 为奇素数,对于整数 $n \in \left[1,\frac{p}{2}\right]$,考虑恒等式
$$(p-2n)C_n^{p-2n}=nC_{n-1}^{p-2n-1}$$

因为 $p \geqslant 2n$,且 p 为奇素数,所以,$p-2n$ 为正奇数.

若 $d=(p-2n,n)$,则 $d \mid p$.

由 $d \leqslant n < p$ 知,$d=1$,即 $(p-2n,n)=1$.

从而,$n \mid C_n^{p-2n}$.

接下来证明:不存在合数 m 满足条件.

考虑下面两种情形.

若 $m=2k(k>1,k \in \mathbf{Z}_+)$,取 $n=k$,则 $\frac{m}{3} \leqslant n \leqslant \frac{m}{2}$,但 $C_n^{m-2n}=C_k^0=1$ 不能被 k 整除.

若 m 为奇数,则存在奇素数 p 和整数 $k \geqslant 1$,使得 $m=p(2k+1)$.

取 $n=pk$,则 $\frac{m}{3} \leqslant n \leqslant \frac{m}{2}$,且
$$\frac{C_n^{m-2n}}{n}=\frac{C_{pk}^p}{pk}=\frac{(pk-1)(pk-2)\cdots[pk-(p-1)]}{p!}$$

不是一个整数,这是因为 p 整除分母,但不整除分子.

❹ 对于整数 a,若方程
$$(m^2+n)(n^2+m)=a(m-n)^3 \qquad ①$$
有正整数解,则称整数 a 是"友好的".

(1) 证明:集合 $\{1,2,\cdots,2\,012\}$ 中至少有 500 个友好的整数;

(2) 试确定 $a=2$ 是否为友好的.

解 (1) 形如 $a=4k-3(k \geqslant 2,k \in \mathbf{Z}_+)$ 的整数 a 均为友好

的.

事实上,$m=2k-1>0$ 和 $n=k-1>0$ 满足当 $a=4k-3$ 时的方程 ①,即
$$(m^2+n)(n^2+m)=[(2k-1)^2+(k-1)][(k-1)^2+(2k-1)]=$$
$$(4k-3)k^3=a(m-n)^3$$

故 $5,9,\cdots,2\,009$ 是友好的.

从而,集合 $\{1,2,\cdots,2\,012\}$ 中至少有 502 个友好的整数.

(2) $a=2$ 不是友好的.

考虑当 $a=2$ 时的方程 ①,并将其左边写为平方差的形式,得
$$\frac{1}{4}[(m^2+n+n^2+m)^2-(m^2+n-n^2-m)^2]=2(m-n)^3$$

由 $m^2+n-n^2-m=(m-n)(m+n-1)$ 知,上述方程又可写为
$$(m^2+n+n^2+m)^2=(m-n)^2[8(m-n)+(m+n-1)^2]$$

于是,$8(m-n)+(m+n-1)^2$ 为完全平方数.

由 $m>n$ 知,存在正整数 s 使得
$$(m+n-1+2s)^2=8(m-n)+(m+n-1)^2$$

化简得 $s(m+n-1+s)=2(m-n)$.

因为 $m+n-1+s>m-n$,所以 $s<2$.

故 $s=1, m=3n$.

但在 $a=2$ 时,方程 ① 的左边大于 $m^3=27n^3$,右边等于 $16n^3$,矛盾.

因此,$a=2$ 不是友好的.

---

❺ 对于每一个非负整数 n,定义 $\mathrm{rad}(n)$ 如下:若 $n=0$ 或 1,则 $\mathrm{rad}(n)=1$;若 n 的所有素因数为 $p_1,p_2,\cdots,p_k(p_1<p_2<\cdots<p_k)$,则 $\mathrm{rad}(n)=p_1p_2\cdots p_k$. 求所有非负系数多项式 $f(x)$,使得对于每个非负整数 n,均有
$$\mathrm{rad}(f(n))\mid \mathrm{rad}(f(n^{\mathrm{rad}(n)}))$$

解 首先说明:$f(x)=ax^m(a,m\in\mathbf{N})$ 满足题意.

若 $f(x)$ 为 0 多项式,结论显然成立.

若 $f(x)$ 至少有一个正系数,则 $f(1)>0$.

设 p 为素数. 则
$$f(n)\equiv 0(\mathrm{mod}\ p)\Rightarrow f(n^{\mathrm{rad}(n)})\equiv 0(\mathrm{mod}\ p) \qquad ①$$

因为对于所有的正整数 k 有
$$\mathrm{rad}(n^{\mathrm{rad}(n)^k})=\mathrm{rad}(n)$$

所以,重复应用式 ① 得,若 $p\mid f(n)$,则对所有的正整数 k 有
$$f(n^{\mathrm{rad}(n)^k})\equiv 0(\mathrm{mod}\ p)$$

构造素数 p 和正整数 n, 使得
$$(p-1)\mid n, \text{且 } p\mid f(n)$$
此时, 对于足够大的 k 有
$$(p-1)\mid \operatorname{rad}(n)^k$$
于是, 若 $(p,n)=1$, 由费马小定理知
$$n^{\operatorname{rad}(n)^k}\equiv 1(\bmod p)$$
故
$$f(1)\equiv f(n^{\operatorname{rad}(n)^k})\equiv 0(\bmod p) \qquad ②$$
假设 $f(x)=g(x)x^m(g(0)\neq 0)$.

设 t 为正整数, p 为 $g(-t)$ 的任意素因数, 且 $n=(p-1)t$, 则
$$(p-1)\mid n$$
$$f(n)=f((p-1)t)=f(-t)\equiv 0(\bmod p)$$
于是, 要么 $(p,n)>1$, 要么式 ② 成立.

若 $(p,(p-1)t)>1$, 则 $p\mid t$.

故 $g(0)\equiv g(-t)\equiv 0(\bmod p)$.

这表明, $p\mid g(0)$.

综上, 对 $g(-t)$ 的每个素因数 p 有
$$p\mid g(0)f(1)\neq 0$$
于是, 当 t 取遍所有的正整数时, $g(-t)$ 的素因数的集合是有限的. 因此, $g(x)$ 是一个常值多项式.

从而, $f(x)=ax^m$.

❻ 设 $x,y\in \mathbf{Z}_+$. 若对于每个正整数 n, 均有 $(2^n y+1)\mid (x^{2^n}-1)$, 证明: $x=1$.

证明 先证明: 对于每个正整数 y, 存在无穷多个素数 $p\equiv 3(\bmod 4)$, 使得 p 整除某个形如 $2^n y+1$ 的整数.

只需考虑 y 为奇数的情形.

设 $2y+1=p_1^{e_1}p_2^{e_2}\cdots p_r^{e_r}$ 为 $2y+1$ 的素因数分解, 假设结论不成立, 则只有有限个模 4 余 3 的素数 $p_{r+1},p_{r+2},\cdots,p_{r+s}$ 整除某个形如 $2^n y+1$ 的整数, 但不整除 $2y+1$.

接下来寻找正整数 n, 使得:

对 $i(1\leqslant i\leqslant r)$ 有 $p_i^{e_i}\parallel (2^n y+1)$;

对 $i(r+1\leqslant i\leqslant r+s)$ 有 $p_i\nmid (2^n y+1)$.

取 $n=1+\varphi(p_1^{e_1+1}p_2^{e_2+1}\cdots p_r^{e_r+1}p_{r+1}p_{r+2}\cdots p_{r+s})$.

由欧拉定理知
$$2^{n-1}\equiv 1(\bmod p_1^{e_1+1}p_2^{e_2+1}\cdots p_r^{e_r+1}p_{r+1}p_{r+2}\cdots p_{r+s})$$
故 $2^n y+1\equiv 2y+1(\bmod p_1^{e_1+1}p_2^{e_2+1}\cdots p_r^{e_r+1}p_{r+1}p_{r+2}\cdots p_{r+s})$.

这表明，$p_1^{e_1}, p_2^{e_2}, \cdots, p_r^{e_r}$ 恰整除 $2^n y + 1$，且 $p_{r+1}, p_{r+2}, \cdots, p_{r+s}$ 均不整除 $2^n y + 1$. 于是，$2^n y + 1$ 的素因数分解中包含素数的幂 $p_1^{e_1}, p_2^{e_2}, \cdots, p_r^{e_r}$ 及模 4 余 1 的素数的幂.

因为 y 为奇数，所以
$$2^n y + 1 \equiv p_1^{e_1} p_2^{e_2} \cdots p_r^{e_r} \equiv 2y + 1 \equiv 3 \pmod{4}$$
又 $n > 1$，则 $2^n y + 1 \equiv 1 \pmod{4}$，矛盾.

最后考虑原问题.

若 p 为 $2^n y + 1$ 的一个素因数，则
$$x^{2^n} \equiv 1 \pmod{p}$$
由费马小定理知 $x^{p-1} \equiv 1 \pmod{p}$.

设 $d = (2^n, p-1)$. 则对于 $p \equiv 3 \pmod{4}$，有 $(2^n, p-1) = 2$.

于是，$x^2 \equiv 1 \pmod{p}$. 这只可能在 $x = 1$ 时成立. 否则，$x^2 - 1$ 是一个有无穷多个素因数的正整数. 这是不可能的.

❼ 本届 IMO 第 6 题.

解 本届 IMO 第 6 题.

❽ 证明：对于每个素数 $p (p > 100)$ 和每个整数 r，存在整数 a, b 使得
$$p \mid (a^2 + b^5 - r)$$

证明 整个解答中所有的同余关系均是在模 p 的意义下.

固定 p，设 $\mathscr{P} = \{0, 1, \cdots, p-1\}$ 是模 p 的剩余类的集合.

对于每个 $r \in \mathscr{P}$，设
$$S_r = \{(a, b) \in \mathscr{P} \times \mathscr{P} \mid a^2 + b^5 \equiv r\}$$
$$s_r = |S_r|$$

只需证明对于所有的 $r \in \mathscr{P}$，有 $s_r > 0$.

先给出一个著名结论：

对于每个剩余类 $r \in \mathscr{P}$ 和每个正整数 k，最多有 k 个值 $x \in \mathscr{P}$，使得 $x^k \equiv r$.

再证明一个引理.

引理 设 N 是满足 $a^2 + b^5 \equiv c^2 + d^5$ 的四元数组 $(a, b, c, d) \in \mathscr{P}^4$ 的个数. 则：

(1) $N = \sum_{r \in \mathscr{P}} s_r^2$；

(2) $N \leqslant p(p^2 + 4p - 4)$.

证明 (1) 对于每个剩余类 r，恰有 s_r 个数对 (a, b) 满足 $a^2 + b^5 \equiv r$，s_r 个数对 (c, d) 满足 $c^2 + d^5 \equiv r$.

因此,有 s_r^2 个四元数组 (a,b,c,d) 满足
$$a^2 + b^5 \equiv c^2 + d^5 \equiv r$$
对所有的 $r \in \mathscr{P}$ 求和,即 $N = \sum_{r \in \mathscr{P}} s_r^2$.

(2) 对于任意一个数对 $(b,d) \in \mathscr{P}$,可寻找 a,c 可能的值.

1) 假设 $b^5 \equiv d^5$,设这样的数对的数目为 k. b 的值可以有 p 种不同的选择,对于 $b \equiv 0$,只可能有 $d \equiv 0$. 对于 b 不为 0,d 最多有 5 个可能的取值.

故 $k \leqslant 1 + 5(p-1) = 5p - 4$.

由于 a,c 满足 $a^2 \equiv c^2$,因此,$a \equiv \pm c$,恰有 $2p - 1$ 个这样的数对 (a,c).

2) 假设 $b^5 \not\equiv d^5$,此时,a,c 不同. 由于
$$(a-c)(a+c) \equiv d^5 - b^5$$
则 $a - c$ 由 $a + c$ 唯一确定. 从而,a,c 唯一确定. 因此,有 $p - 1$ 个这样的数对 (a,c).

对于满足 $b^5 \equiv d^5$ 的 k 个数对 (b,d) 中的每一个,有 $2p - 1$ 个数对 (a,c). 对于另外 $p^2 - k$ 个数对 (b,d) 中的每一个,有 $p - 1$ 个数对 (a,c).

故
$$N = k(2p-1) + (p^2 - k)(p-1) =$$
$$p^2(p-1) + kp \leqslant$$
$$p^2(p-1) + (5p-4)p =$$
$$p(p^2 + 4p - 4)$$

回到原题.

假设存在 $r \in \mathscr{P}$,使得 $S_r = \emptyset$.

显然,$r \not\equiv 0$.

设 $T = \{x^{10} \mid x \in \mathscr{P} \setminus \{0\}\}$ 为一个在模 p 的意义下非零整数的 10 次幂的集合.

由非零整数的 10 次幂的每个剩余类最多有 10 个元素在 $\mathscr{P}$ 中知,对于 $p > 100$,有
$$|T| \geqslant \frac{p-1}{10} \geqslant 4$$

对于每个 $t \in T$,有 $S_{tr} = \emptyset$.

事实上,若 $(x,y) \in S_{tr}$,且 $t \equiv z^{10}$,则
$$(z^{-5}x)^2 + (z^{-2}y)^5 \equiv t^{-1}(x^2 + y^5) \equiv r$$
故 $(z^{-5}x, z^{-2}y) \in S_r$,矛盾.

因为 $\frac{p-1}{10} \geqslant 4$,所以,在 $S_1, S_2, \cdots, S_{p-1}$ 中至少有 $\frac{p-1}{10} \geqslant 4$ 个集合是空集.

因此，$S_0, S_1, S_2, \cdots, S_{p-1}$ 中最多有 $p-4$ 个非零.

由引理的(1)及柯西不等式得
$$N = \sum_{r' \in \mathscr{P} \setminus rT} s_{r'}^2 \geqslant \frac{1}{p-4} \Big(\sum_{r' \in \mathscr{P} \setminus rT} s_{r'} \Big)^2 = \frac{|\mathscr{P} \times \mathscr{P}|^2}{p-4} = \frac{p^4}{p-4} > p(p^2 + 4p - 4)$$

与引理的(2)矛盾.

从而，对于所有的 $r \in \mathscr{P}$，均有 $s_r > 0$.

第七编
第54届国际数学奥林匹克

第 54 届国际数学奥林匹克题解

哥伦比亚,2013

1 证明:对于任意一对正整数 k,n,均存在 k 个(允许相同)正整数 $m_1, m_2, \cdots, m_k$,使得
$$1+\frac{2^k-1}{n}=\left(1+\frac{1}{m_1}\right)\left(1+\frac{1}{m_2}\right)\cdots\left(1+\frac{1}{m_k}\right)$$

日本命题

证法 1 对 k 用数学归纳法.

当 $k=1$ 时,结论显然.

假设当 $k=j-1$ 时成立,下面证明 $k=j$ 的情形.

(1) 当 n 为奇数时,即存在某个正整数 t 使得 $n=2t-1$. 注意到
$$1+\frac{2^j-1}{2t-1}=\frac{2(t+2^{j-1}-1)}{2t}\cdot\frac{2t}{2t-1}=\left(1+\frac{2^{j-1}-1}{t}\right)\left(1+\frac{1}{2t-1}\right)$$

由归纳假设,可找到 $m_1,m_2,\cdots,m_{j-1}$,使得
$$1+\frac{2^{j-1}-1}{t}=\left(1+\frac{1}{m_1}\right)\left(1+\frac{1}{m_2}\right)\cdots\left(1+\frac{1}{m_{j-1}}\right)$$

因此,只需取 $m_j=2t-1$ 即可.

(2) 当 n 为偶数时,即存在某个正整数 t 使得 $n=2t$. 此时
$$1+\frac{2^j-1}{2t}=\frac{2t+2^j-1}{2t+2^j-2}\cdot\frac{2t+2^j-2}{2t}=\left(1+\frac{1}{2t+2^j-2}\right)\left(1+\frac{2^{j-1}-1}{t}\right)$$

注意到,$2t+2^j-2>0$,及
$$1+\frac{2^{j-1}-1}{t}=\left(1+\frac{1}{m_1}\right)\left(1+\frac{1}{m_2}\right)\cdots\left(1+\frac{1}{m_{j-1}}\right)$$

因此,只需取 $m_j=2t+2^j-2$ 即可.

证法 2 考虑 $n-1$ 和 $-n$ 模 2^k 的余数的二进制展开. 有
$$n-1\equiv 2^{a_1}+2^{a_2}+\cdots+2^{a_r}\pmod{2^k}$$
其中 $0\leqslant a_1<a_2<\cdots<a_r\leqslant k-1$;有
$$-n\equiv 2^{b_1}+2^{b_2}+\cdots+2^{b_s}\pmod{2^k}$$
其中 $0\leqslant b_1<b_2<\cdots<b_s\leqslant k-1$.

由 $-1 \equiv 2^0 + 2^1 + \cdots + 2^{k-1} \pmod{2^k}$，知
$$\{a_1, a_2, \cdots, a_r\} \bigcup \{b_1, b_2, \cdots, b_s\} = \{0, 1, \cdots, k-1\}$$
且 $r + s = k$.

对于 $1 \leqslant p \leqslant r, 1 \leqslant q \leqslant s$，记
$$S_p = 2^{a_p} + 2^{a_{p+1}} + \cdots + 2^{a_r}$$
$$T_q = 2^{b_1} + 2^{b_2} + \cdots + 2^{b_q}$$

并规定 $S_{r+1} = T_0 = 0$.

由 $S_1 + T_s = 2^k - 1$ 及 $n + T_s \equiv 0 \pmod{2^k}$，有
$$1 + \frac{2^k - 1}{n} = \frac{n + S_1 + T_s}{n} = \frac{n + S_1 + T_s}{n + T_s} \cdot \frac{n + T_s}{n} =$$
$$\left(\prod_{p=1}^{r} \frac{n + S_p + T_s}{n + S_{p+1} + T_s}\right)\left(\prod_{q=1}^{s} \frac{n + T_q}{n + T_{q-1}}\right) =$$
$$\left[\prod_{p=1}^{r}\left(1 + \frac{2^{a_p}}{n + S_{p+1} + T_s}\right)\right]\left[\prod_{q=1}^{s}\left(1 + \frac{2^{b_p}}{n + T_{q-1}}\right)\right]$$

于是，若对于 $1 \leqslant p \leqslant r, 1 \leqslant q \leqslant s$，定义
$$m_p = \frac{n + S_{p+1} + T_s}{2^{a_p}}$$
$$m_{r+q} = \frac{n + T_{q-1}}{2^{b_q}}$$

就可得到欲证的等式.

接下来还需证明上述 m_i 均为整数.

事实上，对于 $1 \leqslant p \leqslant r$ 有
$$n + S_{p+1} + T_s \equiv n + T_s \equiv 0 \pmod{2^{a_p}}$$
对于 $1 \leqslant q \leqslant s$ 有
$$n + T_{q-1} \equiv n + T_s \equiv 0 \pmod{2^{b_q}}$$
由此结论即证.

❷ 平面上的 4 027 个点称为一个"哥伦比亚式点集"，其中任意三点不共线，且有 2 013 个点为红色，2 014 个点为蓝色. 在平面上画出一组直线，可以将平面分成若干区域. 若一组直线对于一个哥伦比亚式点集满足下述两个条件，称这是一个"好直线组"：

(1) 这些直线不经过该哥伦比亚式点集中的任何一个点；

(2) 每个区域中均不会同时出现两种颜色的点.

求 k 的最小值，使得对于任意的哥伦比亚式点集，均存在由 k 条直线构成的好直线组.

澳大利亚命题

解法 1 先举一个例子说明 $k \geqslant 2\,013$.

在一个圆周上顺次交替标记 2 013 个红点和 2 013 个蓝点，在

平面上另外任取一点染为蓝色. 这个圆周就被分成了 4 026 段弧, 每一段的两个端点均染了不同的颜色. 这样, 若题目的要求被满足, 则每一段弧均与某条画出的直线相交. 因为每条直线和圆周至多有两个交点, 所以, 至少要有 $\frac{4\,026}{2}=2\,013$ 条直线.

再证明: 用 2 013 条直线满足要求.

注意到, 对于任意两个同色点 A, B, 均可用两条直线将它们与其他的点分离. 作法: 在直线 AB 的两侧作两条与 AB 平行的直线, 只要它们足够接近 AB, 它们之间的带状区域里就会只有 A 和 B 这两个染色点.

设 P 是所有染色点的凸包, 有以下两种情形.

(1) 假设 P 有一个红色顶点, 不妨记为 A. 则可作一条直线, 将点 A 和所有其他的染色点分离. 这样, 余下的 2 012 个红点可以组成 1 006 对, 每对可以用两条平行直线将它们与所有其他的染色点分离. 所以, 总共用 2 013 条直线可以达到要求.

(2) 假设 P 的所有顶点均为蓝色. 考虑 P 上的两个相邻顶点, 不妨记为 A, B. 则用一条直线就可以将这两个点与所有其他染色点分离. 这样, 余下的 2 012 个蓝点可以组成 1 006 对, 每对可以用两条直线将它们与所有其他染色点分离. 所以, 总共也用了 2 013 条直线可以达到要求.

注: 可以不考虑凸包, 而只考虑一条过两个染色点 A, B 的直线, 使得所有其他染色点均在这条直线的一侧. 若 A, B 中有一个红点, 则可按 (1) 进行操作; 若 A, B 均为蓝点, 则可按 (2) 进行操作.

解法 2 给出 2 013 条直线就可以达到要求的另一个证明.

先给出更一般的结论: 若在平面上存在无三点共线的 n 个标记点, 将这些点任意地染红色或蓝色, 则用 $\left[\frac{n}{2}\right]$ 条直线就可以满足题目的要求, 其中, $[x]$ 表示不超过实数 x 的最大整数.

对 n 进行归纳.

当 $n \leqslant 2$ 时, 结论显然.

下面假设 $n \geqslant 3$.

考虑一条过两个染色点 A, B 的直线, 使得所有其他染色点均在这条直线的一侧. 如全体染色点的凸包的一条边即为这样的直线.

暂时把点 A, B 从考虑范围内除去. 由归纳假设, 余下的点可以用 $\left[\frac{n}{2}\right]-1$ 条直线达到要求. 现重新把点 A, B 加回去, 有三种情形.

（1）若点 A,B 同色，则可以作一条与 l 平行的直线，将点 A,B 与其他的染色点分离．显然，这样得到的 $\left[\dfrac{n}{2}\right]$ 条直线可以达到要求．

（2）若点 A,B 不同色，但是它们之间由某条已经画出的直线分离，则上述与 l 平行的直线同样满足要求．

（3）若点 A,B 不同色，且在作出上述 $\left[\dfrac{n}{2}\right]-1$ 条直线后位于同一个区域内．由归纳假设，至少有一种颜色，在该区域中不会有另外的染色点．不失一般性，假设该区域中唯一的蓝点为 A．则只需作一条直线将点 A 与所有其他染色点分离即可．

由此，完成了归纳步骤．

注：将问题一般化，把 2 013 和 2 014 替换为任意的正整数 m 和 n，不妨假设 $m \leqslant n$．记相应问题的解为 $f(m,n)$．

按解法 1 的思路可得到
$$m \leqslant f(m,n) \leqslant m+1$$

若 m 为偶数，则 $f(m,n)=m$；

若 m 为奇数，则存在一个 N，使得对任意的 $m \leqslant n \leqslant N$，有 $f(m,n)=m$．

对于任意的 $n>N$，有 $f(m,n)=m+1$．

❸ 设 $\triangle ABC$ 的顶点 A 所对的旁切圆与边 BC 切于点 A_1．类似地，分别用顶点 B,C 所对的旁切圆定义边 CA,AB 上的点 B_1,C_1．假设 $\triangle A_1B_1C_1$ 的外接圆圆心在 $\triangle ABC$ 的外接圆上．证明：$\triangle ABC$ 是直角三角形．

注：$\triangle ABC$ 的顶点 A 所对的旁切圆是指与边 BC 相切，且与边 AB,AC 的延长线相切的圆．顶点 B,C 所对的旁切圆可类似定义．

俄罗斯命题

证明 作辅助线如图 54.1 所示．

分别记 $\triangle ABC$，$\triangle A_1B_1C_1$ 的外接圆为圆 Γ，圆 Γ_1，圆 Γ 上弧 $\overparen{BC}$（含点 A）的中点为 A_0，类似地定义 B_0,C_0．

由题设知圆 Γ_1 的圆心 Q 在圆 Γ 上．

先证明一个引理．

引理 如图 54.1 所示，$A_0B_1=A_0C_1$，且 A,A_0,B_1,C_1 四点共圆．

证明 若点 A_0 与 A 重合，则 $\triangle ABC$ 为等腰三角形．

从而，$AB_1=AC_1$．

若点 A_0 与 A 不重合，由 A_0 的定义知

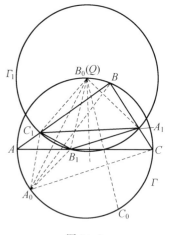

图 54.1

$$A_0B = A_0C$$

易知 $BC_1 = CB_1 = \frac{1}{2}(b+c-a)$,且

$$\angle C_1BA_0 = \angle ABA_0 = \angle ACA_0 = \angle B_1CA_0.$$

于是,$\triangle A_0BC_1 \cong \triangle A_0CB_1$.

从而,$A_0B_1 = A_0C_1$,$\angle A_0C_1B = \angle A_0B_1C$.

因此,$\angle A_0C_1A = \angle A_0B_1A$.

故 A, A_0, B_1, C_1 四点共圆.

回到原题.

显然,点 A_1, B_1, C_1 在圆 Γ_1 的某个半圆弧上. 于是,$\triangle A_1B_1C_1$ 为钝角三角形,不妨设 $\angle A_1B_1C_1$ 为钝角. 从而,点 Q, B_1 在边 A_1C_1 的两侧. 又点 B, B_1 也在边 A_1C_1 的两侧,因此,点 Q, B 在边 A_1C_1 的同侧.

注意到,边 A_1C_1 的垂直平分线与圆 Γ_1 交于两点(在边 A_1C_1 的两侧),由上面的结论知 B_0, Q 是这些交点中的点.

因为点 B_0, Q 在边 A_1C_1 的同侧,所以,点 B_0 与 Q 重合.

由引理知,直线 QA_0, QC_0 分别为边 B_1C_1, A_1B_1 的垂直平分线,A_0, C_0 分别为弧 $\overparen{BC}$,弧 $\overparen{BA}$ 的中点,于是

$$\angle C_1B_0A_1 = \angle C_1B_0B_1 + \angle B_1B_0A_1 =$$
$$2\angle A_0B_0B_1 + 2\angle B_1B_0C_0 =$$
$$2\angle A_0B_0C_0 = 180° - \angle ABC$$

另一方面,又由引理得

$$\angle C_1B_0A_1 = \angle C_1BA_1 = \angle ABC$$

则 $\angle ABC = 180° - \angle ABC$.

从而,$\angle ABC = 90°$.

❹ 设 $\triangle ABC$ 为一个锐角三角形,其垂心为 H,设 W 是边 BC 上一点,与顶点 B, C 均不重合,M 和 N 分别是过顶 B 和 C 的高的垂足. 记 $\triangle BWN$ 的外接圆为圆 ω_1,设 X 是圆 ω_1 上一点,且 WX 是圆 ω_1 的直径. 类似地,记 $\triangle CWM$ 的外接圆为圆 ω_2,设 Y 是圆 ω_2 上一点,且 WY 是圆 ω_2 的直径. 证明:X, Y, H 三点共线.

泰国命题

证明 如图 54.2 所示,设 AL 是边 BC 上的高,Z 是圆 ω_1 与圆 ω_2 的不同于点 W 的另一个交点.

接下来证明:X, Y, Z, H 四点共线.

因为 $\angle BNC = \angle BMC = 90°$,所以,$B, C, M, N$ 四点共圆,记为圆 ω_3.

由于 WZ, BN, CM 分别为圆 ω_1 与圆 ω_2,圆 ω_1 与圆 ω_3,圆 ω_2

与圆 ω_3 的根轴,从而,三线交于一点.

又 BN 与 CM 交于点 A,则 WZ 过点 A.

由于 WX,WY 分别为圆 ω_1,圆 ω_2 的直径,故 $\angle WZX = \angle WZY = 90°$. 因此,点 X,Y 在过点 Z 且与 WZ 垂直的直线 l 上.

因为 $\angle BNH = \angle BLH = 90°$,所以,$B$,$L$,$H$,$N$ 四点共圆.

由圆幂定理知
$$AL \cdot AH = AB \cdot AN = AW \cdot AZ \quad ①$$

若点 H 在直线 AW 上,则点 H 与 Z 重合.

若点 H 不在直线 AW 上,则由式 ① 得
$$\frac{AZ}{AH} = \frac{AL}{AW}$$

于是,$\triangle AHZ \backsim \triangle AWL$.

故 $\angle HZA = \angle WLA = 90°$.

所以,点 H 也在直线 l 上.

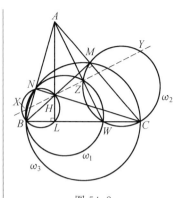

图 54.2

❺ 记 $\mathbf{Q}_+$ 是所有正有理数组成的集合. 设函数 $f: \mathbf{Q}_+ \to \mathbf{R}$ 满足如下三个条件:

(1) 对所有的 $x, y \in \mathbf{Q}_+$,均有
$$f(x)f(y) \geqslant f(xy) \quad ①$$

(2) 对所有的 $x, y \in \mathbf{Q}_+$,均有
$$f(x+y) \geqslant f(x) + f(y) \quad ②$$

(3) 存在有理数 $a > 1$,使得 $f(a) = a$.

证明:对所有的 $x \in \mathbf{Q}_+$,均有 $f(x) = x$.

保加利亚命题

证明 将 $x = 1, y = a$ 代入不等式 ① 得
$$f(1) \geqslant 1$$

由不等式 ② 出发,关于 n 进行数学归纳得到,对于任意的 $n \in \mathbf{Z}_+$ 和 $x \in \mathbf{Q}_+$ 有
$$f(nx) \geqslant nf(x) \quad ③$$

特别地,有
$$f(n) \geqslant nf(1) \geqslant n \quad ④$$

再次利用不等式 ① 得 $f\left(\dfrac{m}{n}\right) f(n) \geqslant f(m)$.

从而,对任意的 $q \in \mathbf{Q}_+$,有 $f(q) > 0$.

由不等式 ② 知 f 是严格递增的,结合不等式 ④ 知,对任意的 $x \geqslant 1$,有
$$f(x) \geqslant f([x]) \geqslant [x] > x - 1$$

由不等式 ① 归纳可得 $f^n(x) \geqslant f(x^n)$,故
$$f^n(x) \geqslant f(x^n) > x^n - 1$$

从而,对于任意的 $x>1$ 和 $n\in \mathbf{Z}_+$,有
$$f(x)\geqslant \sqrt[n]{x^n-1}$$
由此,对任意的 $x>1$,有
$$f(x)\geqslant x \qquad \text{⑤}$$
事实上,若 $x>y>1$,则
$$x^n-y^n=(x-y)(x^{n-1}+x^{n-2}y+\cdots+y^{n-1})>n(x-y)$$
因此,对于充分大的 n 有 $x^n-1>y^n$,即 $f(x)>y$.)

由不等式 ①,不等式 ⑤ 得
$$a^n=f^n(a)\geqslant f(a^n)\geqslant a^n$$
于是,$f(a^n)=a^n$.

对任意的 $x>1$,可选取 $n\in \mathbf{Z}_+$,使得
$$a^n-x>1$$
由不等式 ②,不等式 ⑤ 得
$$a^n=f(a^n)\geqslant f(x)+f(a^n-x)\geqslant x+(a^n-x)=a^n$$
故对任意的 $x>1$,有 $f(x)=x$.

对于任意的 $x\in \mathbf{Q}_+$ 和任意的 $n\in \mathbf{Z}_+$,由不等式 ①,不等式 ③ 知
$$nf(x)=f(n)f(x)\geqslant f(nx)\geqslant nf(x)$$
即 $f(nx)=nf(x)$.

于是,对任意的 $m,n\in \mathbf{Z}_+$,均有
$$f\left(\frac{m}{n}\right)=\frac{f(m)}{n}=\frac{m}{n}$$

注:条件 $f(a)=a>1$ 是本质的. 事实上,对于 $b\geqslant 1$,函数 $f(x)=bx^2$ 对于任意的 $x,y\in \mathbf{Q}_+$ 均满足不等式 ①,②,且有一个唯一的不动点 $\frac{1}{b}\leqslant 1$.

❻ 设整数 $n\geqslant 3$,在圆周上有 $n+1$ 个等分点. 用数 $0,1,\cdots,n$ 标记这些点,每个数字恰用一次. 考虑所有可能的标记方式. 若一种标记方式可以由另一种标记方式通过圆的旋转得到,则认为这两种标记方式是同一个. 若对于任意满足 $a+d=b+c$ 的四个标记数 $a<b<c<d$,联结标 a 和 d 的点的弦与联结标 b 和 c 的点的弦均不相交,则称标记方式为"漂亮的".

设 M 是漂亮的标记方式的总数,又设 N 是满足 $x+y\leqslant n$,且 $(x,y)=1$ 的有序正整数数对 (x,y) 的个数. 证明:$M=N+1$.

俄罗斯命题

证法 1 首先注意到,题目的条件决定了圆周上标记点的间

距是无关紧要的,决定相关的弦是否相交仅仅是各点之间的次序关系.

对于 $[0,n]=\{0,1,\cdots,n\}$ 的一个循环排列,定义一条 k - 弦为一条(可能退化的)弦,其(可能重合的)两个端点上的数之和为 k.若其中的一条弦的两侧各有一条弦,则称圆的三条弦是"顺次的".若其中任意三条弦是顺次的,则称 $m(m\geqslant 3)$ 条弦是顺次的.例如,在图 54.3 中弦 A,B,C 是顺次的,但弦 B,C,D 则不是顺次的.

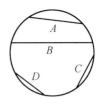

图 54.3

其次证明一个命题.

命题 在一个漂亮排列中,对于任意的整数 k,k - 弦全体是顺次的.

证明 利用数学归纳法.

对于 $n\leqslant 3$,命题显然.

设 $n\geqslant 4$,用反证法.

假设有一个漂亮排列 S 使得三条 k - 弦 A,B,C 不是顺次的.若数 n 不是弦 A,B,C 的端点,则可在 S 中去掉 n 这个点,得到 $[0,n-1]$ 的一个漂亮排列 $S\setminus\{n\}$.由归纳假设知,弦 A,B,C 是顺次的.同理,若 0 不是弦 A,B,C 的端点,则去掉 0,再把其他所有的数均减去 1,就可得到一个漂亮排列 $S\setminus\{0\}$,此时,弦 A,B,C 就是顺次的.因此,0 和 n 必均出现在这三条弦的端点中.假设 0 所在的弦的另一端点为 x,n 所在的弦的另一端点为 y.则
$$n\geqslant 0+x=k=n+y\geqslant n$$
于是,0 和 n 是同一条弦的端点,不妨设为弦 C.

如图 54.4 所示,设 D 是以圆周上分别和 $0,n$ 相邻,且相对于弦 C 与弦 A,B 同侧的数 u 和 v 为端点的弦.记 $t=u+v$.

若 $t=n$,则弦 A,B,D 在漂亮排列 $S\setminus\{0,n\}$ 中就不是顺次的,与归纳假设矛盾.

若 $t<n$,则从 0 到 t 的 t - 弦不能与弦 D 相交,这样,弦 C 就将 t 与弦 D 分离.而 t 到 $n-t$ 的弦与 C 不相交,这样,t 和 $n-t$ 就位于弦 C 的同侧.但这样在 $S\setminus\{0,N\}$ 中,弦 A,B,E 就不是顺次的,矛盾.

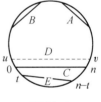

图 54.4

最后,因为 $x\to n-x(0\leqslant x\leqslant n)$ 保持一个循环排列的漂亮性(只是把 t - 弦均映到了 $(2n-t)$ - 弦),所以,$t>n$ 和 $t<n$ 是等价的.

接下来用数学归纳法证明原命题.

当 $n=2$ 时,结论成立.

假设 $n\geqslant 3$.设 S 为 $[0,n]$ 的一个漂亮排列,把 n 去掉以后得到的 $[0,n-1]$ 的循环排列记为 T.在 T 中,全体 n - 弦是顺次的,且这些弦的端点包括除了 0 以外的所有数.

若 0 位于两条 $n-$弦之间,称 T 为"第一型"的,否则称 T 为"第二型"的.

再证明 $[0,n-1]$ 的每个第一型漂亮排列恰对应于一个 $[0,n]$ 的漂亮排列,而 $[0,n-1]$ 的每个第二型漂亮排列恰对应于两个 $[0,n]$ 的漂亮排列.

若 T 是第一型的,设 0 在弦 A,B 之间.因为在 S 中从 0 到 n 的弦和 A,B 是顺次的,所以,n 必然位于弦 A,B 之间的另一段弧上.这样从 T 出发有唯一的方式复原 S.

另一方面,从每个第一型的 T 出发,按照上述方式加上 n,只需说明得到的循环排列 S 一定是漂亮的.

对于 $0<k<n$,S 的 $k-$弦必然也是 T 的 $k-$弦,它们是顺次的.而对于 $n<k<2n$,注意到 S 的 $n-$弦是互相平行的,因此,存在一根轴 l,使得对于任意的 x,x 和 $n-x$ 关于 l 是对称的.若有两条 $k-$弦是相交的,则它们关于 l 的对称像是两条 $(2n-l)-$弦,也是相交的.但此时 $0<2n-k<n$,矛盾.

若 T 是第二型的,则在对应的 S 中 n 的位置有两种可能,即在 0 的两侧与之相邻.同上,验证得到的均为 $[0,n]$ 的漂亮排列.

于是,若记 $[0,n]$ 的漂亮排列总数为 M_n,以 L_{n-1} 记 $[0,n-1]$ 的第二型漂亮排列的总数,有
$$M_n = (M_{n-1} - L_{n-1}) + 2L_{n-1} = M_{n-1} + L_{n-1}$$

最后只需说明 L_{n-1} 为满足 $x+y=n$,且 $(x,y)=1$ 的正整数数对 (x,y) 的个数.

因为 $n \geq 3$,所以,此数为 $\varphi(n)$.

为了证明这一点,考虑 $[0,n-1]$ 的一个第二型漂亮排列.沿顺时针方向在圆周上标记位置 $0,1,\cdots,n-1(\bmod n)$,使得数 0 位于位置 0.记位置 i 上的数为 $f(i)$,其中,f 是 $[0,n-1]$ 的一个置换.设位置 a 上的数是 $n-1$,即 $f(a)=n-1$.

又除了 0 以外所有的数均在一个 $n-$弦中,且 $n-$弦全体是顺次的,且 0 两侧的两个位置的连线是一条 $n-$弦,于是,所有的 $n-$弦是平行的(此时设各点间距相同),即对于任意的 i,有
$$f(i) + f(-i) = n$$

同理,由 $(n-1)-$弦全体是顺次的,且每个点均属于一条 $(n-1)-$弦,则这些弦均互相平行,且对于任意的 i 有
$$f(i) + f(a-i) = n-1$$

于是,对于任意的 i 有
$$f(a-i) = f(-i) - 1$$

而 $f(0)=0$,则对于任意的 k,在模 n 意义下有
$$f(-ak) = k \qquad ①$$

因为 f 是一个置换,必有 $(a,n)=1$,即

$$L_{n-1} \leqslant \varphi(n)$$

为证明上式等号成立，只需证明式①给出的是一个第二型漂亮排列. 为此考虑圆周上满足 $w+y=x+z$ 的四个数 w,x,y,z. 它们在圆周上的位置满足
$$(-\alpha w)+(-\alpha y)=(-\alpha x)+(-\alpha z)$$
即联结 w 和 y 的弦与联结 x 和 z 的弦是平行的. 这样式①是漂亮的，且由构造可知这是第二型的.

证法 2 注意到，$(0,1)$ 中恰有 N 个分母不超过 n 的既约分数 $f_1 < f_2 < \cdots < f_N$，且每个满足 $x+y \leqslant n, (x,y)=1$ 的正整数数对 (x,y) 均对应到分数 $\dfrac{x}{x+y}$.

对于 $1 \leqslant i \leqslant N$，记 $f_i = \dfrac{a_i}{b_i}$.

首先构造 $N+1$ 个漂亮排列.

考虑不等于上述 N 个分数的任意一个 $\alpha \in (0,1)$. 取一个周长为 1 的圆周. 顺次在圆上标记点 $0,1,\cdots,n$，其中，0 点的位置是任意的，而从 i 到 $i+1$ 沿顺时针方向前进 α. 这样标记 k 的点到标记 0 的点的顺时针方向的距离就是 $\{k\alpha\}$，其中，$\{r\}$ 表示实数 r 的小数部分. 称这样的一个漂亮排列为"循环的"，记为 $A(\alpha)$.

若 $A(\alpha_1), A(\alpha_2)$ 的各标记点的顺时针次序是相同的，就认为它们是同一个标记方式. 图 54.5 是 $[0,13]$ 对于某个充分小的 $\varepsilon > 0$ 的 $A\left(\dfrac{3}{5} + \varepsilon\right)$.

若 $a < b < c < d$ 满足 $a+d = b+c$，则
$$a\alpha + d\alpha = b\alpha + c\alpha$$

于是，在 $A(\alpha)$ 中联结标记 a 和 d 的点的弦与联结标记 b 和 c 的点的弦是平行的. 从而，在每个循环排列中，对于任意的 k，所有 k-弦均互相平行. 因此，每一个循环排列均是漂亮的.

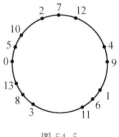

图 54.5

其次说明：恰有 $N+1$ 种不同的循环排列.

考虑当 α 从 0 递增到 1 时 $A(\alpha)$ 的变化方式. 标记 p 的点和标记 q 的点的位置顺序发生改变当且仅当 α 满足 $\{p\alpha\} = \{q\alpha\}$；而这种情形只会在 α 等于前述 N 个分数之一的时候发生. 这样最多只能有 $N+1$ 种不同的循环排列.

接下来证明这些循环排列的确是两两不同的.

对于充分小的 $\varepsilon > 0$ 和某个 $f_i = \dfrac{a_i}{b_i}$，考虑 $A(f_i + \varepsilon)$. 则标记为 k 的点的（顺时针）位置在 $\dfrac{ka_i \pmod{b_i}}{b_i} + k\varepsilon$. 于是，所有的点可以根据该位置表达式的第一项的值分成 b_i 组. 介于 $\dfrac{k}{b_i}$ 和

$\frac{k+1(\bmod b_i)}{b_i}$ 之间的点所标记的数对应的是 $ka_i^{-1}(\bmod b_i)$ 在 0 到 n 之间的不同取值(按从小到大依次排列). 这样在 $A(f_i+\varepsilon)$ 中,从 0 出发,顺时针方向的第一个标记数是 b_i,而从 0 出发顺时针方向碰到的第一个比 b_i 小的数是 $a_i^{-1}(\bmod b_i)$,而由此数可以唯一地确定 a_i. 这样从一个循环排列出发可以唯一地确定 f_i. 同时,注意到上述定义的循环排列 $A(f_i+\varepsilon)$ 是不包括顺时针方向顺次写上 $0,1,\cdots,n$ 这样一个"平凡"排列的,从而,$N+1$ 个循环排列 $A(\varepsilon),A(f_1+\varepsilon),\cdots,A(f_N+\varepsilon)$ 是两两不同的.

下面给出一个引理.

引理 若 $f_i<\alpha<f_{i+1}$,则在 $A(\alpha)$ 中从 0 出发,顺时针方向的第一个数是 b_i,逆时针方向的第一个数是 b_{i+1}.

事实上,已经对 $A(\alpha)=A(f_i+\varepsilon)$ 证明了前半部分,同理,可对 $A(\alpha)=A(f_{i+1}-\varepsilon)$ 证明后半部分.

最后,通过对 n 的归纳证明:$[0,n]$ 的所有漂亮标记均为循环排列.

对于 $n=3$,显然.

假设 $[0,n-1]$ 的所有漂亮标记方法均为循环排列. 考虑 $[0,n]$ 的一个漂亮标记方法 A. 于是,$A_{n-1}=A\{n\}$ 是 $[0,n-1]$ 的一个漂亮标记方法. 从而,是一个循环排列.

设 $A_{n-1}=A_{n-1}(\alpha)$.

假设在 $n-1$ 阶 Farey 序列(即分母不超过 $n-1$ 的 $(0,1)$ 之间的分数从小到大排列)中,α 介于相邻的两个分数 $\frac{p_1}{q_1}<\frac{p_2}{q_2}$ 之间.

因为对于 $i(0<i\leqslant n-1)$,均有
$$\frac{i}{n}<\frac{i}{n-1}\leqslant\frac{i+1}{n}$$
所以,在 n 阶 Farey 序列中,至多有一个分母为 n 的分数夹在这两个分数之间.

(1) $\frac{p_1}{q_1}$ 与 $\frac{p_2}{q_2}$ 之间没有分母为 n 的分数.

首先设在 $A_n(\alpha)$ 中,n 介于 x 和 y 之间(顺时针方向依次为 x, n,y). 由引理知,0 两边的数分别为 q_1,q_2. 因此,$x,y\geqslant 1$.

由上讨论知,$x=n-b_i$ 关于某个 k 满足
$$x\equiv ka_i^{-1}(\bmod b_i)$$
且 y 为 $y\equiv(k+1)a_i^{-1}(\bmod b_i)$ 在 $[1,n]$ 中的最小解.

同理,$x-1=(n-1)-b_i$ 关于某 k' 满足
$$x-1\equiv k'a_i^{-1}(\bmod b_i)$$
故 $y-1\equiv(k'+1)a_i^{-1}(\bmod b_i)$,且是 $[0,n]$ 满足上述同余方

程的数中最小的一个.

因此,在 $A_n(\alpha)$ 中,$x,y,x-1,n-1,y-1$ 顺时针方向顺次出现(可能出现 $x=y-1$ 或者 $y=x-1$ 的情形).

注意到,A 和 $A_n(\alpha)$ 相比最多只有 n 的位置可能不同. 在 A 中,因为联结 x 和 $n-1$ 的弦与联结 $x-1$ 和 n 的弦不相交,所以,(沿顺时针方向)n 一定在 x 和 $n-1$ 之间. 同理,(沿顺时针方向)n 也一定在 $n-1$ 和 y 之间. 从而,(沿顺时针方向)n 必在 x 和 y 之间(图 54.6),因此,A 是一个循环排列.

(2) $\dfrac{p_1}{q_1}$ 与 $\dfrac{p_2}{q_2}$ 之间恰有一个分母为 n 的分数.

此时,有两个循环排列 $A_n(\alpha_1)$ 和 $A_n(\alpha_2)$,去掉 n 以后均得到 $A_{n-1}(\alpha)$,分别对应于 $\dfrac{p_1}{q_1}<\alpha_1<\dfrac{i}{n}$ 和 $\dfrac{i}{n}<\alpha_2<\dfrac{p_2}{q_2}$.

在 $A_{n-1}(\alpha_1)$ 中,由引理知,顺时针方向连续顺次出现 $q_2,0,q_1$. 同理,在 $A_n(\alpha_1)$ 中,顺时针方向连续顺次出现 $q_2,n,0,q_1$;在 $A_n(\alpha_2)$ 中,顺时针方向连续顺次出现 $q_2,0,n,q_1$.

令 $x=q_2,y=q_1$,按(1)类似讨论知在 A 中,n 也必位于 x 和 y 之间,于是,A 要么等价于 $A_n(\alpha_1)$,要么等价于 $A_n(\alpha_2)$.

综上,每一个漂亮的标记法均为一个循环排列.

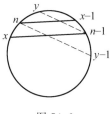

图 54.6

第八编
第54届国际数学奥林匹克预选题

第54届国际数学奥林匹克预选题及解答

代数部分

> **❶** 已知 n 为正整数,$a_1,a_2,\cdots,a_{n-1}$ 为任意实数,定义数列 $u_0,u_1,\cdots,u_n$ 和 $v_0,v_1,\cdots,v_n$ 满足
> $$u_0=u_1=v_0=v_1=1$$
> $$u_{k+1}=u_k+a_ku_{k-1},\quad v_{k+1}=v_k+a_{n-k}v_{k-1}$$
> 其中 $k=1,2,\cdots,n-1$.
>
> 证明:$u_n=v_n$.

证明 对 k 用数学归纳法证明

$$u_k=\sum_{\substack{0<i_1<\cdots<i_t<k \\ i_{j+1}-i_j\geqslant 2}}a_{i_1}a_{i_2}\cdots a_{i_t} \qquad ①$$

其中,定义平凡的和为 1(此情形对应着 $t=0$ 时为空数列,其积为 1).

对于 $k=0,1$,式 ① 右边的和只包含空数列的积,于是,$u_0=u_1=1$.

对于 $k\geqslant 1$,假设对 $0,1,\cdots,k$,式 ① 均成立.则

$$u_{k+1}=\sum_{\substack{0<i_1<\cdots<i_t<k \\ i_{j+1}-i_j\geqslant 2}}a_{i_1}a_{i_2}\cdots a_{i_t}+$$

$$\sum_{\substack{0<i_1<\cdots<i_t<k-1 \\ i_{j+1}-i_j\geqslant 2}}a_{i_1}a_{i_2}\cdots a_{i_t}\cdot a_k=$$

$$\sum_{\substack{0<i_1<\cdots<i_t<k+1 \\ i_{j+1}-i_j\geqslant 2 \\ k\notin\{i_1,i_2,\cdots,i_t\}}}a_{i_1}a_{i_2}\cdots a_{i_t}+$$

$$\sum_{\substack{0<i_1<\cdots<i_t<k+1 \\ i_{j+1}-i_j\geqslant 2 \\ k\in\{i_1,i_2,\cdots,i_t\}}}a_{i_1}a_{i_2}\cdots a_{i_t}=$$

$$\sum_{\substack{0<i_1<\cdots<i_t<k+1 \\ i_{j+1}-i_j\geqslant 2}}a_{i_1}a_{i_2}\cdots a_{i_t}$$

即对于 $k+1$,式 ① 也成立.

对于数列 $b_1,b_2,\cdots,b_{n-1}$($b_k=a_{n-k}$,$1\leqslant k\leqslant n-1$),由式 ① 得

$$v_k = \sum_{\substack{0<i_1<\cdots<i_t<k \\ i_{j+1}-i_j \geq 2}} b_{i_1} b_{i_2} \cdots b_{i_t} = \sum_{\substack{n>i_1>\cdots>i_t>n-k \\ i_j-i_{j+1} \geq 2}} a_{i_1} a_{i_2} \cdots a_{i_t} \quad ②$$

当 $k=n$ 时,式 ① 与式 ② 相同,于是,$u_n = v_n$.

❷ 证明:对任意由 2 000 个不同实数构成的集合,存在实数 $a, b(a>b)$ 和 $c, d(c>d)$,且 $a \neq c$ 或 $b \neq d$,使得
$$\left| \frac{a-b}{c-d} - 1 \right| < \frac{1}{100\ 000}$$

证明 对任意由 $n(n=2\ 000)$ 个不同实数构成的集合 S,设这 n 个数中任意两个不同数的差的绝对值分别为 $D_1, D_2, \cdots, D_m$,且 $D_1 \leq D_2 \leq \cdots \leq D_m$.

则 $m = \dfrac{n(n-1)}{2}$.

重新调节比例的尺度,可假设集合 S 中两个不同数的差的绝对值中最小的一个 $D_1 = 1$,且设 $D_1 = 1 = y - x (x, y \in S)$. 显然,$D_m = v - u$,其中 u, v 分别为集合 S 中的最小的数、最大的数.

若存在 $i \in \{1, 2, \cdots, m-1\}$,使得
$$\frac{D_{i+1}}{D_i} < 1 + 10^{-5}$$

由 $0 \leq \dfrac{D_{i+1}}{D_i} - 1 < 10^{-5}$ 知,要证明的不等式成立.

否则,对于每一个 $i = 1, 2, \cdots, m-1$,均有
$$\frac{D_{i+1}}{D_i} \geq 1 + \frac{1}{10^5}$$

故
$$v - u = D_m = \frac{D_m}{D_1} = \frac{D_m}{D_{m-1}} \cdot \frac{D_{m-1}}{D_{m-2}} \cdot \cdots \cdot \frac{D_3}{D_2} \cdot \frac{D_2}{D_1} \geq \left(1 + \frac{1}{10^5}\right)^{m-1}$$

又对于任意正整数 n,均有
$$\left(1 + \frac{1}{n}\right)^n \geq 1 + n \cdot \frac{1}{n} = 2$$

且 $m - 1 = \dfrac{n(n-2)}{2} - 1 = 1\ 000 \times 1\ 999 - 1 > 19 \times 10^5$.

则
$$\left(1 + \frac{1}{10^5}\right)^{m-1} > \left[\left(1 + \frac{1}{10^5}\right)^{10^5}\right]^{19} \geq 2^{19} = 2^9 \times 2^{10} > 500 \times 1\ 000 > 2 \times 10^5$$

于是,$v - u = D_m > 2 \times 10^5$.

因此，u,v 中至少有一个（不妨记为 z）与 x 的差的绝对值至少为 $\frac{u-v}{2}>10^5$，即
$$|x-z|>10^5$$
因为 $y-x=1$，所以：

当 $z=v$ 时，有 $z>y>x$；

当 $z=u$ 时，有 $y>x>z$.

若 $z>y>x$，取 $a=z,b=y,c=z,d=x(b\neq d)$，得
$$\left|\frac{a-b}{c-d}-1\right|=\left|\frac{z-y}{z-x}-1\right|=\left|\frac{x-y}{z-x}\right|=\frac{1}{z-x}<10^{-5}$$

若 $y>x>z$，取 $a=y,b=z,c=x,d=z(a\neq c)$，得
$$\left|\frac{a-b}{c-d}-1\right|=\left|\frac{y-z}{x-z}-1\right|=\left|\frac{y-x}{x-z}\right|=\frac{1}{x-z}<10^{-5}$$

综上，要证明的结论成立.

❸ 本届 IMO 第 5 题.

解 本届 IMO 第 5 题.

❹ 设 n 为正整数，考虑正整数数列 $a_1,a_2,\cdots,a_n$ 以 n 为周期，将这个数列延拓为无穷数列，即对所有正整数 i，均有 $a_{n+i}=a_i$. 若 $a_1\leq a_2\leq\cdots\leq a_n\leq a_1+n$，且对 $i=1,2,\cdots,n$ 有 $a_{a_i}\leq n+i-1$，证明：$a_1+a_2+\cdots+a_n\leq n^2$.

证明 先证明
$$a_i\leq n+i-1(i=1,2,\cdots,n) \qquad ①$$

假设存在 i，使得 $a_i>n+i-1$. 考虑使这个不等式成立的最小的 i.

由 $a_n\geq a_{n-1}\geq\cdots\geq a_i\geq n+i$，且
$$a_{a_i}\leq n+i-1$$
则
$$a_i\not\equiv i,i+1,\cdots,n-1,n(\bmod n) \qquad ②$$
故由 $a_i\geq n+i$，得 $a_i\geq 2n+1$.

因为 $a_1+n\geq a_n\geq a_i\geq 2n+1$，所以，$a_1\geq n+1$.

由于 i 是最小的，从而，$i=1$，与式 ① 矛盾.

因此，式 ① 成立.

特别地，由式 ① 知 $a_1\leq n$.

若 $a_n\leq n$，则 $a_1\leq a_2\leq\cdots\leq a_n\leq n$.

于是，$a_1+a_2+\cdots+a_n\leq n^2$.

若 $a_n > n$，则存在正整数 $t(1 \leqslant t \leqslant n-1)$，使得
$$a_1 \leqslant a_2 \leqslant \cdots \leqslant a_t \leqslant n < a_{t+1} \leqslant \cdots \leqslant a_n \qquad ③$$
因为 $1 \leqslant a_1 \leqslant n, a_{a_1} \leqslant n$，所以，$a_1 \leqslant t$.

于是，$a_n \leqslant a_1 + n \leqslant n + t$.

对于每个正整数 i，设 b_i 是满足 $a_j \geqslant n+i$ 的下标 $j(j \in \{t+1, t+2, \cdots, n\})$ 的个数. 则
$$n - t = b_1 \geqslant b_2 \geqslant \cdots \geqslant b_t \geqslant b_{t+1} = 0$$
接下来证明：对于每一个 $i(1 \leqslant i \leqslant t)$，均有
$$a_i + b_i \leqslant n$$
事实上，由于 $n + i - 1 \geqslant a_{a_i}, a_i \leqslant n$，则每个满足 $a_j \geqslant n + i$ 的 j 均属于 $\{a_i + 1, a_i + 2, \cdots, n\}$（这是因为 $a_j > a_{a_i}$）.

于是，$b_i \leqslant n - a_i$.

由式 ③ 及 b_i 的定义知
$$\begin{aligned}a_{t+1} + a_{t+2} + \cdots + a_n &= (n+1)(b_1 - b_2) + \\ &\quad (n+2)(b_2 - b_3) + \cdots + \\ &\quad (n+t)(b_t - b_{t+1}) = \\ &\quad nb_1 + b_1 + b_2 + \cdots + b_t = \\ &\quad n(n-t) + b_1 + b_2 + \cdots + b_t\end{aligned}$$

在上式两边同时加上 $a_1 + a_2 + \cdots + a_t$，并结合 $a_i + b_i \leqslant n$ $(1 \leqslant i \leqslant t)$，得
$$\begin{aligned}a_1 + a_2 + \cdots + a_n &= a_1 + a_2 + \cdots + a_t + \\ &\quad n(n-t) + b_1 + b_2 + \cdots + b_t = \\ &\quad (a_1 + b_1) + (a_2 + b_2) + \cdots + \\ &\quad (a_t + b_t) + n(n-t) \leqslant \\ &\quad tn + n(n-t) = n^2\end{aligned}$$

❺ 求所有的函数 $f: \mathbf{N} \to \mathbf{N}$，使得对所有的 $n \in \mathbf{N}$，均有
$$f(f(f(n))) = f(n+1) + 1 \qquad ①$$

解 对于 $n \in \mathbf{N}$，有两个函数满足条件
$$f(n) = n + 1$$
$$f(n) = \begin{cases} n+1, & n \equiv 0 \text{ 或 } 2 \pmod 4 \\ n+5, & n \equiv 1 \pmod 4 \\ n-3, & n \equiv 3 \pmod 4 \end{cases} \qquad ②$$

记 $h^0(x) = x$，有
$$h^k(x) = \underbrace{h(h(\cdots h(x) \cdots))}_{k \text{ 个}} (k \in \mathbf{Z}_+)$$

由式 ① 得
$$f^4(n) = f(f^3(n)) = f(f(n+1) + 1)$$

$$f^4(n+1) = f^3(f(n+1)) = f(f(n+1)+1) + 1$$

故
$$f^4(n) + 1 = f^4(n+1) \qquad ③$$

(1) 用 R_i 表示 f^i 的值域.

由于 $f^0(x) = x$,则
$$R_0 = \mathbf{N}, \text{且 } R_0 \supseteq R_1 \supseteq \cdots$$

由式 ③ 知,若 $a \in R_4$,则 $a + 1 \in R_4$.

这表明,$\mathbf{N}\backslash R_4$ 是有限的,从而,$\mathbf{N}\backslash R_1$ 是有限的.特别地,R_1 是无界的.

若存在不同的非负整数 m, n,使 $f(m) = f(n)$,由式 ① 得
$$f(m+1) = f(n+1)$$

由数学归纳法知,对于每一个 $c \in \mathbf{N}$,均有
$$f(m+c) = f(n+c)$$

于是,对于所有 $k \geq m$,函数 $f(k)$ 是以 $|m-n|$ 为周期的.因此,R_1 有界,矛盾.

从而,f 为单射.

(2) 设 $S_i = R_{i-1} \backslash R_i$.

则对所有正整数 $i(i \leq 4)$, S_i 是有限的.

另一方面,由于 f 为单射,有
$$n \in S_i \Leftrightarrow f(n) \in S_{i+1}$$

再由 f 为双射知,f 为 S_i 和 S_{i+1} 之间的双射,于是, $|S_1| = |S_2| = \cdots$,并记 $|S_i| = k$.

若 $0 \in R_3$,则存在 $n \in \mathbf{N}$,使得
$$f(f(f(n))) = 0$$

由式 ① 得 $f(n+1) = -1$,矛盾.

于是,$0 \in R_0 \backslash R_3 = S_1 \cup S_2 \cup S_3$,且 $k \geq 1$.

对于 $R_0 \backslash R_3 = S_1 \cup S_2 \cup S_3$ 中的元素 b,至少满足下述一个条件之一:

①$b = 0$;

②$b = f(0) + 1$;

③$b - 1 \in S_1$.

否则,$b - 1 \in R_1$,且存在 $n \in \mathbf{Z}_+$,使得
$$f(n) = b - 1$$

于是,$f^3(n-1) = f(n) + 1 = b$.

因此,$b \in R_3$,矛盾.

由 $3k = |S_1 \cup S_2 \cup S_3| \leq 1 + 1 + |S_1| = k + 2$,则 $k \leq 1$.

因此,$k = 1$,且不等式的等号成立.

于是,存在某个 $a \in \mathbf{N}$,有
$$S_1 = \{a\}, S_2 = \{f(a)\}, S_3 = \{f^2(a)\}$$

上面的条件(i),(ii),(iii)中的每一个恰出现一次,这表明
$$\{a, f(a), f^2(a)\} = \{0, a+1, f(0)+1\} \quad ④$$

(3) 由式 ④ 得
$$a + 1 \in \{f(a), f^2(a)\}$$
若 $a + 1 = f^2(a)$,则
$$f(a+1) = f^3(a) = f(a+1) + 1$$
矛盾.

于是
$$f(a) = a + 1 \quad ⑤$$
再由式 ④ 得 $0 \in \{a, f^2(a)\}$.

下面考虑两种情形.

情形 1 假设 $a = 0$,则
$$f(0) = f(a) = a + 1 = 1$$
由式 ④ 得
$$f(1) = f^2(a) = f(0) + 1 = 2$$
下面对 n 用数学归纳法证明 $f(n) = n + 1$.

当 $n = 0, 1$ 时,结论成立.

假设 $f(n-2) = n-1, f(n-1) = n (n \geq 2)$.
则 $n + 1 = f(n-1) + 1 = f^3(n-2) = f^2(n-1) = f(n)$.
因此,对于任意的 $n \in \mathbf{N}$,均有
$$f(n) = n + 1$$
经验证,此函数满足式 ①.

情形 2 假设 $f^2(a) = 0$.
由式 ④ 得 $a = f(0) + 1$.
由式 ⑤ 知 $f(a+1) = f^2(a) = 0$.
故 $f(0) = f^3(a) = f(a+1) + 1 = 1$.
于是,$a = f(0) + 1 = 2$.
由式 ⑤ 得 $f(2) = 3$.
因此,$f(0) = 1, f(2) = 3, f(3) = 0$.

下面对 m 用数学归纳法证明:对于所有的 $n = 4k, 4k+2, 4k+3 (k \leq m)$ 及对于所有的 $n = 4k+1 (k < m)$,式 ② 成立.

当 $m = 0$ 时,结论成立.

假设 $m-1 (m \geq 1)$ 时结论成立.
由式 ① 得
$$f^3(4m-3) = f(4m-2) + 1 = 4m$$
由式 ③ 得
$$f(4m) = f^4(4m-3) = f^4(4m-4) + 1 =$$
$$f^3(4m-3) + 1 = 4m + 1$$
由归纳假设及式 ① 得

$$f(4m-3) = f^2(4m-4) = f^3(4m-1) =$$
$$f(4m)+1 = 4m+2$$
$$f(4m+2) = f^2(4m-3) = f^3(4m-4) =$$
$$f(4m-3)+1 = 4m+3$$
$$f(4m+3) = f^2(4m+2) = f^3(4m-3) = f(4m-2)+1 = 4m$$

综上,式 ② 成立.

直接验证知,式 ② 是原方程的解.
$$f^3(4k) = 4k+7 = f(4k+1)+1$$
$$f^3(4k+1) = 4k+4 = f(4k+2)+1$$
$$f^3(4k+2) = 4k+1 = f(4k+3)+1$$
$$f^3(4k+3) = 4k+6 = f(4k+4)+1$$

❻ 设整数 $m \neq 0$. 求所有实系数多项式 $P(x)$,使得对于任意实数 x,均有
$$(x^3 - mx^2 + 1)P(x+1) + (x^3 + mx^2 + 1)P(x-1) = 2(x^3 - mx + 1)P(x) \quad ①$$

解 设 $P(x) = a_n x^n + \cdots + a_1 x + a_0 (a_n \neq 0)$.

比较式 ① 两边 x^{n+1} 的系数得
$$a_n(n-2m)(n-1) = 0$$

于是,$n=1$ 或 $2m$.

若 $n=1$,易知 $P(x)=x$ 是式 ① 的解,$P(x)=1$ 不是式 ① 的解.

因为 P 是线性的,所以,式 ① 的线性解为
$$P(x) = tx (t \in \mathbf{R})$$

若 $n=2m$,则多项式
$$xP(x+1) - (x+1)P(x) = (n-1)a_n x^n + \cdots$$
的次数为 n.

因此,至少有一个根 r(可能为复数).

若 $r \notin \{0, -1\}$,定义
$$k = \frac{P(r)}{r} = \frac{P(r+1)}{r+1}$$

若 $r=0$,设 $k=P(1)$;

若 $r=-1$,设 $k=-P(-1)$.

现考虑多项式 $S(x) = P(x) - kx$.

因为 $P(x)$ 和 kx 均满足式 ①,所以,$S(x)$ 也满足式 ①,且 r,$r+1$ 为其两根.

设 $A(x) = x^3 - mx^2 + 1$,$B(x) = x^3 + mx^2 + 1$.

在式 ① 中令 $x=s$,则有下面的结论:

(1) 若 $s-1, s$ 为 S 的根，s 不为 A 的根，则 $s+1$ 为 S 的根；

(2) 若 $s, s+1$ 为 S 的根，s 不为 B 的根，则 $s-1$ 为 S 的根.

设整数 $a \geqslant 0, b \geqslant 1$，使得
$$r-a, r-a+1, \cdots, r, r+1, \cdots, r+b-1, r+b$$
为 S 的根，$r-a-1, r+b+1$ 不为 S 的根. 则 $r-a$ 为 B 的根，$r+b$ 为 A 的根.

因为 $r-a$ 为 $B(x)$ 的根，也为 $A(x+a+b)$ 的根，所以，它也为 $B(x), A(x+a+b)$ 的整系数最大公因式 $C(x)$ 的根.

若 $C(x)$ 为 $B(x)$ 的一个非平凡的因式，则 B 有一个有理根 α.

因为 B 的首项和末项的系数均为 1，所以，α 只能是 1 或 -1.

而 $B(-1) = m > 0, B(1) = m+2 > 0$（这是因为 $n = 2m$). 矛盾.

因此，$B(x) = A(x+a+b)$.

设 $c = a+b \geqslant 1$. 则
$$0 = A(x+c) - B(x) = (3c-2m)x^2 + c(3c-2m)x + c^2(c-m)$$

于是，$3c - 2m = c - m = 0$.

从而，$m = 0$，矛盾.

综上，$P(x) = tx \, (t \in \mathbf{R})$ 为式 ① 的解.

组合部分

❶ 已知 n 为正整数. 求满足下述性质的最小正整数 k：给定任意实数 $a_1, a_2, \cdots, a_d$，且
$$a_1 + a_2 + \cdots + a_d = n \, (0 \leqslant a_i \leqslant 1, i = 1, 2, \cdots, d)$$
总能将这些数拆分为 k 组（某些组可以是空的），使得每组中的数的和最大为 1.

证明 $k = 2n - 1$.

若 $d = 2n-1$，且
$$a_1 = a_2 = \cdots = a_{2n-1} = \frac{n}{2n-1}$$

因为 $\frac{2n}{2n-1} > 1$，所以，对于满足条件的拆分，每组中最多一个数.

因此，$k \geqslant 2n - 1$.

接下来证明：拆分为满足条件的 $2n-1$ 组是可能的.

对 d 用数学归纳法.

对于 $d \leqslant 2n-1$，易知结论成立.

假设 $d-1$ 时结论成立.

对于 $d \geqslant 2n$,因为
$$(a_1 + a_2) + (a_3 + a_4) + \cdots + (a_{2n-1} + a_{2n}) \leqslant n$$
所以,存在两个数 $a_i, a_{i+1} (i \in \{1, 3, \cdots, 2n-1\})$,使得 $a_i + a_{i+1} \leqslant 1$.

将这两个数的和看成一个新数 $a_i + a_{i+1}$.

由归纳假设知,存在对于 $d-1$ 个数
$$a_1, a_2, \cdots, a_{i-1}, a_i + a_{i+1}, a_{i+2}, \cdots, a_d$$
的满足条件的拆分,这样的拆分中,将 $a_i + a_{i+1}$ 看成是两个数的和,即为 $a_1, a_2, \cdots, a_d$ 的一个满足条件的拆分.

❷ 本届 IMO 第 2 题.

解 本届 IMO 第 1 题.

❸ 一名狂热的物理学家在其实验室中发现了一种被其称为"imon"的粒子. 此种神秘粒子出现后,物理学家发现在实验室中某一对 imon 能被缠住,每个 imon 能参与多个缠住关系,物理学家对此种粒子进行下述两种操作,一次只能选择一种操作:

(1) 若某个 imon 与奇数个其他 imon 缠住,物理学家能消除这些缠住,并摧毁这个 imon;

(2) 在任何时刻,物理学家在实验室中通过对每一个 imon I 制造一个复制品 I',而使所有 imon 的数量翻倍. 在这个过程中,两个推土机制品 I', J' 被缠住当且仅当原来的 imon I, J 被缠住,且每一个复制品 I' 与原来的 imon I 被缠住,此时不再有其他缠住.

证明:这位物理学家可通过对一些 imon 应用一系列上述操作,使得任意两个 imon 均不被缠住.

证明 考虑将 imon 作为点的一个图 G. 若两个 imon 被缠住,则在对应的点之间连一条线段. 将图 G 中的点进行染色,使得相邻的点不同色,称为"适合的染色".

先证明一个引理.

引理 假设图 G 存在关于 $n(n > 1)$ 种颜色的适合的染色. 则可进行一系列的操作,使得其存在关于 $n-1$ 种颜色的适合的染色.

证明 反复对度为奇数的点应用操作(1),则点的数目减少,最后剩下的点的度均为偶数.

若该图存在关于 n 种颜色的适合的染色,记这 n 种颜色为 1,

$2,\cdots,n$,并固定这种染色.

对该图应用操作(2),则得到的新图存在关于 n 种颜色的适合的染色.

事实上,可保持原图中点的颜色,若点 I 的颜色为 k,将点 I' 染为颜色 $k+1(\bmod n)$,则原来相邻的点不同色,而两个相邻的复制的点也不同色.

另一方面,因为 $n>1$,所以,点 I,I' 也不同色.

由于新图所有点的度均为奇数,则可一个一个地删除所有颜色为 n 的点.因为这样的点不相邻,所以,在删除过程中,它们的度不会改变,于是,得到一个存在关于 $n-1$ 种颜色的适合的染色.

回到原题.

假设图 G 有 n 个点,其存在关于 n 种颜色的适合的染色.反复应用引理,最后得到一个图存在关于 1 种颜色的适合的染色,即这个图中没有边.

❹ 已知 n 为正整数,A 为集合 $\{1,2,\cdots,n\}$ 的一个子集.若 $n=a_1+a_2+\cdots+a_k$,其中,$a_1,a_2,\cdots,a_k \in A$,$a_1,a_2,\cdots,a_k$ 不必两两不同,则称为"n 到 k 项的 $A-$分割".在这样的分割中,不同项的个数即为在 $\{a_1,a_2,\cdots,a_k\}$ 中不同元素的个数.

若不存在 n 到 $r(r<k)$ 项的 $A-$分割,则称一个 n 到 k 项的 $A-$分割为"最佳的".

证明:任意最佳的 n 的 $A-$分割最多有 $\sqrt[3]{6n}$ 个不同项.

证明 假设结论不成立.

不妨假设 n 是使结论不成立的最小正整数.则存在一个集合 $A \subseteq \{1,2,\cdots,n\}$ 及一个最佳的 n 的 $A-$分割
$$n=a_1+a_2+\cdots+a_{k_{\min}}$$
其中,$k_{\min}$ 为 n 的 $A-$分割中项数的最小值.

设 $\{a_1+a_2+\cdots+a_{k_{\min}}\}$ 中不同元素构成的集合为
$$S=\{b_1,b_2,\cdots,b_s\},b_1<b_2<\cdots<b_s$$
则 $s>\sqrt[3]{6n}>1$.

不失一般性,假设 $a_{k_{\min}}=b_s$.

下面分两种情形.

(1) 若 $b_s \geqslant \frac{s(s-1)}{2}+1$,考虑
$$n-b_s=a_1+a_2+\cdots+a_{k_{\min}-1}$$
则 $n-b_s$ 的 $A-$分割中不同项数的最小值为 $s-1(\geqslant 1)$.

由于 $n<\frac{s^3}{6}$,则

$$n - b_s \leqslant n - \frac{s(s-1)}{2} - 1 < \frac{s^3}{6} - \frac{s(s-1)}{2} - 1 <$$
$$\frac{(s-1)^3}{6} \Rightarrow s - 1 > \sqrt[3]{6(n-b_s)}$$

这与 n 为最小正整数的选取矛盾.

(2) 若 $b_s \leqslant \frac{s(s-1)}{2}$, 设
$$b_0 = 0, \sum\nolimits_{0,0} = 0$$
$$\sum\nolimits_{i,j} = b_1 + b_2 + \cdots + b_{i-1} + b_j (1 \leqslant i \leqslant j < s)$$

由于这样和的个数 $\frac{s(s-1)}{2} + 1 > b_s$, 则存在两个和 $\sum_{i,j}$ 及 $\sum_{i',j'}$ 模 b_s 同余, 其中, $(i,j) \neq (i',j')$.

于是, 存在整数 r 使得
$$\sum\nolimits_{i,j} - \sum\nolimits_{i',j'} = r b_s$$

对于 $i \leqslant j < k < s$ 有
$$0 < \sum\nolimits_{i,k} - \sum\nolimits_{i,j} = b_k - b_j < b_s$$

故下标 i, i' 不同. 不妨假设 $i > i'$.

由
$$\sum\nolimits_{i,j} - \sum\nolimits_{i',j'} = b_{i'} + \cdots + b_{i-1} + b_j - b_{j'} =$$
$$b_{i'} - b_{j'} + b_j + b_{i'+1} + \cdots + b_{i-1}$$
$$b_{i'} \leqslant b_{j'}$$

则 $-b_s < -b_{j'} < \sum_{i,j} - \sum_{i',j'} < (i-i') b_s$.

这表明, $0 \leqslant r \leqslant i - i' - 1$.

将这个 A-分割中 $\sum_{i,j}$ 包含的 i 项用 $\sum_{i',j'}$ 包含的 i' 项和 r 项 b_s 代替. 则项数 $r + i' < i$, 与这是最佳的 n 的 A-分割相矛盾.

❺ 已知 r 为正整数, $a_0, a_1, \cdots$ 为无穷项的实数数列. 若对于每个非负整数 m, s, 均存在正整数 $n \in [m+1, m+r]$, 使得
$$a_m + a_{m+1} + \cdots + a_{m+s} = a_n + a_{n+1} + \cdots + a_{n+s}$$
证明: 该数列为周期数列, 即存在正整数 p, 使得对于任意非负整数 n, 均有 $a_{n+p} = a_n$.

证明 对于每个下标 $m, n (m \leqslant n)$, 记
$$S(m, n) = a_m + a_{m+1} + \cdots + a_{n-1}$$

则 $S(n, n) = 0$.

先证明一个引理.

引理 设 $b_0, b_1, \cdots$ 为无穷项的实数数列. 若对于每个非负整

数 m,均存在一个非负整数 $n \in [m+1, m+r]$,使得 $b_m = b_n$,则:

(1) 对于每个下标 $k, l(k \leqslant l)$,均存在下标 $t \in [l, l+r-1]$,使得 $b_t = b_k$;

(2) 在数列 $\{b_i\}$ 中最多有 r 项不同.

证明 由于存在无穷项下标构成的数列 $k_1 = k, k_2, k_3, \cdots$,使得
$$b_{k_1} = b_{k_2} = b_{k_3} = \cdots (k_i < k_{i+1} \leqslant k_i + r, i = 1, 2, \cdots)$$
由于数列 $\{k_i\}$ 是无界的,则在每个区间 $[l, l+r-1](l \geqslant k)$ 中均有数列 $\{k_i\}$ 中的项.

于是,(1) 成立.

用反证法证明(2).

假设有 $r+1$ 个不同的实数 $b_{i_1}, b_{i_2}, \cdots, b_{i_{r+1}}$.

在(1) 中,取
$$k = i_1, i_2, \cdots, i_{r+1}, l = \max\{i_1, i_2, \cdots, i_{r+1}\}$$
则对于每个 $j \in \{1, 2, \cdots, r+1\}$,均存在 $t_j \in [l, l+r-1]$,使得 $b_{t_j} = b_{i_j}$.

这表明,在区间 $[l, l+r-1]$ 中包含了 $r+1$ 个不同的正整数,矛盾.

回到原题.

若 $s = 0$,则数列 $\{a_i\}$ 满足引理的条件. 于是,数列 $\{a_i\}$ 中最多有 r 个不同的值.

设有序 r 元数组 $A_i = (a_i, a_{i+1}, \cdots, a_{i+r-1})$. 则最多有 r^r 个不同的 A_i.

于是,对于每个非负整数 k,在 $A_k, A_{k+1}, \cdots, A_{k+r^r}$ 中一定存在两个相同,即存在正整数 $p \leqslant r^r$,使得 $A_d = A_{d+p}$,且这样的非负整数 d 有无穷多个.

设这样的 d 构成的集合为 D.

接下来证明 $D = \mathbf{N}$.

因为集合 D 是无界的,所以,只需证明:若 $d+1 \in D$,则 $d \in D$.

设 $b_k = S(k, p+k)$. 则数列 $b_0, b_1, \cdots$ 满足引理的条件. 于是,存在下标 $t \in [d+1, d+r]$,使得
$$S(t, t+p) = S(d, d+p)$$
由
$$a_t + a_{t+1} + \cdots + a_{d+p-1} + a_{d+p} + \cdots + a_{t+p-1} =$$
$$a_d + a_{d+1} + \cdots + a_{t-1} + a_t + \cdots + a_{d+p-1} \Rightarrow$$
$$a_{d+p} + a_{d+p+1} + \cdots + a_{t+p-1} =$$
$$a_d + a_{d+1} + \cdots + a_{t-1} \Rightarrow$$
$$S(d, t) = S(d+p, t+p)$$

由 $A_{d+1} = A_{d+p+1}$ 知，对于 $t \in [d+1, d+r]$ 有
$$S(d+1, t) = S(d+p+1, t+p)$$
故
$$a_d = S(d,t) - S(d+1,t) =$$
$$S(d+p, t+p) - S(d+p+1, t+p) =$$
$$a_{d+p}$$
因此，$A_d = A_{d+p}$.

综上，对于所有的非负整数 d，均有
$$A_d = A_{d+p}$$
特别地，对于所有非负整数 d，均有 $a_d = a_{d+p}$.

❻ 在某个国家，一些城市对（即该国的两座城市）之间有双向的飞行航线，且可以从任意一座城市经过若干次飞行后到达任意一座其他的城市．两座城市之间的距离被定义为从其中的一座城市飞行到另一座城市飞行次数的最小值（若城市 A, B 之间有飞行航线，由城市 A 飞行到城市 B，称为飞行一次）．已知对于任意一座城市，与其距离恰为 3 的城市最多有 100 个．证明：不存在一座城市，使得与其距离恰为 4 的城市多于 2 550 座．

证明 设 $d(a,b)$ 表示城市 a, b 之间的距离，则
$$S_i(a) = \{c \mid d(a,c) = i\}$$
即与城市 a 的距离恰为 i 的城市的集合．

假设存在某座城市 x，使得集合 $D = S_4(x)$ 中的元素的个数至少为 2 551.

设 $A = S_1(x)$.

若集合 D 中的每座城市均可以由城市 x 途经 A 的子集 A' 的某座城市经 4 次飞行到达，则称子集 A' 为"重要的"．换句话说，D 中的每座城市与 A' 中的某个元素的距离为 3，即
$$D \subseteq \bigcup_{a \in A'} S_3(a)$$
例如，A 自身即是重要的．

设 A 的子集 A_0 是重要的，且满足 A_0 中元素的个数最少，且设为 m，即 $m = |A_0|$.

由 $m(101-m) \leqslant 50 \times 51 \leqslant 2\,550$ 知，一定存在一座城市 $a \in A_0$，使得
$$|S_3(a) \cap D| \geqslant 102 - m$$
又因为 $|S_3(a)| \leqslant 100$，所以，$S_3(a)$ 中最多有
$$100 - (102 - m) = m - 2$$

座城市 c 满足 $d(c,x) \leqslant 3$.

设 $T = \{c \in S_3(a) \mid d(x,c) \leqslant 3\}$. 则
$$|T| \leqslant m-2$$

为了得到矛盾, 可构造 T 中的 $m-1$ 个不同的元素与集合 $A_a = A_0 \setminus \{a\}$ 中的 $m-1$ 个元素对应.

从而, $|T| \geqslant m-1$, 矛盾.

由于 A_0 中的元素最少, 对于每一个 $y \in A_a$, 则存在某座城市 $d_y \in D$, 只能由 x 途径 y 经 4 次飞行到达城市 d_y.

于是, 存在两座城市 b_y, c_y, 使得依
$$x - y - b_y - c_y - d_y$$
的飞行次序由 x 到达 d_y.

由于这条路的飞行次数最少, 则
$$d(x, b_y) = 2, d(x, c_y) = 3$$

接下来证明: 对于所有的 $y \in A_a$, 形如 b_y, c_y 的 $2(m-1)$ 座城市两两不同.

事实上, 对任意的 $y, z \in A_a$, 由于城市 b_y, c_z 到 x 的距离不同, 则 b_y, c_z 一定不同.

另一方面, 若对某两个 $y, z (y \neq z) \in A_a$, 使得 $b_y = b_z$, 故存在一条由 x 经 y 到达城市 d_z 的长度为 4 的通路, 即 $x - y - b_z - c_z - d_z$, 这与 d_z 的选取矛盾.

类似地, 对任意的 $y \neq z$, 均有 $c_y \neq c_z$.

下面只需证明: 对于每一个 $y \in A_a$, 城市 b_y 和 c_y 中有一个与 a 的距离为 3, 故该城市属于 T.

注意到, $d(a, y) \leqslant 2$ (因为有通路 $a - x - y$).

而 $d(a, d_y) \geqslant d(x, d_y) - d(x, a) = 3$, 由 d_y 的选取知, $d(a, d_y) \neq 3$.

于是, $d(a, d_y) > 3$.

在序列 $d(a, y), d(a, b_y), d(a, c_y), d(a, d_y)$ 中, 相邻项的差最多为 1.

由于第一项小于 3, 最后一项大于 3, 因此, 中间的两项 $d(a, b_y), d(a, c_y)$ 中存在一项等于 3.

解 本届 IMO 第 6 题.

❽ 两名选手 A,B 在一条实线上玩染色游戏. 选手 A 有一桶装有 4 个单位体积的黑墨水. 数量为 p 的黑墨水足够将实线上长度为 p 的闭区间染黑. 每一轮, 选手 A 选择一个正整数 m, 并从桶中提取数量为 $\frac{1}{2^m}$ 的墨墨水, 选手 B 选择一个整数 k, 并将区间 $\left[\frac{k}{2^m}, \frac{k+1}{2^m}\right]$ 染黑 (该区间中有些部分可能在之前已经被染黑了). 选手 A 的目标是当桶中的黑墨水用完后, 区间 $[0,1]$ 没有全被染黑. 问: 选手 A 是否存在策略, 使得在有限次操作后, 能够获胜?

解 选手 A 没有获胜策略.

下面给出选手 B 的策略, 使得一旦桶中的黑墨水用完, 就能保证区间 $[0,1]$ 全部被染黑.

在第 r 轮前, 设已经被染黑的区间 $[0,x]$ 中, x 的最大值为 x_r, 为了完整地考虑, 定义 $x_1 = 0$.

设 m 为第 r 轮选手 A 选择的正整数, 定义整数 y_r 使得
$$\frac{y_r}{2^m} \leqslant x_r < \frac{y_r+1}{2^m}$$

设 $I_0^r = \left[\frac{y_r}{2^m}, \frac{y_r+1}{2^m}\right]$, 其为在第 r 轮包含未被染黑的点且可被染黑的区间中最左边的区间. 选手 B 观察下一个区间 $I_1^r = \left[\frac{y_r+1}{2^m}, \frac{y_r+2}{2^m}\right]$. 若区间 I_1^r 中仍然包含未被染黑的点, 则选手 B 将区间 I_1^r 染黑. 否则, 选手 B 将区间 I_0^r 染黑.

游戏开始前, 规定区间 $[1,2]$ 已被染黑.

因此, 若 $y_r + 1 = 2^m$, 则选手 B 将区间 I_0^r 染黑.

接下来估计每一轮后已经用过的黑墨水的数量.

用数学归纳法证明: 若第 r 轮之前区间 $[0,1]$ 没有全被染黑, 则这次操作之前:

(1) 在区间 $[0, x_r]$ 用过的黑墨水的数量最多为 $3x_r$;

(2) 对于每个正整数 m, 选手 B 在 x_r 的右边最多将一个长度为 $\frac{1}{2^m}$ 的区间染黑.

显然, 当 $r=1$ 时, 结论成立. 假设第 r 次操作前结论成立. 下面考虑这次操作后的情形.

设选手 A 的此次操作中选择的正整数为 m. 若选手 B 在此次操作中染黑了区间 I_1^r, 则

$$x_{r+1}=x_r$$
由归纳假设知结论(i)成立.

若在第 r 次操作之前,选手 B 已经染黑了 x_r 右边的任意一个长度为 $\frac{1}{2^m}$ 的区间,则该区间一定与区间 I_1^r 重合.由选手 B 的策略,其在此次操作中不会染黑区间 I_1^r,因此,这种情形不会发生.

于是,(2)成立.

假设选手 B 在第 r 次操作中染黑了区间 I_0^r,而区间 $[0,1]$ 仍然包含未被染黑的部分(这表明,区间 I_1^r 包含在区间 $[0,1]$),则(2)显然成立.

于是,只需验证(1)成立.

在这种情形中,第 r 次操作后,区间 I_0^r,I_1^r 全部被染黑,则 x_{r+1} 要么为区间 I_1^r 的右端点,要么更靠右.于是,存在 $\alpha > \frac{1}{2^m}$,使得 $x_{r+1} = x_r + \alpha$.

在第 r 次操作之前,任意被选手 B 染黑的区间与区间 (x_r, x_{r+1}) 的交均包含在区间 $[x_r, x_{r+1}]$ 中,由(2)知,所有这些区间有不同的长度,且不超过 $\frac{1}{2^m}$.于是,用在这些区间上的黑墨水的数量少于 $\frac{2}{2^m}$.因此,在区间 $[0, x_{r+1}]$ 用过的黑墨水的数量不超过 $\frac{2}{2^m}$,$3x_r$(用在区间 $[0, x_r]$ 上的黑墨水的数量的上界),$\frac{1}{2^m}$(用在区间 I_0^r 上的黑墨水的数量)之和.从而,所用黑墨水的数量最多为
$$3\left(x_r + \frac{1}{2^m}\right) < 3(x_r + \alpha) = 3x_{r+1}$$
这就证明了(1)在这种情形也成立.

考虑游戏的任意一个时刻,如第 $r-1$ 次操作之后,假设区间 $[0,1]$ 没有全被染黑,由(2)知在区间 $[x_r, 1]$ 中,选手 B 染黑了一些长度不同的区间,所有这些区间的长为 2 的负整数次幂,且长度之和不超过 $1 - x_r$.于是,用在该区间的黑墨水的数量最多为 $2(1 - x_r)$.

由(1)知,将区间 $[0,1]$ 全部染黑所用黑墨水的数量最多为 $3x_r + 2(1 - x_r) < 3$.于是,桶没空,选手 A 无法获胜.

几何部分

❶ 本届 IMO 第 4 题.

解 本届 IMO 第 4 题.

❷ 已知 $\triangle ABC$ 的外接圆 Γ,边 AB,AC 的中点分别为 M,N,圆 Γ 不含点 A 的弧 $\overset{\frown}{BC}$ 的中点为 T,$\triangle AMT$,$\triangle ANT$ 的外接圆与边 AC,AB 的中垂线分别交于点 X,Y,且 X,Y 在 $\triangle ABC$ 的内部.若直线 MN 与 XY 交于点 K,证明:$KA = KT$.

证明 如图 54.7 所示,设圆 Γ 的圆心为 O.则 O 为 MY 与 NX 的交点.

设线段 AT 的中垂线为 l.则直线 l 过点 O.记关于直线 l 的对称变换为 r.

因为 AT 为 $\angle BAC$ 的平分线,所以,直线 $r(AB)$ 平行于 AC.又 $OM \perp AB$,$ON \perp AC$,于是,直线 $r(OM)$ 平行于 ON,且过点 O.

从而,$r(OM) = ON$.

由于 $\triangle AMT$ 的外接圆 Γ_1 关于 l 对称,对
$$r(\Gamma_1) = \Gamma_1$$

于是,M 关于直线 l 的对称点为直线 ON 和圆 Γ_1 的弧 $\overset{\frown}{AMT}$ 的交点,即点 $r(M)$ 与 X 重合.

类似地,点 $r(N)$ 与 Y 重合.

从而,$r(MN) = XY$.

故直线 MN 与 XY 的交点 K 在直线 l 上.

因此,$KA = KT$.

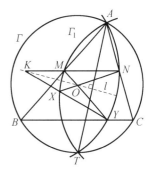

图 54.7

❸ 在 $\triangle ABC$ 中,已知 D,E 分别为边 CB,CA 上的点,且 AD,BE 分别平分 $\angle CAB,\angle CBA$.一个菱形内接于四边形 $AEDB$(菱形的四个顶点分别在四边形 $AEDB$ 的四条边上),设菱形的非钝角为 φ.证明:$\varphi \leqslant \max\{\angle BAC,\angle ABC\}$.

证明 如图 54.8 所示,设菱形的四个顶点 K,L,M,N 分别在边 AE,ED,DB,BA 上.

记 $d(X,YZ)$ 为点 X 到直线 YZ 的距离,则
$$d(D,AB) = d(D,AC), d = (E,AB) = d(E,BC)$$
且 $d(D,BC) = d(E,AC) = 0$.

这表明
$$d(D,AC) + d(D,BC) = d(D,AB)$$
$$d(E,AC) + d(E,BC) = d(E,AB)$$

因为点 L 在线段 DE 上,在 $\triangle ABC$ 中,关系式
$$d(X,AC) + d(X,BC) = d(X,AB)$$

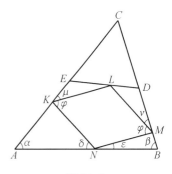

图 54.8

关于 X 是线性的,所以
$$d(L,AC)+d(L,BC)=d(L,AB) \quad ①$$

设 $KL=a$,相关的角如图 54.8 所示.

则 $d(L,AC)=a\sin\mu, d(L,BC)=a\sin\upsilon$.

因为四边形 $KLMN$ 是在边 AB 同侧的菱形,所以
$$d(L,AB)=d(L,AB)+d(N,AB)=$$
$$d(K,AB)+d(M,AB)=a(\sin\delta+\sin\varepsilon)$$

结合式 ① 得
$$\sin\mu+\sin\upsilon=\sin\delta+\sin\varepsilon \quad ②$$

若 α,β 中有一个非锐角,则结论显然成立.

若 α,β 均小于 $\dfrac{\pi}{2}$,只需证明
$$\varphi=\angle NKL \leqslant \max\{\alpha,\beta\}$$

假设结论不成立. 则 $\varphi > \max\{\alpha,\beta\}$.

因为 $\mu+\varphi=\angle CKN=\alpha+\delta$,所以
$$\mu=(\alpha-\varphi)+\delta<\delta$$

类似地,$\upsilon<\varepsilon$.

又因为 $KN \parallel LM$,所以,$\beta=\delta+\upsilon$.

于是,$\delta<\beta<\dfrac{\pi}{2}$.

类似地,$\varepsilon<\dfrac{\pi}{2}$.

由 $\mu<\delta<\dfrac{\pi}{2}, \upsilon<\varepsilon<\dfrac{\pi}{2}$,知
$$\sin\mu<\sin\delta, \sin\upsilon<\sin\varepsilon$$

从而,$\sin\mu+\sin\upsilon<\sin\delta+\sin\varepsilon$,与式 ② 矛盾.

❹ 在 $\triangle ABC$ 中,已知 $\angle B>\angle C$,P,Q 为直线 AC 上的两个不同的点,满足 $\angle PBA=\angle QBA=\angle ACB$,且点 A 与 P 与 C 之间.假设在线段 BQ 内存在一点 D,使得 $PD=PB$,射线 AD 与 $\triangle ABC$ 的外接圆 Γ 交于不同于 A 的点 R. 证明:$QB=QR$.

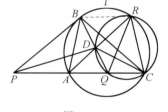

图 54.9

证明 如图 54.9 所示. 设 $\angle ACB=\alpha$. 由 $\alpha<\angle CBA$ 知,$\alpha<90°$.

因为 $\angle PBA=\alpha$,所以,直线 PB 与圆 Γ 切于点 B.

于是,$PA \cdot PC=PB^2=PD^2$.

由 $\dfrac{PA}{PD}=\dfrac{PD}{PC}$,知
$$\triangle PAD \sim \triangle PDC \Rightarrow \angle ADP=\angle DCP$$

因为 $\angle ABQ=\angle ACB$,所以

$$\triangle ABC \backsim \triangle AQB$$

则 $\angle AQB = \angle ABC = \angle ARC$,这表明,$D,R,C,Q$ 四点共圆.
于是,$\angle DRQ = \angle DCQ = \angle ADP$. 由
$$\angle ARB = \angle ACB = \alpha$$
$$\angle PDB = \angle PBD = 2\alpha$$

得
$$\angle QBR = \angle ADB - \angle ARB =$$
$$\angle ADP + \angle PDB - \angle ARB =$$
$$\angle DRQ + \alpha = \angle QRB \Rightarrow$$
$$QB = QR$$

❺ 在凸六边形 $ABCDEF$ 中,已知
$$AB = DE, BC = EF, CD = FA$$
且
$$\angle A - \angle D = \angle C - \angle F = \angle E - \angle B$$
证明:对角线 AD, BE, CF 三线交于一点.

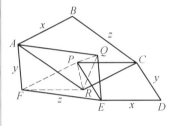

图 54.10

证明 如图 54.10 所示,设
$$\theta = \angle A - \angle D = \angle C - \angle F = \angle E - \angle B$$
不失一般性,假设 $\theta \geqslant 0$.

记 $AB = DE = x, CD = FA = y, BC = EF = z$.

考虑点 P, Q, R,使得四边形 $CDEP$,四边形 $EFAQ$,四边形 $ABCR$ 均为平行四边形,则
$$\angle PEQ = \angle FEQ + \angle DEP - \angle E =$$
$$(180° - \angle F) + (180° - \angle D) - \angle E =$$
$$360° - \angle D - \angle E - \angle F =$$
$$\frac{1}{2}(\angle A + \angle B + \angle C - \angle D - \angle E - \angle F) =$$
$$\frac{\theta}{2}$$

类似地,$\angle QAR = \angle RCP = \dfrac{\theta}{2}$.

(1) 若 $\theta = 0$,由 $PC = ED = AB = RC$,则点 R 与 P 重合.
于是,$AB \underline{\underline{\parallel}} RC \underline{\underline{\parallel}} PC \underline{\underline{\parallel}} ED$.
从而,四边形 $ABDE$ 为平行四边形.
类似地,四边形 $BCEF$,四边形 $CDFA$ 也均为平行四边形.
因此,AD, BE, CF 三线交于一点,该点即为线段 AD, BE, CF 的中点.

(2) 若 $\theta > 0$,由 $\triangle PEQ$,$\triangle QAR$,$\triangle RCP$ 均为等腰三角形,且顶角均相等,得

$$\triangle PEQ \backsim \triangle QAR \backsim \triangle RCP$$

且相似比为 $y:z:x$. 于是

$$\triangle PQR \text{ 相似于边长分别为 } y,z,x \text{ 的三角形} \qquad ①$$

考虑到 $\dfrac{RQ}{QP}=\dfrac{z}{y}=\dfrac{RA}{AF}$, 及两条射线之间的有向角

$$\measuredangle(RQ,QP)=\measuredangle(RQ,QE)+\measuredangle(QE,QP)=$$
$$\measuredangle(RQ,QE)+\measuredangle(RA,RQ)=$$
$$\measuredangle(RA,QE)=\measuredangle(RA,AF) \Rightarrow$$
$$\triangle PQR \backsim \triangle FAR$$

因为 $FA=y,AR=z$, 所以, 由结论 ① 得 $FR=x$.

类似地, $FP=x$.

于是, 四边形 $CRFP$ 为菱形.

从而, CF 为 PR 的中垂线.

类似地, BE,AD 分别为 PQ,QR 的中垂线.

因此, AD,BE,CF 三线交于一点, 该点即为 $\triangle PQR$ 的外心.

❻ 本届 IMO 第 3 题.

解 本届 IMO 第 3 题.

几何部分

❶ 求所有函数 $f:Z_+ \to Z_+$, 使得对于所有正整数 m,n, 均有
$$(m^2+f(n)) \mid (mf(m)+n)$$

解 满足条件的函数 $f(n)=n$.

设 $n=m=2$. 则
$$(4+f(2)) \mid (2f(2)+2)$$

因为 $2f(2)+2 < 2(4+f(2))$, 所以
$$2f(2)+2=4+f(2)$$

于是, $f(2)=2$.

设 $m=2$. 则 $(4+f(n)) \mid (4+n)$.

这表明, 对于任意正整数 n, 均有 $f(n) \leqslant n$. 设 $m=n$, 则
$$(n^2+f(n)) \mid (nf(n)+n) \Rightarrow$$
$$nf(n)+n \geqslant n^2+f(n) \Rightarrow$$
$$(n-1)(f(n)-n) \geqslant 0$$

这表明, 这对于所有正整数 $n \geqslant 2$, 均有 $f(n) \geqslant n$, 且当 $n=1$ 时, 结论也成立.

因此, 对于所有正整数 n, 均有 $f(n)=n$.

❷ 本届 IMO 第 1 题.

解 本届 IMO 第 1 题.

❸ 证明：存在无穷多个正整数 n，使得 n^4+n^2+1 的最大素因数等于 $(n+1)^4+(n+1)^2+1$ 的最大素因数.

证明 设 p_n 为 n^4+n^2+1 的最大素因数，q_n 为 n^2+n+1 的最大素因数. 则 $p_n = q_{n^2}$.

对于正整数 $n \geqslant 2$，由
$$n^4+n^2+1 = (n^2+1)^2 - n^2 =$$
$$(n^2-n+1)(n^2+n+1) =$$
$$[(n-1)^2+(n-1)+1](n^2+n+1)$$
知 $p_n = \max\{q_n, q_{n-1}\}$.

注意到，n^2-n+1 为奇数，且
$$(n^2+n+1, n^2-n+1) = (2n, n^2-n+1) =$$
$$(n, n^2-n+1) = 1$$
于是，$q_n \neq q_{n-1}$.

因此，只需证集合
$$S = \{n \in \mathbf{Z}_+ \mid n \geqslant 2, \text{且 } q_n > q_{n-1}, q_n > q_{n+1}\}$$
为无限集.

从而，对于每个 $n \in S$，均有
$$p_n = \max\{q_n, q_{n-1}\} = q_n = \max\{q_{n+1}, q_n\} = p_{n+1}$$
假设 S 为有限集.

因为 $q_2 = 7 < 13 = q_3, q_3 = 13 > 7 = q_4$，所以，$S$ 非空.

由于 S 为有限集，不妨假设 m 为集合 S 中的最大的元素.

因为 $q_m, q_{m+1}, \cdots$ 均为正整数，所以，不可能有
$$q_m > q_{m+1} > \cdots$$
于是，存在正整数 $k \geqslant m$，使得 $q_k < q_{k+1}$（这是因为 $q_k \neq q_{k+1}$）.

又 $q_{(k+1)^2} = p_{k+1} = \max\{q_k, q_{k+1}\} = q_{k+1}$，则不可能有 $q_k < q_{k+1} < \cdots$.

因此，存在最小的正整数 $l \geqslant k+1$，使得
$$q_l > q_{l+1}$$
由 l 的最小性知，$q_{l-1} < q_l$.

于是，$l \in S$.

从而，$l \geqslant k+1 > k \geqslant m$，与 m 为集合 S 中最大的元素矛盾.

因此，S 为无限集.

❹ 是否存在由非零数码 $a_1, a_2, \cdots$ 构成的无穷数列和正整数 N，使得对于每个整数 $k > N$，均有 $\overline{a_k a_{k-1} \cdots a_1}$ 为完全平方数.

解 不存在.

假设存在满足条件的数列 $a_1, a_2, \cdots$ 及正整数 N. 对于每个正整数 k，设 $y_k = \overline{a_k a_{k-1} \cdots a_1}$. 则对于每个整数 $k > N$，存在一个正整数 x_k，使得 $y_k = x_k^2$.

(1) 对于每个正整数 n，设 $5^{\gamma_n} \| x_n$.

首先证明：对于每个正整数 $n > N$，均有
$$2\gamma_n \geqslant n$$

假设结论不成立，则存在一个正整数 $n > N$，使得 $2\gamma_n < n$. 由于
$$y_{n+1} = \overline{a_{n+1} a_n \cdots a_1} = 10^n a_{n+1} + \overline{a_n a_{n-1} \cdots a_1} =$$
$$10^n a_{n+1} + y_n = 5^{2\gamma_n} \left(2^n \times 5^{n-2\gamma_n} a_{n+1} + \frac{y_n}{5^{2\gamma_n}} \right)$$

且 $5 \nmid \frac{y_n}{5^{2\gamma_n}}$. 则 $2\gamma_{n+1} = 2\gamma_n < n < n+1$.

反复利用上述结论得
$$\gamma_n = \gamma_{n+1} = \gamma_{n+2} = \cdots$$
并记这个公共的值为 γ.

因此，对于每一个 $k \geqslant n$，有
$$(x_{k+1} - x_k)(x_{k+1} + x_k) = x_{k+1}^2 - x_k^2 =$$
$$y_{k+1} - y_k = 10^k a_{k+1}$$

从而，$x_{k+1} - x_k, x_{k+1} + x_k$ 中有一个不能被 $5^{\gamma+1}$ 整除，否则
$$5^{\gamma+1} \mid [(x_{k+1} - x_k) + (x_{k+1} + x_k)] \Rightarrow 5^{\gamma+1} \mid 2x_{k+1}$$
矛盾.

另一方面，由于
$$5^k \mid (x_{k+1} - x_k)(x_{k+1} + x_k)$$
则 $5^{k-\gamma}$ 整除 $x_{k+1} - x_k$ 或 $x_{k+1} + x_k$. 故
$$5^{k-\gamma} \leqslant \max\{x_{k+1} - x_k, x_{k+1} + x_k\} <$$
$$2x_{k+1} = 2\sqrt{y_{k+1}} < 2 \times 10^{\frac{k+1}{2}}$$

这表明，$5^{2k} < 4 \times 5^{2\gamma} \times 10^{k+1}$，即
$$\left(\frac{5}{2}\right)^k < 40 \times 5^{2\gamma}$$

对于足够大的 k，上述不等式显然不成立，矛盾.

因此，对于每个正整数 $n > N$，均有 $2\gamma_n \geqslant n$.

（2）考虑任意整数 $k > \max\left\{\dfrac{N}{2}, 2\right\}$。因为 $2\gamma_{2k+1} \geq 2k+1$，$2\gamma_{2k+2} \geq 2k+2$，所以
$$\gamma_{2k+1} \geq k+1, \gamma_{2k+2} \geq k+1$$
由 $y_{2k+2} = 10^{2k+1} a_{2k+2} + y_{2k+1}$，知
$$5^{2k+2} \mid (y_{2k+2} - y_{2k+1}) \Rightarrow$$
$$5^{2k+2} \mid 10^{2k+1} a_{2k+2} \Rightarrow$$
$$5 \mid a_{2k+2}$$
这表明，$a_{2k+2} = 5$。故
$$(x_{2k+2} - x_{2k+1})(x_{2k+2} + x_{2k+1}) =$$
$$x_{2k+2}^2 - x_{2k+1}^2 = y_{2k+2} - y_{2k+1} =$$
$$5 \times 10^{2k+1} = 2^{2k+1} \times 5^{2k+2}$$
设 $A_k = \dfrac{x_{2k+2}}{5^{k+1}}, B_k = \dfrac{x_{2k+1}}{5^{k+1}}$，且均为正整数。则
$$(A_k - B_k)(A_k + B_k) = 2^{2k+1} \qquad ①$$
由于 $a_1 \neq 0$，从而，A_k, B_k 均为奇数。

于是，$A_k - B_k$ 或 $A_k + B_k$ 不能被 4 整除。

由式①知一定有
$$A_k - B_k = 2, A_k + B_k = 2^{2k}$$
则 $A_k = 2^{2k-1} + 1$。

故 $x_{2k+2} = 5^{k+1} A_k = 10^{k+1} \times 2^{k-2} + 5^{k+1} > 10^{k+1}$。

这表明，$y_{2k+2} > 10^{2k+2}$，与 y_{2k+2} 是 $2k+2$ 位数矛盾。

❺ 已知固定的整数 $k \geq 2$。甲、乙两人玩下面的数字游戏。游戏开始前，某个整数 $n(n \geq k)$ 被写在黑板上，两人交替进行操作，甲先进行操作。每人将黑板上写的数 m 擦掉，并写下整数 $m'(k \leq m' < m, (m', m) = 1)$。第一个不能操作的人，则输掉这场比赛。

若游戏开始前黑板上的一个整数为 $n(n \geq k)$ 时，乙有获胜策略，则称 n 为"好数"；否则，称 n 为"坏数"。

若两个整数 $n, n'(n, n' \geq k)$ 满足下述性质：每个素数 $p(p \leq k)$ 整除 n 当且仅当其整除 n'。

证明：n 和 n' 要么均为好数，要么均为坏数。

证明 由于黑板上的数每次操作后严格递减，则有限次操作后一定停止。因此，总会存在一人有获胜策略。

若某个整数 $n(n \geq k)$ 为坏数，则当游戏开始前黑板上的数为 n 时，甲有获胜策略。

若整数 $n(n \geq k)$ 满足存在一个好的整数 $m(n > m \geq k$，且

$(m,n)=1$),则 n 为坏数,即当游戏开始前黑板上的数为 n 时,甲有获胜策略:甲第一次操作在黑板上写下整数 m,再采用开始前黑板上的数为 m 时乙获胜所采用的策略.

反之,若某个整数 $n(n \geq k)$ 满足:对于每个整数 m,其中,$n>m \geq k$,且 $(m,n)=1$,均有 m 为坏数,则 n 为好数.

事实上,当游戏开始前黑板上的数为 n 时,若甲进行了一次操作,则无论甲在黑板上写的数是什么,再操作的人有获胜策略.于是,乙能够获胜.

特别地,这表明任意两个好数有一个非平凡的公因数,且 k 为好数.

为方便起见,记 $n \to x$ 为一次操作,其中,$(n,x)=1$,且 $n>x \geq k$.

先证明三个引理.

引理 1 若 n 为好数,n' 为 n 的倍数,则 n' 也为好数.

引理 1 的证明 若 n' 为坏数,则存在操作 $n' \to x$,其中,x 为好数.

因为 n' 为 n 的倍数,所以,两个好数 n 与 x 互素,矛盾.

引理 2 若正整数 r,s 满足 $rs \geq k$,且 rs 为坏数,则 $r^2 s$ 也为坏数.

引理 2 的证明 因为 rs 为坏数,所以,存在操作 $rs \to x$,其中,x 为好数.

由于 $(r^2 s, x)=1$,则存在操作 $r^2 s \to x$.

于是,$r^2 s$ 为坏数.

引理 3 若 $p(p>k)$ 为素数,且整数 $n(n \geq k)$ 为坏数,则 np 也为坏数.

引理 3 的证明 反证法.

设 np 为好数,且 n 为最小的满足条件的正整数.

因为 n 为坏数,所以,存在操作 $n \to x$,其中,x 为好数.

由于不存在操作 $np \to x$,则 x 可被 p 整除.

设 $x=p^r y$,其中,r,y 为正整数,且 y 不被 p 整除.

若 $y=1$,则 $x=p^r$.于是,存在操作 $x \to k$.

这表明,x 为坏数,矛盾.

因此,$y>1$.

设 α 为最小的正整数,使得 $y^\alpha \geq k$.

因为 $(np, y^\alpha)=1$,且 np 为好数,所以,y^α 一定为坏数.

此外,由 α 的最小性知

$$y^\alpha < ky < py = \frac{x}{p^{r-1}} < \frac{n}{p^{r-1}}.$$

于是,$p^{r-1} y^\alpha < n$.

因此，由 n 的最小性知
$$y^a, py^a, \cdots, p^r y^a = p(p^{r-1} y^a)$$
均为坏数.

因为 x 为好数，$p^r y^a$ 为 x 的倍数，所以，由引理 1 知 $p^r y^a$ 也为好数，矛盾.

回到原题.

若两个整数 $a, b (a, b \geqslant k)$ 均被不超过 k 的相同的素数整除，则称"a, b 相似".

下面证明：若 a, b 相似，则 a 和 b 要么均为好数，要么均为坏数.

在这种情形下，ab 与 a, b 均相似. 因此，只需证明：若整数 $c(c \geqslant k)$ 与其某个倍数 d 相似，则 c 和 d 要么均为好数，要么均为坏数.

假设结论不成立. 则存在一个整数数对 (c_0, d_0)，使得结论不成立，且 d_0 为最小的整数.

由引理 1 知 c_0 为坏数. 于是，d_0 为好数.

显然，d_0 严格大于 c_0.

从而，存在素数 p 整除 $\dfrac{d_0}{c_0}$.

因此，$p \mid d_0$.

若 $p \leqslant k$，由于 c_0, d_0 相似，则 p 也整除 c_0. 从而，d_0 可被 p^2 整除.

由引理 2 的逆否命题知 $\dfrac{d_0}{p}$ 也为好数.

因为 $c_0 \mid \dfrac{d_0}{p}$，所以，整数数对 $\left(c_0, \dfrac{d_0}{p}\right)$ 也使得结论不成立，与 d_0 为最小的整数矛盾.

若 $p > k$，因为 $c_0 \mid \dfrac{d_0}{p}$，所以，由引理 3 的逆否命题知 d_0 也为坏数. 矛盾.

❻ 求所有函数 $f: \mathbf{Q} \to \mathbf{Z}$，使得对于所有的 $x \in \mathbf{Q}, a \in \mathbf{Z}, b \in \mathbf{Z}_+$，均有
$$f\left(\dfrac{f(x)+a}{b}\right) = f\left(\dfrac{x+a}{b}\right) \qquad \text{①}$$

解 满足条件的函数为所有常值函数、$\lfloor x \rfloor$、$\lceil x \rceil$，其中 $\lfloor x \rfloor$、$\lceil x \rceil$ 分别表示不超过实数 x 的最大整数、不小于实数 x 的最小整数.

先验证这三个函数满足方程 ①.

显然,所有常值函数满足方程 ①.

若 $f(x)=\lfloor x \rfloor$,考虑任意三元数组
$$(x,a,b) \in \mathbf{Q} \times \mathbf{Z} \times \mathbf{Z}_+$$

设 $q=\lfloor \dfrac{x+a}{b} \rfloor$. 这表明,$q$ 为整数,且
$$bp \leqslant x+a < b(q+1)$$

则
$$bq \leqslant \lfloor x \rfloor + a < b(q+1) \Rightarrow$$
$$\lfloor \dfrac{\lfloor x \rfloor + a}{b} \rfloor = \lfloor \dfrac{x+a}{b} \rfloor$$

因此,$f(x)=\lfloor x \rfloor$ 满足方程 ①.

若 $f(x)=\lceil x \rceil$,考虑任意三元数组
$$(x,a,b) \in \mathbf{Q} \times \mathbf{Z} \times \mathbf{Z}_+$$

设 $q=\lceil \dfrac{x+a}{b} \rceil$. 这表明,$q$ 为整数,且
$$b(q-1) < x+a \leqslant bq$$

则
$$b(q-1) < \lceil x \rceil + a \leqslant bq \Rightarrow$$
$$\lceil \dfrac{\lceil x \rceil + a}{b} \rceil = \lceil \dfrac{x+a}{b} \rceil$$

因此,$f(x)=\lceil x \rceil$ 满足方程 ①.

若对于所有的 $(x,a,b) \in \mathbf{Q} \times \mathbf{Z} \times \mathbf{Z}_+$,函数 $f: \mathbf{Q} \to \mathbf{Z}$ 均满足方程 ①,下面分两种情形.

(1) 若存在 $m \in \mathbf{Z}$,使得 $f(m) \neq m$.

设 $f(m)=C, \eta \in \{-1, 1\}, b=|f(m)-m|$.

对于任意整数 r,将三元数组 $(m, rb-C, b)$ 代入方程 ① 得
$$f(r)=f(r-\eta)$$

从 m 开始,沿着两个方向用数学归纳法.

由上式知,对于所有整数 r,均有 $f(r)=C$.

对于任意有理数 y,设
$$y=\dfrac{p}{q}((p,q) \in \mathbf{Z} \times \mathbf{Z}_+)$$

将三元数组 $(C-p, p-C, q)$ 代入方程 ① 得
$$f(y)=f(0)=C$$

于是,f 为常值函数,且总为常数 C(C 为任意整数).

(2) 若对于所有整数 m,均有 $f(m)=m$.

在方程 ① 中,令 $b=1$. 则对于任意二元数组 $(x,a) \in \mathbf{Q} \times \mathbf{Z}$,均有
$$f(x)+a=f(x+a) \qquad ②$$

设 $f\left(\dfrac{1}{2}\right)=\omega$. 下面分三步进行.

1) 先证明 $\omega\in\{0,1\}$.

若 $\omega\leqslant 0$, 将三元数组 $\left(\dfrac{1}{2},-\omega,1-2\omega\right)$ 代入方程 ① 得
$$0=f(0)=f\left(\dfrac{1}{2}\right)=\omega$$

若 $\omega\geqslant 1$, 将三元数组 $\left(\dfrac{1}{2},\omega-1,2\omega-1\right)$ 代入方程 ① 得
$$1=f(1)=f\left(\dfrac{1}{2}\right)=\omega$$

因此, $\omega\in\{0,1\}$.

2) 再证明: 对于所有有理数 $x(0<x<1)$, 均有 $f(x)=\omega$.

假设结论不成立, 则存在有理数 $\dfrac{a}{b}\in(0,1)$, 使得 $f\left(\dfrac{a}{b}\right)\neq\omega$, 其中, a,b 为正整数, 且 b 最小.

于是, $(a,b)=1$, 且 $b\geqslant 2$.

若 b 为偶数, 则 a 为奇数.

将三元数组 $\left(\dfrac{1}{2},\dfrac{a-1}{2},\dfrac{b}{2}\right)$ 代入方程 ① 得
$$f\left(\dfrac{\omega+\dfrac{a-1}{2}}{\dfrac{b}{2}}\right)=f\left(\dfrac{a}{b}\right)\neq\omega \qquad ③$$

注意到, $0\leqslant\dfrac{a-1}{2}<\dfrac{b}{2}$.

当 $\omega=0$ 时, 由式 ③ 得
$$f\left(\dfrac{\dfrac{a-1}{2}}{\dfrac{b}{2}}\right)\neq\omega$$

与 b 的最小性矛盾.

当 $\omega=1$ 时, 由于 $a+1\leqslant b$, 再分两种情形讨论:

① 若 $a+1<b$, 由式 ③ 得
$$f\left(\dfrac{\dfrac{a+1}{2}}{\dfrac{b}{2}}\right)\neq\omega$$

与 b 的最小性矛盾.

② 若 $a+1=b$, 由式 ③ 得
$$1=f(1)=f\left(\dfrac{a}{b}\right)\neq\omega=1$$

矛盾.

若 b 为奇数,设 $b=2k+1(k\in \mathbf{Z}_+)$.

将三元数组 $\left(\frac{1}{2},k,b\right)$ 代入方程 ① 得
$$f\left(\frac{\omega+k}{b}\right)=f\left(\frac{1}{2}\right)=\omega \qquad ④$$

由 $(a,b)=1$ 知,存在整数 $r\in\{1,2,\cdots,b\}$ 和整数 m,使得 $ra-mb=k+\omega$.

又因为 $k+\omega$ 不为 b 的倍数,所以,$1\leqslant r<b$.

若 m 为负整数,则 $ra-mb>b>k+\omega$,矛盾.

若 $m\geqslant r$,则 $ra-mb<rb-rb=0$,矛盾.

因此,$0\leqslant m\leqslant r-1$.

将三元数组 $\left(\frac{k+\omega}{b},m,r\right)$ 代入方程 ①,并由式 ④ 得
$$f\left(\frac{\omega+m}{r}\right)=f\left(\frac{a}{b}\right)\neq \omega$$

当 $\omega+m<r$ 时,由 $r<b$ 知,与 b 的最小性矛盾.

当 $\omega+m=r$ 时,$\omega=1$,$m=r-1$. 故
$$1=f(1)=f\left(\frac{a}{b}\right)\neq \omega=1$$

矛盾.

综上,对于所有有理数 $x(0<x<1)$,均有
$$f(x)=\omega$$

3) 若 $\omega=0$,则对于所有有理数 $x(0\leqslant x<1)$,有 $f(x)=\lfloor x\rfloor$.

由式 ② 知,对于所有有理数 x,均有
$$f(x)=\lfloor x\rfloor$$

类似地,若 $\omega=1$,则对于所有有理数 x,均有
$$f(x)=\lceil x\rceil$$

---

❼ 设 v 为正无理数,m 为正整数. 若正整数数对 (a,b) 满足
$$a\lceil bv\rceil-b\lfloor av\rfloor=m \qquad ①$$
则称数对 (a,b) 为"好的",其中,$\lceil x\rceil$、$\lfloor x\rfloor$ 分别表示不小于实数 x 的最小整数、不超过实数 x 的最大整数.

若对于数对 $(a-b,b)$,$(a,b-a)$ 均不为好的,则称好数对 (a,b) 为"极好的".

证明:极好的数对的个数等于 m 的所有正因数的和.

证明 对于正整数 a,b,设
$$f(a,b)=a\lceil bv\rceil-b\lfloor av\rfloor$$

对于变量 m,若数对 (a,b) 满足相应的好的或极好的条件,则称数对 (a,b) 为"$m-$好的"或"$m-$极好的".

首先,研究 $f(a+b,b), f(a,b+a)$ 与 $f(a,b)$ 的关系.

记 $\{x\} = x - \lfloor x \rfloor$.

若 $\{av\} + \{bv\} < 1$,则
$$\lfloor (a+b)v \rfloor = \lfloor av \rfloor + \lfloor bv \rfloor$$
$$\lceil (a+b)v \rceil = \lceil av \rceil + \lceil bv \rceil - 1$$

故
$$f(a+b,b) = (a+b)\lceil bv \rceil - b(\lfloor av \rfloor + \lfloor bv \rfloor) =$$
$$f(a,b) + b(\lceil bv \rceil + \lfloor bv \rfloor) =$$
$$f(a,b) + b$$
$$f(a,b+a) = a(\lceil bv \rceil + \lceil av \rceil - 1) - (b+a)\lfloor av \rfloor =$$
$$f(a,b) + a(\lceil av \rceil - 1 - \lfloor av \rfloor) =$$
$$f(a,b)$$

类似地,若 $\{av\} + \{bv\} > 1$,得
$$f(a+b,b) = f(a,b)$$
$$f(a,b+a) = f(a,b) + a$$

因为 v 为无理数,所以,$\{av\} + \{bv\} \neq 1$.

在上述两种情形中,$f(a+b,b), f(a,b+a)$ 中一个等于 $f(a,b)$,另一个比 $f(a,b)$ 大 a 或于 b. 于是,对于某个恰当的正整数 m,数对 $(a+b,b), (a,b+a)$ 中恰有一个为极好的.

称数对 $(a+b,b), (a,b+a)$ 为数对 (a,b) 的"孩子",而数对 (a,b) 为数对 $(a+b,b), (a,b+a)$ 的"父母".

若数对 (c,d) 可由数对 (a,b) 经过几次从父母到孩子的过程得到,则称数对 (c,d) 为数对 (a,b) 的"后代",而数对 (a,b) 为数对 (c,d) 的"祖先"(一个数对既不为其自身的祖先,也不为其自身的后代).

于是,每个数对 (a,b) 有两个孩子.

若 $a \neq b$,则数对 (a,b) 有唯一的父母;否则,就没有父母. 因此,每一个由不同正整数构成的数对有唯一的形如数对 (a,a) 的祖先.

其次,求出每个这个的数对有多少个 $m-$ 极好的后代.

若数对 (a,b) 为 $m-$ 极好的,则
$$\min\{a,b\} \leq m$$

事实上,若 $a = b$,则 $f(a,a) = a = m$,结论成立. 否则,数对 (a,b) 为某个数对 (a',b') 的孩子.

若 $b = b', a = a' + b'$,则
$$m = f(a,b) = f(a',b') + b'$$

于是,$b = b' = m - f(a',b') < m$.

类似地,若 $a = a', b = b' + a'$,则

$$a = a' = f(a,b) - f(a',b') = m - f(a',b') < m.$$

设集合
$$S_m = \{(a,b)\} f(a,b) \leqslant m, \min\{a,b\} \leqslant m\}$$

则集合 S_m 中元素的所有祖先仍然在集合 S_m 中，且每个元素要么形如数对 $(a,a)(a \leqslant m)$，要么有唯一一个这种形式的祖先.

由上述结论知，所有 $m-$极好的数对均在集合 S_m 中.

再证明：集合 S_m 为有限的.

事实上，若集合 S_m 包含无穷多个数对 (c,d)，且有 $d > 2m$，则数对 (c,d) 一定为数对 $(c,d-c)$ 的孩子. 于是，数对 (c,d) 为某个数对 (c,d') 的后代，其中，$m < d' \leqslant 2m$.

因此，数对 $(a,b) \in S_m (m < b \leqslant 2m)$ 中存在一个在集合 S_m 中有无穷多个后代，所有这些后代形如数对 $(a, b+ka)$，其中 k 为正整数.

因为当 k 增大时，$f(a, b+ka)$ 不降，所以，存在正整数 k_0，对于 $k \geqslant k_0$，$f(a, b+ka)$ 为常数.

这表明，对于所有 $k \geqslant k_0$，均有
$$\{av\} + \{(b+ka)v\} < 1.$$

于是，对于所有 $k > k_0$，均有
$$1 > \{(b+ka)v\} = \{(b+k_0 a)v\} + (k-k_0)\{av\}$$

矛盾.

类似地，集合 S_m 中包含有限个数对 $(c,d)(c > 2m)$.

因此，集合 S_m 中有有限个元素.

先证明一个引理.

引理 对于任意满足 $f(a,b) \neq m$ 的数对 (a,b)，(a,b) 的 $m-$极好的后代的个数 $g(a,b)$ 等于将正整数 $t = m - f(a,b)$ 表示为 $t = ka + lb (k, l \in \mathbf{N})$ 的方法的数目 $h(a,b)$.

证明 对集合 S_m 中的数对 (a,b) 的后代的个数 N 用数学归纳法.

若 $N = 0$，则 $g(a,b) = 0$.

假设 $h(a,b) > 0$，不失一般性，设 $a \leqslant b$.

则 $m - f(a,b) \geqslant a$.

故 $f(a, b+a) \leqslant f(a,b) + a \leqslant m$，且 $a \leqslant m$.

因此，$(a, b+a) \in S_m$，矛盾.

从而，$g(a,b) = h(a,b) = 0$.

设 $N > 0$，且 $N-1$ 时结论成立.

只考虑
$$f(a+b, b) = f(a,b) + b$$

$$f(a,b+a)=f(a,b)$$
的情形(另一种情形类似).

若 $f(a+b)+b\neq m$,由归纳假设得
$$g(a,b)=g(a+b,b)+g(a,b+a)=$$
$$h(a+b,b)+h(a,b+a)$$

这是因为数对 $(a+b,b)$,$(a,b+a)$ 均为数对 (a,b) 的后代,每一个在集合 S_m 中的后代的个数均小于数对 (a,b) 在集合 S_m 中后代的个数.

接下来,将正整数
$$m-f(a+b,b)=m-b-f(a,b)$$
表示为 $k'(a+b)+l'b(k',l'\in \mathbf{N})$ 的 $h(a+b,b)$ 种方法中的每一种均给出正整数
$$m-f(a,b)=ka+lb(k,l\in \mathbf{N})$$
的一种表示,其中,$k=k'<k'+l'+1=l$.

类似地,将正整数
$$m-f(a,b+a)=m-f(a,b)$$
表示为 $k'a+l'(b+a)(k',l'\in \mathbf{N})$ 的 $h(a,b+a)$ 种方法中的每一种均给出正整数
$$m-f(a,b)=ka+lb(k,l\in \mathbf{N})$$
的一种表示,其中,$k=k'+l'\geqslant l'=l$.

此对应显然为双射.

故 $h(a,b)=h(a+b,b)+h(a,b+a)=g(a,b)$.

若 $f(a+b)+b=m$,则数对 $(a+b,b)$ 为 $m-$极好的.

由归纳假设得
$$g(a,b)=1+g(a,b+a)=1+h(a,b+a)$$

另一方面,正整数 $m-f(a,b)=b$ 有一种表示 $0\times a+1\times b$;有时会多于一种表示,且表示为 $ka+0\times b$.后一种表示存在的同时,也有
$$m-f(a,b+a)=ka+0\times(b+a)$$
于是,$h(a,b)=1+h(a,b+a)$.

从而,$h(a,b)=g(a,b)$.

回到原题.

由于存在唯一的形如 (a,a) 的 $m-$极好的数对,且每一个其他 $m-$极好的数对 (a,b) 有唯一的形如数对 $(x,x)(x<m)$ 的祖先,由引理知对于每一个 $x<m$,数对 (x,x) 的 $m-$极好的后代的个数为 $h(x,x)$,即将 $m-f(x,x)=m-x$ 表示为 $kx+lx(k,l\in \mathbf{N})$ 的方法的数目.

若 $x\nmid m$,这种表示的方法的数目为 0,否则 $x\mid m$.

于是，极好的数对的个数为
$$1+\sum_{\substack{x\mid m \\ x<m}}\frac{m}{x}=1+\sum_{\substack{d\mid m \\ d>1}}d=\sum_{d\mid m}d$$
从而，命题得证.

第九编
第55届国际数学奥林匹克

第55届国际数学奥林匹克题解

南非,2014

❶ 设 $a_0 < a_1 < \cdots$ 为无穷正整数数列. 证明: 存在唯一的整数 $n(n \geqslant 1)$,使得
$$a_n < \frac{a_0 + a_1 + \cdots + a_n}{n} \leqslant a_{n+1}$$

奥地利命题

证明 对于 $n = 1, 2, \cdots$,定义
$$d_n = (a_0 + a_1 + \cdots + a_n) - na_n$$
则题给不等式中第一个不等式成立等价于
$$d_n > 0$$
注意到
$na_{n+1} - (a_0 + a_1 + \cdots + a_n) = (n+1)a_{n+1} - (a_0 + a_1 + \cdots + a_n + a_{n+1}) = -d_{n+1}$

从而,题给不等式中的第二个不等式成立等价于 $d_{n+1} \leqslant 0$.
因此,只需证明存在唯一的指标 n,使得
$$d_n > 0 \geqslant d_{n+1}$$
由定义,数列 $d_1, d_2, \cdots$ 的元素均为整数,且
$$d_1 = (a_0 + a_1) - 1 \cdot a_1 = a_0 > 0$$
而
$d_{n+1} - d_n = [(a_0 + a_1 + \cdots + a_n) - na_{n+1}] - [(a_0 + a_1 + \cdots + a_n) - na_n] = n(a_n - a_{n+1}) < 0$

于是,$d_{n+1} < d_n$.

从而,数列 $d_1, d_2, \cdots$ 是首项为正的严格单调递减的整数数列.

因此,存在唯一的 n 使得 $d_n > 0 \geqslant d_{n+1}$.

评注 此题的形式很新颖,也不难,其本质上是一个离散形式的介值定理. 评分标准规定:n 的存在性部分占 4 分,唯一性部分占 3 分.

❷ 设 $n \geqslant 2$ 为整数.考虑由 n^2 个单位正方形组成的一个 $n \times n$ 棋盘.若每一行和每一列上均恰有一个"车",则称放置 n 枚棋子车的方案为"和平的".求最大的正整数 k,使得对于任何一种和平放置 n 个车的方案中,均存在一个 $k \times k$ 的正方形,其 k^2 个单位正方形里均没有车.

解 $[\sqrt{n-1}]$.

设 l 为正整数.接下来证明两个结论,从而,说明所求的最大值 $k_{\max} = [\sqrt{n-1}]$.

(1) 若 $n > l^2$,则对于任何一种和平放置 n 个车的方案,均存在一个空的 $l \times l$ 正方形.

(2) 若 $n \leqslant l^2$,则存在一种和平放置 n 个车的方案,使得每个 $l \times l$ 的正方形中均至少有一个车.

证明 (1) 当 $n > l^2$ 时,对于任何一种和平放置 n 个车的方案,均存在某一行 R 使得此行的第一个方格中有车.取 l 个连续的行(包含行 R),其并集 U 当中恰有 l 个车.此时,考虑集合 U 中的第 2 列到第 $l^2+1(\leqslant n)$ 列,这个 $l \times l^2$ 的长方形可以划分为 l 个 $l \times l$ 的正方形,但是其中最多有 $l-1$ 个车(因为集合 U 中已有一个车在第 1 列中).从而,这 l 个 $l \times l$ 的正方形中至少有一个是空的.

(2) 对于 $n = l^2$ 的情形,先构造一个不含空的 $l \times l$ 正方形的和平放置方案.将所有的行从下到上依次标号 $0, 1, \cdots, l^2-1$,将所有的列从左到右也依次标号 $0, 1, \cdots, l^2-1$,并且将第 r 行第 c 列的单位正方形记为 (r, c).

在所有形如 $(il+j, jl+i)(i, j = 0, 1, \cdots, l-1)$ 的单位正方形中各放一个车.

图 55.1 为当 $l=3$ 时的放置方式.

因为从 0 到 l^2-1 中的每个数均有唯一的形如 $il+j(0 \leqslant i, j \leqslant l-1)$ 的表示方法,所以,每一行和每一列均恰有一个车.

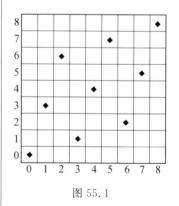

图 55.1

此时,对于任意一个 $l \times l$ 正方形 A,设正方形 A 最下面一行的标号为 $pl+q(0 \leqslant p, q \leqslant l-1$,这是因为 $pl+q \leqslant l^2-l)$.则正方形 A 所在的这 l 行中有 l 个车,且这 l 个车所在列的标号依次为

$$ql+p, (q+1)l+p, \cdots, (l-1)l+p, p+1, l+(p+1), \cdots$$
$$(q-1)l+p+1$$

将这些数从小到大排序为

$p+1, l+(p+1), \cdots, (q-1)l+p+1, ql+p$
$(q+1)l+p, \cdots, (l-1)l+p$

这串数中相邻两个数的差不超过 l,第一个数不超过 $l-1$(若 $p=l-1$,则 $q=0$,故第一个数将是 $ql+p=l-1$),最后一个数不小于 $(l-1)l$.因此,正方形 A 所在的 l 列中至少有一个标号出现在这串数中,这表明,正方形 A 中包含至少一个车.这样对于 $n=l^2$ 的构造就完成了.

下面对 $n<l^2$ 的情形构造不存在空的 $l \times l$ 正方形的和平放置方案.

为此考虑如上所述的 $l^2 \times l^2$ 情形的构造,将其最右面的 l^2-n 列和最下面的 l^2-n 行删除,得到一个 $n \times n$ 的正方形,且其中不存在空的 $l \times l$ 正方形.但是其中一些行和列可能是空的,则显然空行的数量与空列的数量是相等的.所以,可将这些行与列一一配对,然后在相对应的空行与空列的交叉处放入车,于是,得到了一个在 $n \times n$ 棋盘上和平放置 n 个车的方案,且其中不存在空的 $l \times l$ 的正方形.

综上,所求的最大值 $k_{\max}=[\sqrt{n-1}]$.

评注 1.评分标准规定,给出答案得 1 分;解答中的结论(1),(2)各得 3 分.在构造时,必须给出清晰地代数表述(不能仅仅画图),并严格论证不存在空的 $l \times l$ 正方形,否则视情形扣 $1 \sim 3$ 分.

2.答案也可以表示为 $\lceil \sqrt{n} \rceil - 1$.

> **❸** 在凸四边形 $ABCD$ 中,已知 $\angle ABC=\angle CDA=90°$,点 H 是 A 向 BD 引的垂线的垂足,点 S,T 分别在边 AB,AD 上,使得 H 在 $\triangle SCT$ 的内部,且
> $$\angle CHS - \angle CSB = 90°$$
> $$\angle THC - \angle DTC = 90°$$
> 证明:直线 BD 与 $\triangle TSH$ 的外接圆相切.

证明 如图 55.2 所示,设过点 C 且垂直于直线 SC 的直线与 AB 交于点 Q.

则 $\angle SQC = 90° - \angle BSC = 180° - \angle SHC$.

因此,C,H,S,Q 四点共圆.

由于 SQ 为此圆直径,于是,$\triangle SHC$ 的外心 K 在 AB 上.

同理,$\triangle CHT$ 的外心 L 在 AD 上.

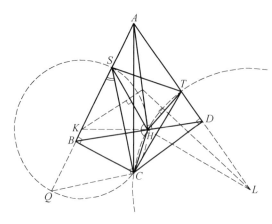

图 55.2

要证明 BD 与 $\triangle SHT$ 的外接圆相切,只需证明 HS 与 HT 的中垂线的交点在 AH 上,而上述两条线段的中垂线恰为 $\angle AKH$, $\angle ALH$ 的平分线.

由内角平分线定理,只需证明

$$\frac{AK}{KH}=\frac{AL}{LH} \qquad ①$$

下面给出式 ① 的两种证法.

证法 1 如图 55.3 所示,设直线 KL 与 HC 交于点 M.

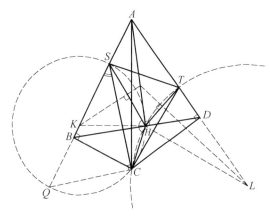

图 55.3

因为 $KH=KC, LH=LC$,所以,点 H,C 关于直线 KL 对称.
因此,M 为边 HC 的中点.
设 O 为四边形 $ABCD$ 的外接圆圆心.则 O 为 AC 的中点.
故 $OM \parallel AH$,进而,$OM \perp BD$.
结合 $OB=OD$ 知,OM 为 BD 的中垂线.
因此,$BM=DM$.
又 $CM \perp KL$,则 B,C,M,K 四点共圆,且该圆以 KC 为直径.
同理,L,C,M,D 四点共圆,且该圆以 LC 为直径.

由正弦定理得
$$\frac{AK}{AL}=\frac{\sin\angle ALK}{\sin\angle AKL}=\frac{DM}{CL}\cdot\frac{CK}{BM}=\frac{CK}{CL}=\frac{KH}{LH}$$
即知式 ① 成立,命题得证.

证法 2 若 A,H,C 三点共线,则
$$AK=AL, KH=LH$$
从而,式 ① 成立.

接下来假设 A,H,C 三点不共线,考虑过这三点的圆 Γ.

因为四边形 $ABCD$ 为圆内接四边形,所以
$$\angle BAC=\angle BDC=90°-\angle ADH=\angle HAD$$

设 N(异于点 A)为圆 Γ 与 $\angle CAH$ 的平分线的另一个交点. 则 AN 也为 $\angle BAD$ 的平分线.

又由于点 H,C 关于直线 KL 对称,且 $HN=NC$,从而,点 N、圆 Γ 的中点均在直线 KL 上. 这表明,圆 Γ 为过点 K,L 的一个阿波罗尼斯圆,由此即得式 ①.

评注 1.本题有如下推广:

在凸四边形 $ABCD$ 中,点 H 满足 $\angle BAC=\angle DAH$,点 S,T 分别在边 AB,AD 上,使得点 H 在 $\triangle SCT$ 内部,且
$$\angle CHS-\angle CSB=90°, \angle THC-\angle DTC=90°$$
则 $\triangle TSH$ 的外接圆圆心在 AH 上(且 $\triangle SCT$ 的外心在 AC 上).

2.评分标准特别注明,若是用计算方法证明,则必须明确写出对应的几何结论才能得到相应的分数(如证明了两条直线斜率相同,但是没有明确地写出两条直线是平行的,将不会得到证明这两条直线平行相应的分数). 同样,若用反演方法做这道题(这是可行的),第一步做反演是没有分的,要根据之后的进展来评分.

❹ 设点 P,Q 在锐角 $\triangle ABC$ 的边 BC 上,满足
$$\angle PAB=\angle BCA, 且 \angle CAQ=\angle ABC$$
点 M,N 分别在直线 AP,AQ 上,使得 P 为 AM 的中点,且 Q 为 AN 的中点. 证明:直线 BM 与 CN 的交点在 $\triangle ABC$ 的外接圆上.

格鲁吉亚命题

证明 如图 55.4 所示,设直线 BM 与 CN 交于点 S. 记
$$\angle QAC=\angle ABC=\beta, \angle PAB=\angle ACB=\gamma$$
于是,$\triangle ABP \backsim \triangle CAQ$.

故 $\dfrac{BP}{PM}=\dfrac{BP}{PA}=\dfrac{AQ}{QC}=\dfrac{NQ}{QC}$.

又由 $\angle BPM=\beta+\gamma=\angle CQN$ 知

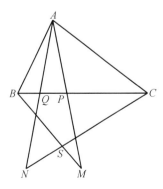

图 55.4

$$\triangle BPM \backsim \triangle NQC \Rightarrow \angle BMP = \angle NCQ$$

故

$$\triangle BMP \backsim \triangle BSC \Rightarrow \angle CSB = \angle BPM = \\ \beta + \gamma = 180° - \angle BAC$$

评注 本题至少有十种不同的证法.

> ❺ 对每一个正整数 n,开普敦银行均发行面值为 $\frac{1}{n}$ 的硬币. 给定总额不超过 $99 + \frac{1}{2}$ 的有限多枚这样的硬币(面值不必两两不同). 证明:可以把它们分为至多 100 组,使得每一组中硬币的面值之和最多为 1.

卢森堡命题

证明 证明一般性的结论:

对任意正整数 N,给定总额不超过 $N - \frac{1}{2}$ 的有限多枚这样的硬币,总可以把它们分为至多 N 组,使得每一组中硬币的面值之和最多为 1.

若一些硬币的面值之和具有 $\frac{1}{k}(k \in \mathbf{Z}_+)$ 的形式,则将这些硬币合并为一枚硬币. 若合并之后的硬币可以按要求分组,则初始时的硬币同样可以按要求分组.

因为在合并过程中硬币的数量是单调递减的,所以,到某个时刻没有更多的合并操作可以进行了. 此时,对于每个偶数 k,最多有一枚硬币面值为 $\frac{1}{k}$(否则,两枚这样的硬币可以被合并);对于每个奇数 $k > 1$,最多有 $k - 1$ 枚硬币面值为 $\frac{1}{k}$(否则,k 枚这样的硬币可以被合并).

在此情形下,先将所有面值为 1 的硬币分别编为一组. 若有 d 枚这样的硬币,则可以去除这样的硬币并在问题中用 $N - d$ 来代替 N. 因此,不妨假设此时没有面值为 1 的硬币.

按如下方式将硬币进行分组.

对于 $1, 2, \cdots, N$ 中的每个正整数 k,将所有面值为 $\frac{1}{2k-1}$ 和 $\frac{1}{2k}$ 的硬币放入第 k 组. 则第 k 组中所有硬币的面值之和不超过

$$(2k - 2) \frac{1}{2k - 1} + \frac{1}{2k} < 1$$

然后再考虑所有面值小于 $\frac{1}{2N}$ 的硬币,将其依次放入各组当中. 每次选择一枚这样的硬币,必有某一组中硬币的面值之和不

超过 $1-\frac{1}{2N}$（否则，各组硬币的面值总和将大于 $N\left(1-\frac{1}{2N}\right)=N-\frac{1}{2}$，与已知条件矛盾），于是，就将这样小面值的硬币放入该组中．从而，该组硬币的面值之和不超过 1．

重复这样的操作，可以将所有的硬币按要求分成了至多 N 组．

评注 1. 在合并操作完成之后，对面值不小于 $\frac{1}{2N}$ 的硬币进行分组时，也可以将所有面值为 $\frac{1}{2^s(2k-1)}(s\geqslant 0)$ 均放入第 k 组；

2．若每次均选择面值尽可能大的硬币放入，则无法保证完成满足要求的分组．

3．评分标准中特别注明如下情形一律不给分：

(1) 给出一种算法，但不说明理由；(2) 证明了一个更弱的命题（如对和为 99 的硬币），而同时在解答中并没有正确答案中的步骤；(3) 对于某些特殊的 $N<100$ 证明结论．

❻ 若平面上的一族直线中没有两条直线平行，没有三条直线共点，则称其为"处于一般位置"．一族处于一般位置的直线将平面分割成若干区域，其中面积有限的区域称为这族直线的"有限区域"．证明：对于充分大的 n 及任意处于一般位置的 n 条直线，均可将其中至少 $\sqrt{n}$ 条直线染成蓝色，使得每一个有限区域的边界均不全为蓝色的．

注：若证明是 $c\sqrt{n}$（而不是 $\sqrt{n}$）的情形，可根据常数 c 的值给分．

奥地利，美国命题

解 $c=1$ 的情形．

若一个点是一条红色直线和一条蓝色直线的交点，则称此点为"红点"．称两条蓝色直线的交点为"蓝点"．对于一条红色直线 l，存在一个有限区域 A 的唯一的红边是红色直线 l 的一部分．按顺时针方向记其顶点为 $r',r,b_1,\cdots,b_t$，其中点 r,r' 在直线 l 上．于是，r,r' 为红点，$b_1,b_2,\cdots,b_t$ 均为蓝点．

将红色直线 l 和红点 r 以及蓝点 b_1 关联起来．注意到，对于每一个形如 (r,b_1) 的（红点，蓝点）对，最多有一条红色直线可能和它们关联（这是因为至多有一个有限区域可以使得 r,b_1 是其边界上顺时针方向的相邻顶点）．

接下来证明，对于每一个蓝点 b，至多有两条红色直线可以与之关联（若这条性质成立，则 $n-k\leqslant 2C_k^2\Leftrightarrow n\leqslant k^2$）．

用反证法.

若不然,设红色直线 l_1,l_2,l_3 均与蓝点 b 相关联,相应的红点为 r_1,r_2,r_3(这显然是互异的三点).

因为蓝点 b 是两条蓝色直线的交点,所以,从蓝点 b 引出四条蓝色的射线,这三个红点是四条蓝色射线中三条上与 b 最近的交点. 因此,不妨设 r_2,b,r_3 三点共线,而点 r_1 在另一条直线上.

考虑将 (r_1,b) 与红色直线 l_1 关联起来的区域 A,这样区域 A 的边界上顺时针方向依次有 r_1,b,r_2 或 r_3(不妨设为 r_2).

因为区域 A 只有一条红边,所以,它只能是 $\triangle r_1 b r_2$.

但这样一来红色直线 l_1,l_2 就均经过点 r_2,且 r_2 还要在一条蓝色直线上. 与任意三线不共点的假设矛盾.

注:(1) $c=\sqrt{\dfrac{1}{2}}$ 的情形.

记这族曲线为 L. 在集合包含意义下考虑 L 的一个极大子集 B,使得当子集 B 中的直线均染蓝色的,没有边界全为蓝色的有限区域.

记 $|B|=k$. 接下来证明 $k \geqslant \lceil\sqrt{\dfrac{n}{2}}\rceil$,其中 $\lceil x \rceil$ 表示不小于实数 x 的最小整数.

首先,将集合 $L \backslash B$ 中所有直线染成红色. 于是,共有 C_k^2 个蓝点.

考虑一条红色直线 l.

由子集 B 的极大性,存在至少一个有限区域 A,使得其唯一的红边在 l 上. 因为区域 A 至少有三条边,所以,它必有一个顶点为蓝点. 将一个这样的蓝点与直线 l 关联起来.

因为每个蓝点至多是四个有限区域的顶点,其至多和四条红色直线相关联,所以,红色直线的总数就不超过 $4C_k^2$.

于是,$n-k \leqslant 2k(k-1)$,即
$$n \leqslant 2k^2-k \leqslant 2k^2$$

从而,$k \geqslant \lceil\sqrt{\dfrac{n}{2}}\rceil$.

这是奥地利提供的原题,原题是证明对于 $n \geqslant 3$ 结论均成立. 选题委员会在预选题的脚注里给出了改进的解答.

(2) $c=\sqrt{\dfrac{2}{3}}$ 的情形.

改变一下蓝点和红线的关联方式:对于一条红色直线 l,有一个有限区域 A 的唯一的红边是红色直线 l 的一部分.

若区域 A 为 k 边形,则其就有 $k-2$ 个顶点均为蓝点. 将它们均与直线 l 相关联. 规定,对于其中每一个蓝色顶点和 l 的关联,记

其权重为 $\frac{1}{k-2}$. 于是，所有的关联的权重之和恰为 $n-k$.

容易验证，每个蓝点 v 最多为四个有限区域的顶点，且其中最多有两个区域为三角形. 这表明，与点 v 相关的所有蓝点－直线关联的权重之和不超过
$$1+1+\frac{1}{2}+\frac{1}{2}=3$$

故 $n-k \leqslant 3C_n^2 \Rightarrow 2n \leqslant 3k^2-k \leqslant 3k^2 \Rightarrow k \geqslant \lceil\sqrt{\frac{2n}{3}}\rceil$.

评注 c 的三种取值情形本质上是一样的. 对几何结构做某种局部观察，然后用极大情形的性质进行估计. 而且选题委员会并没有找到反面的结论(就是对于某个 $k \gg \sqrt{n}$，不可能按照题目的要求进行染色)，所以，决定保留原题中的下界. 同时也指出，所有的三个证明中均没有用到任意两条直线不平行的条件.

值得强调的是，美国队领队 Po-Shen Loh 提议把题目改成现在的样子的理由是：在当前的组合极值问题研究中，大家只关心所谓渐近行为(即对于充分大的 n 才成立的性质)，而且这样可以鼓励学生在 IMO 之后去探究常数 c 如何去改进. 他本人基于(完全)非初等的技术(概率方法)能够对充分大的 n 证明 $\sqrt{n\lg n}$ 的情形.

第十编
第 55 届国际数学奥林匹克预选题

第 55 届国际数学奥林匹克预选题及解答

代数部分

❶ 本届 IMO 第 1 题.

解 本届 IMO 第 1 题.

❷ 定义函数 $f:(0,1) \to (0,1)$,满足
$$f(x)=\begin{cases} x+\dfrac{1}{2}, x<\dfrac{1}{2} \\ x^2, x \geqslant \dfrac{1}{2} \end{cases}$$

设正实数 a,b 满足 $0<a<b<1$. 定义数列 $\{a_n\},\{b_n\}$ 满足 $a_0=a,b_0=b$,且对于任意正整数 n,有
$$a_n=f(a_{n-1}),b_n=f(b_{n-1})$$
证明:存在正整数 n,使得
$$(a_n-a_{n-1})(b_n-b_{n-1})<0$$

证明 当 $x<\dfrac{1}{2}$ 时,$f(x)-x=\dfrac{1}{2}>0$;当 $x \geqslant \dfrac{1}{2}$ 时,$f(x)-x=x^2-x<0$.

将区间 $(0,1)$ 分为两个子区间
$$I_1=\left(0,\dfrac{1}{2}\right),I_2=\left[\dfrac{1}{2},1\right)$$
故
$$(a_n-a_{n-1})(b_n-b_{n-1})=$$
$$(f(a_{n-1})-a_{n-1})(f(b_{n-1})-b_{n-1})<0$$
当且仅当 a_{n-1},b_{n-1} 在不同的子区间内.

用反证法.

假设对于所有的 $k=1,2,\cdots$,均有 a_k,b_k 在同一个子区间内.

设 $d_k=|a_k-b_k|$.

若 a_k,b_k 均在子区间 I_1 内,则
$$d_{k+1}=|a_{k+1}-b_{k+1}|=$$
$$\left|a_k+\dfrac{1}{2}-\left(b_k+\dfrac{1}{2}\right)\right|=d_k$$

若 a_k, b_k 均在子区间 I_2 内,则
$$\min\{a_k, b_k\} \geq \frac{1}{2}$$
且 $\max\{a_k, b_k\} = \min\{a_k, b_k\} + d_k \geq \frac{1}{2} + d_k.$

这表明
$$d_{k+1} = |a_{k+1} - b_{k+1}| = |a_k^2 - b_k^2| = \\ |(a_k - b_k)(a_k + b_k)| \geq \\ |a_k - b_k|\left(\frac{1}{2} + \frac{1}{2} + d_k\right) = \\ d_k(1 + d_k) \geq d_k.$$

因此,数列 $\{d_k\}$ 单调不降.

特别地,对于任意正整数 k,有
$$d_k \geq d_0 > 0$$

进而,若 a_k, b_k 均在子区间 I_2 内,则
$$d_{k+2} \geq d_{k+1} \geq d_k(1 + d_k) \geq d_k(1 + d_0)$$

若 a_k, b_k 均在子区间 I_1 内,则 a_{k+1}, b_{k+1} 均在子区间 I_2 内. 故
$$d_{k+2} \geq d_{k+1}(1 + d_{k+1}) \geq \\ d_{k+1}(1 + d_0) \geq d_k(1 + d_0)$$

因此,两种情形均有
$$d_{k+2} \geq d_k(1 + d_0)$$

由数学归纳法知,对于任意正整数 m,均有
$$d_{2m} \geq d_0(1 + d_0)^m \qquad ①$$

当 m 足够大时,不等式 ① 的右边大于 1,而 a_{2m}, b_{2m} 均属于 $(0,1)$,因此,$d_{2m} < 1$,矛盾.

从而,存在正整数 n,使得 a_{n-1}, b_{n-1} 在不同的子区间内.

❸ 对于实数数列 $x_1, x_2, \cdots, x_n$,定义其"价值"为 $\max\limits_{1 \leq i \leq n}\{|x_1 + x_2 + \cdots + x_i|\}$,给定 n 个实数,戴卫和乔治想把这 n 个实数排成低价值的数列. 一方面,勤奋的戴卫检验了所有可能的方式来寻找其可能的最小的价值 D. 另一方面,贪婪的乔治选择 x_1,使得 $|x_1|$ 尽可能地小. 在剩下的数中,他选择 x_2,使得 $|x_1 + x_2|$ 尽可能地小,…… 在第 i 步,他在剩下的数中选择 x_i,使得 $|x_1 + x_2 + \cdots + x_i|$ 尽可能地小. 在每一步,若有不止一个数给出的最小的和的绝对值相同,则乔治任意选择一个数,最后他得到的数列价值为 G. 求最小的常数 c,使得对于每个正整数为 G. 求最小的常数 c,使得对于每个正整数 n,每个由 n 个实数构成的数组和每个乔治可以得到的数列,均有
$$G \leq cD$$

解 $c = 2$.

若开始给出的数为 $1,-1,2,-2$,则戴卫把这四个数排成 $1,-2,2,-1$,而乔治可以得到数列 $1,-1,2,-2$.

于是,$D=1,G=2$. 因此,$c \geqslant 2$.

下面证明:$G \leqslant 2D$.

设 n 个实数为 $x_1,x_2,\cdots,x_n$,戴卫,乔治已经得到了他们的排列,假设戴卫和乔治得到的数列分别为 $d_1,d_2,\cdots,d_n$ 和 $g_1,g_2,\cdots,g_n$. 记

$$M = \max_{1 \leqslant i \leqslant n} \{|x_i|\}$$
$$S = |x_1 + x_2 + \cdots + x_n|$$
$$N = \max\{M,S\}$$

则

$$D \geqslant S \qquad ①$$
$$D \geqslant \frac{M}{2} \qquad ②$$
$$G \leqslant N = \max\{M,S\} \qquad ③$$

由式 ①～③ 得
$$G \leqslant \max\{M,S\} \leqslant \max\{M,2S\} \leqslant 2D$$

事实上,由价值的定义知,式 ① 成立.

对于式 ②,考虑一个下标 i,使得 $|d_i|=M$. 故
$M = |d_i| = |(d_1+d_2+\cdots+d_i)-(d_1+d_2+\cdots+d_{i-1})| \leqslant |d_1+d_2+\cdots+d_i| + |d_1+d_2+\cdots+d_{i-1}| \leqslant 2D$

因此,式 ② 成立.

最后证明式 ③ 成立.

设 $h_i = g_1+g_2+\cdots+g_i$.

对 i 用数学归纳法证明 $|h_i| \leqslant N$.

当 $i=1$ 时,$|h_1|=|g_1| \leqslant M \leqslant N$,结论成立.

注意到,$|h_n|=S \leqslant N$,结论也成立.

假设 $|h_{i-1}| \leqslant N$,分两种情形:

(1) 假设 $g_i,g_{i+1},\cdots,g_n$ 中不存在两项符号相反,不失一般性,假设它们均非负.

则 $h_{i-1} \leqslant h_i \leqslant \cdots \leqslant h_n$.

故 $|h_i| \leqslant \max\{|h_{i-1}|,|h_n|\} \leqslant N$.

(2) 在 $g_i,g_{i+1},\cdots,g_n$ 中有正数,也有负数,则存在下标 $j \geqslant i$,使得 $h_{i-1}g_j \leqslant 0$.

由乔治得到的数列的定义得
$$|h_i| = |h_{i-1}+g_i| \leqslant |h_{i-1}+g_j| \leqslant \max\{|h_{i-1}|,|g_j|\} \leqslant N$$

于是,结论成立. 这表明,式 ③ 也成立.

❹ 求所有函数 $f:\mathbf{Z} \to \mathbf{Z}$,使得对于所有整数 m,n,均有
$$f(f(m)+n)+f(m) = f(n)+f(3m)+2\ 014 \quad ①$$

解 设函数 f 满足式①.

设 $C=1\ 007$,定义函数 $g:\mathbf{Z} \to \mathbf{Z}$,使得对所有的 $m \in \mathbf{Z}$,有
$$g(m)=f(3m)-f(m)+2C$$

特别地,$g(0)=2C$.

于是,对于所有的 $m,n \in \mathbf{Z}$,有
$$f(f(m)+n)=g(m)+f(n)$$

沿着两个方向,由数学归纳法知,对于所有 $m,n,t \in \mathbf{Z}$,均有
$$f(tf(m)+n)=tg(m)+f(n) \quad ②$$

用 $(r,0,f(0))$ 和 $(0,0,f(r))$ 代替 (m,n,t) 可得
$$f(0)g(r)=f(f(r)f(0))-f(0)=f(r)g(0)$$

若 $f(0)=0$,则由 $g(0)=2C>0$ 知
$$f(r)=0$$

与式①矛盾.

若 $f(0) \neq 0$,则 $g(r)=\alpha f(r)$,其中,$\alpha=\dfrac{g(0)}{f(0)}$ 为非零常数.

由 g 的定义得
$$f(3m)=(1+\alpha)f(m)-2C$$

即对于所有的 $m \in \mathbf{Z}$,有
$$f(3m)-\beta=(1+\alpha)(f(m)-\beta) \quad ③$$

其中 $\beta=\dfrac{2C}{\alpha}$.

对 k 用数学归纳法知,对于所有的整数 $k(k \geqslant 0),m$,有
$$f(3^k m)-\beta=(1+\alpha)^k(f(m)-\beta) \quad ④$$

因为 $3 \nmid 2\ 014$,所以,由式①可知存在 $a \in \mathbf{Z}$,使得 $d=f(a)$ 不能被 3 整除.

由式②得
$$f(n+td)=f(n)+tg(a)=f(n)+\alpha tf(a)$$

即对于所有的 $n,t \in \mathbf{Z}$,有
$$f(n+td)=f(n)+\alpha td \quad ⑤$$

因为 $(3,d)=1$,所以,由欧拉定理知,存在 k(可取 $k=\varphi(|d|)$)使得
$$d \mid (3^k-1)$$

对于每个 $m \in \mathbf{Z}$,由式⑤得
$$f(3^k m)=f(m)+\alpha(3^k-1)m$$

于是,式 ④ 为
$$[(1+\alpha)^k - 1](f(m) - \beta) = \alpha(3^k - 1)m \qquad ⑥$$
因为 $\alpha \neq 0$,所以,对于 $m \neq 0$,式 ⑥ 的右边不为 0.

于是,式 ⑥ 左边的第一个因式也不为 0.

故 $f(m) = \dfrac{\alpha(3^k - 1)m}{(1+\alpha)^k - 1} + \beta.$

这表明,f 为线性函数.

设 $f(m) = Am + \beta (m \in \mathbf{Z},$ 常数 $A \in \mathbf{Q})$. 将其代入式 ① 知,对于所有的 $m \in \mathbf{Z}$,有
$$(A^2 - 2A)m + (A\beta - 2C) = 0 \Leftrightarrow$$
$$A^2 = 2A, \text{ 且 } A\beta = 2C$$

第一个方程等价于 $A \in \{0, 2\}$.

因为 $C \neq 0$,所以,由第二个方程得
$$A = 2, \beta = C$$

从而,满足条件的函数为
$$f(n) = 2n + 1\,007$$

❺ 考虑所有满足下列性质的实系数多项式 $P(x)$:对于任意两个实数 x, y,有
$$|y^2 - P(x)| \leqslant 2|x| \Leftrightarrow \qquad ①$$
$$|x^2 - P(y)| \leqslant 2|y| \qquad ②$$
求 $P(0)$ 的所有可能值.

解 $P(0)$ 的所有可能值构成的集合为
$$(-\infty, 0) \cup \{1\}$$

(1) 先证 $P(0)$ 的这些值是能够取到的.

对于每一个负实数 $-C$,多项式
$$P(x) = -\left(\dfrac{2x^2}{C} + C\right)$$
满足 $P(0) = -C$.

要证明 $P(x)$ 满足题目中要求的性质,由对称性,只需证明对于每个 $C > 0$ 和任意两个实数 x, y,均有
$$|y^2 - P(x)| > 2|x|$$

事实上
$$|y^2 - P(X)| = y^2 + \dfrac{x^2}{C} + \dfrac{(|x| - C)^2}{C} + 2|x| \geqslant$$
$$\dfrac{x^2}{C} + 2|x| \geqslant 2|x|$$

注意到,第一个不等式只当 $|x| = C$ 时成立,而第二个不等式只当 $x = 0$ 时成立. 由于这两个条件不能同时成立,则

$$|y^2-P(x)|>2|x|$$

多项式 $P(x)=x^2+1$ 满足 $P(0)=1$.

下面证明:$P(x)$ 满足式 ①,②.

注意到,对于所有的实数 x,y,有
$$|y^2-P(x)|\leqslant 2|x|\Leftrightarrow$$
$$(y^2-x^2-1)^2\leqslant 4x^2\Leftrightarrow$$
$$0\leqslant (y^2-(x-1)^2)((x+1)^2-y^2)\Leftrightarrow$$
$$0\leqslant (y-x+1)(y+x-1)(x+1-y)(x+1+y)\Leftrightarrow$$
$$0\leqslant ((x+y)^2-1)(1-(x-y)^2)$$

因为上述不等式关系 x,y 对称,所以,其也等价于
$$|x^2-P(y)|\leqslant 2|y|$$

(2) 再证明 $P(0)$ 不能取到其他值.

为了证明此结论,假设 $P(x)$ 满足(1),且 $P(0)\geqslant 0$.

下面分四步来证明对于所有实数 x,有
$$P(x)=x^2+1\Rightarrow P(0)=1$$

第一步:$P(x)$ 为偶函数.

由式 ①,② 知,对于任意实数 x,y,有
$$|y^2-P(x)|\leqslant 2|x|\Leftrightarrow$$
$$|x^2-P(y)|\leqslant 2|y|\Leftrightarrow$$
$$|y^2-P(-x)|\leqslant 2|x|$$

考虑到第一个不等式与第三个不等式等价及 y^2 的取值为 $\mathbf{R}\backslash \mathbf{R}_-$,则对所有 $x\in\mathbf{R}$,有
$$[P(x)-2|x|,P(x)+2|x|]\cap\mathbf{R}\backslash\mathbf{R}_-=$$
$$[P(-x)-2|x|,P(-x)+2|x|]\cap\mathbf{R}\backslash\mathbf{R}_-$$

下面证明:存在无穷多个实数 x,使得
$$P(x)+2|x|\geqslant 0$$

事实上,对于任意满足 $P(0)\geqslant 0$ 的实系数多项式,结论均成立. 为此,假设 $P(x)$ 中 x 的系数非负. 在这种情形下,对于足够小的正实数 x,结论均成立.

对于满足 $P(x)+2|x|\geqslant 0$ 的这些实数 x,有
$$P(x)+2|x|=P(-x)+2|x|\Rightarrow$$
$$P(x)=P(-x)$$

因为多项式 $P(x)-P(-x)$ 有无穷多个零点,所以,其恒等于 0,即 $P(x)=P(-x)$ 对于任意实数 x 均成立.

因此,$P(x)$ 为偶函数.

第二步:对于所有 $t\in\mathbf{R}$,有 $P(t)>0$.

假设存在实数 $t\neq 0$,且 $P(t)=0$.则存在开区间 I,使得对于所有 $y\in I$,均有
$$|P(y)|\leqslant 2|y|$$

在式 ① 中令 $x=0$，则对于所有 $y \in I$ 均有 $y^2 = P(0)$，矛盾.

因此，对于所有的 $t \neq 0$，均有 $P(t) \neq 0$.

结合 $P(0) \geqslant 0$ 知，唯一不满足结论的就是 $P(0)=0$. 在这种情形，由第一步知存在多项式 $Q(x)$，使得
$$P(x) = x^2 Q(x)$$

在式 ② 中取 $x=0$ 及任意的实数 $y \neq 0$，则有 $|yQ(y)| \geqslant 2$.

而当 y 足够小时，这个不等式不成立，矛盾.

第三步：$P(x)$ 为二次多项式.

若 $P(x)$ 为常数，取 $x = \sqrt{P(0)}$，y 足够大，则式 ① 不成立，而式 ② 成立，矛盾.

因此，$P(x)$ 的次数 $n \geqslant 1$.

由第一步知 n 为偶数.

于是，$n \geqslant 2$.

假设 $n \geqslant 4$. 在式 ② 中取 $y = \sqrt{P(x)}$，则
$$|x^2 - P(\sqrt{P(x)})| \leqslant 2\sqrt{P(x)}$$

从而，对于所有实数 x，均有
$$P(\sqrt{P(x)}) \leqslant x^2 + 2\sqrt{P(x)}$$

选取正实数 x_0, a, b，使得若 $x \in (x_0, +\infty)$，则 $ax^n < P(x) < bx^n$.

事实上，设 $P(x)$ 的首项系数为 $d > 0$，则
$$\lim_{x \to +\infty} \frac{P(x)}{x^n} = d$$

于是，取 $a = \dfrac{d}{2}$，$b = 2d$ 及足够大的 x_0 即可.

对于所有足够大的实数 x，有
$$a^{\frac{n}{2}+1} x^{\frac{n^2}{2}} < a(P(x))^{\frac{n}{2}} < P(\sqrt{P(x)}) \leqslant$$
$$x^2 + 2\sqrt{P(x)} < x^{\frac{n}{2}} + 2b^{\frac{1}{2}} x^{\frac{n}{2}}$$

即 $x^{\frac{n^2-n}{2}} < \dfrac{1 + 2b^{\frac{1}{2}}}{a^{\frac{n}{2}+1}}$. 这是不可能成立的，矛盾.

因此，$P(x)$ 为二次多项式.

第四步：$P(x) = x^2 + 1$.

由前三步知存在实数 $a(a > 0)$，b，使得
$$P(x) = ax^2 + b$$

若 x 足够大，$y = \sqrt{a} x$，则式 ① 成立.

于是，式 ② 成立，即
$$|(1-a^2)x^2 - b| \leqslant 2\sqrt{a} x$$

由 $a > 0$ 知，只有 $a = 1$ 时成立.

在式 ① 中取 $y = x + 1 (x > 0)$，则

$$|2x+1-b| \leqslant 2x \Leftrightarrow |2x+1+b| \leqslant 2x+2$$

即对于所有的 $x>0$,有
$$b \in [1, 4x+1] \Leftrightarrow b \in [-4x-3, 1]$$

这只可能在 $b=1$ 时成立.

于是,$P(x) = x^2 + 1$.

❻ 求所有函数 $f: \mathbf{Z} \to \mathbf{Z}$,使得对于所有的 $n \in \mathbf{Z}$,均有
$$n^2 + 4f(n) = f^2(f(n)) \qquad ①$$

解 满足条件的 f 为:

① $f(n) = n+1$;

② 对于某个正整数 a,有
$$f(n) = \begin{cases} n+1, & n > -a \\ -n+1, & n \leqslant -a \end{cases}$$

③ $f(n) = \begin{cases} n+1, & n > 0 \\ 0, & n = 0 \\ -n+1, & n < 0 \end{cases}$.

(1) 首先验证前面的每个函数均满足方程 ①.

若 $f(n) = n+1$,则
$$n^2 + 4f(n) = n^2 + 4n + 4 = (n+2)^2 = f^2(n+1) = f^2(f(n))$$

若 $f(n) = \begin{cases} n+1, & n > -a \\ -n+1, & n \leqslant -a \end{cases}$,只需验证 $n \leqslant -a$ 的情形,即
$$n^2 + 4f(n) = n^2 - 4n + 4 = (2-n)^2 = f^2(1-n) = f^2(f(n))$$

若 $f(n) = \begin{cases} n+1, & n > 0 \\ 0, & n = 0 \\ -n+1, & n < 0 \end{cases}$,只需验证 $n=0$ 的情形,即
$$0^2 + 4f(0) = 0 = f^2(f(0))$$

(2) 下面证明:只有上述函数满足方程 ①.

分三步来证明.

第一步:对于 $n > 0$,有 $f(n) = n+1$.

考虑数列 $\{a_k\}$ 满足 $a_k = f^k(1)$ ($k \in \mathbf{N}$).

在方程 ① 中设 $n = a_k$,则有
$$a_k^2 + 4a_{k+1} = a_{k+2}^2$$

由定义知,$a_0 = 1$. 而 $a_2^2 = 1 + 4a_1$ 为奇数,则 a_2 为奇数.

设 $a_2 = 2r + 1 (r \in \mathbf{Z})$. 则 $a_1 = r^2 + r$.

故 $a_3^2 = a_1^2 + 4a_2 = (r^2+r)^2 + 8r + 4$.

因为 $8r + 4 \neq 0$,所以,$a_3^2 \neq (r^2+r)^2$.

故 a_3^2 与 $(r^2+r)^2$ 的差至少是 $(r^2+r)^2$ 和与其相邻的偶完全平

方数的差的绝对值（这是因为 $8r+4, r^2+r$ 均为偶数）.

这表明
$$|8r+4|=|a_3^2-(r^2+r)^2|\geqslant$$
$$(r^2+r)^2-(r^2+r-2)^2=$$
$$4(r^2+r-1)$$

其中 $r=0,-1$ 时，上述不等式是平凡的.

于是，$4r^2\leqslant|8r+4|-4r+4$.

若 $|r|\geqslant 4$，则
$$4r^2\geqslant 16|r|\geqslant 12|r|+16>$$
$$8|r|+4+4|r|+4\geqslant$$
$$|8r+4|-4+4$$

矛盾.

于是，$|r|<4$.

验证所有的 r，只有当 $r=-3,0,1$ 时，$(r^2+r)^2+8r+4$ 为完全平方数.

下面分三种情形.

情形 1：若 $r=-3$，则 $a_1=6, a_2=-5$.

对于每个正整数 k，有
$$a_{k+2}=\pm\sqrt{a_k^2+4a_{k+1}}$$

正负号的选择要使得 $a_{k+1}^2+4a_{k+2}$ 也为完全平方数. 于是
$$a_3=-4, a_4=-3, a_5=-2$$
$$a_6=-1, a_7=0, a_8=1, a_9=2$$

一方面，$f(1)=f(a_0)=a_1=6$；另一方面，$f(1)=f(a_8)=a_9=2$. 矛盾.

情形 2：若 $r=0$，则 $a_1=0, a_2=1$.

由 $a_3^2=a_1^2+4a_2=4$ 知，$a_3=\pm 2$.

一方面，$f(1)=f(a_0)=a_1=0$；另一方面，$f(1)=f(a_2)=a_3=\pm 2$. 矛盾.

情形 3：若 $r=1$，则 $a_1=2, a_2=3$.

在这种情形下，用数学归纳法证明对于所有的 $k\geqslant 0$，有 $a_k=k+1$. 当 $k=0,1,2$ 时，结论成立.

假设 $a_{k-1}=k, a_k=k+1$. 则
$$a_{k+1}^2=a_{k-1}^2+4a_k=k^2+4k+4=(k+2)^2$$

于是，$a_{k+1}=\pm(k+2)$.

若 $a_{k+1}=-(k+2)$，则
$$a_{k+2}^2=a_k^2+4a_{k+1}=(k+1)^2-4k-8=$$
$$k^2-2k-7=(k-1)^2-8$$

只有当 $k=4$ 时，$(k-1)^2-8$ 为完全平方数（这是因为只有两个完全平方数 9 与 1 的差是 8）. 于是
$$a_4=5, a_5=-6, a_6=\pm 1$$

$$a_7^2 = a_5^2 + 4a_6 = 36 \pm 4$$

由于 32,40 均不为完全平方数,则
$$a_{k+1} = k+2$$

从而,完成了数学归纳法的证明,这表明,对于所有的正整数 n,均有
$$f(n) = f(a_{n-1}) = a_n = n+1$$

第二步:要么 $f(0)=0$,要么 $f(0)=1$;对于 $n \neq 0$,有 $f(n) \neq 0$.

在方程 ① 中,令 $n=0$,有
$$4f(0) = f^2(f(0)) \qquad ②$$

这表明,$f(0) \geqslant 0$.

若 $f(0)=0$,则对于所有的 $n \neq 0$,有
$$f(n) \neq 0$$

这是因为若存在 $n \neq 0$,使得 $f(n)=0$,则
$$n^2 = n^2 + 4f(n) = f^2(f(n)) = f^2(0) = 0$$

矛盾.

若 $f(0) > 0$,由第一步的结论知
$$f(f(0)) = f(0) + 1$$

由式 ② 知
$$4f(0) = (f(0)+1)^2 \Rightarrow f(0) = 1$$

第三步:对于 $n < 0$,讨论 $f(n)$ 的值.

先证明一个引理.

引理 对于每个正整数 n,有
$$f(-n) = -n+1 \text{ 或 } f(-n) = n+1$$

此外,若 $f(-n) = -n+1$,则
$$f(-n+1) = -n+2$$

证明 用第二数学归纳法.

当 $n=1$ 时,在方程 ① 中,令 $n=-1$,得
$$1 + 4f(-1) = f^2(f(-1))$$

于是,$f(-1)$ 非负.

若 $f(-1) = 0$,则
$$f(f(-1)) = f(0) = \pm 1$$

由第二步知 $f(0) = 1$.

若 $f(-1) > 0$,由第一步知
$$f(f(-1)) = f(-1) + 1$$

于是,$1 + 4f(-1) = (f(-1)+1)^2$.

因此,$f(-1) = 2$.结论成立.

假设小于 n 时结论成立.则考虑两种情形.

情形 1:若 $f(-n) \leqslant -n$,则
$$f^2(f(-n)) = (-n)^2 + 4f(-n) \leqslant$$

$$n^2-4n<(n-2)^2$$

于是，$|f(f(-n))|\leqslant n-3$（$n=2$ 时不可能发生这种情形）.

若 $f(f(-n))\geqslant 0$，则由前两步知
$$f(f(f(-n)))=f(f(-n))+1$$

除非当 $f(0)=0$ 时，$f(f(-n))=0$.

由第二步知后一种情形蕴含着 $f(-n)=0$，于是，$n=0$，矛盾.

若 $f(f(-n))<0$，则对于
$$-f(f(-n))\leqslant n-3<n$$

用归纳假设得
$$f(f(f(-n)))=\pm f(f(-n))+1$$

因此，两种情形均有
$$f(f(f(-n)))=\pm f(f(-n))+1$$

则
$$f^2(-n)+4f(f(-n))=f^2(f(-n))=\\ (\pm f(f(-n))+1)^2$$

故
$$n^2\leqslant f^2(-n)=(\pm f(f(-n))+1)^2-4f(f(-n))\leqslant\\ f^2(f(-n))+6|f(f(-n))|+1\leqslant\\ (n-3)^2+6(n-3)+1=n^2-8$$

矛盾.

情形 2：若 $f(-n)>-n$，与前面的情形讨论类似.

若 $f(-n)\geqslant 0$，则由前两步知
$$f(f(-n))=f(-n)+1$$

除非当 $f(0)=0$ 时，$f(-n)=0$.

由第二步知后一种情形蕴含着 $n=0$，矛盾.

若 $f(-n)<0$，则对于 $-f(-n)<n$，用归纳假设得
$$f(f(-n))=\pm f(n)+1$$

因此，两种情形均有
$$f(f(-n))=\pm f(-n)+1$$

则　　$(-n)^2+4f(-n)=f^2(-n)=(\pm f(-n)+1)^2$

因此，若
$$n^2=(f(-n)+1)^2-4f(-n)=(f(-n)-1)^2$$

则有 $f(-n)=\pm n+1$，结论成立.

若
$$n^2=(-f(-n)+1)^2-4f(-n)=\\ (f(-n)-3)^2-8$$

只有两个完全平方数 9 与 1 的差是 8，则一定有 $n=1$. 这个结论已证明过了.

最后假设 $f(-n)=-n+1(n\geqslant 2)$. 则
$$f^2(-n+1)=f^2(f(-n))=(-n)^2+4f(-n)=(n-2)^2$$

于是，$f(-n+1) = \pm(n-2)$. 由
$$f(-n+1) = f(-(n-1)) = \pm(n-1)+1 = -n+2 \text{ 或 } n$$
知
$$f(-n+1) = -n+2$$

回到原题.

结合前三步知一个解为 $f(n) = n+1$ 对于所有 $n \in \mathbf{Z}$ 成立:

若 $f(n)$ 不总等于 $n+1$，则存在一个最大的整数 m（不能是正的）使得 $f(m)$ 不等于 $m+1$.

由引理知对于每个整数 $n < m$，均有
$$f(n) = -n+1$$

若 $m = -a < 0$，对于 $n \leqslant -a$，则
$$f(n) = -n+1$$

否则，$f(n) = n+1$. 若 $m = 0$，则 $f(0) = 0$.

对于负整数 n, $f(n) = -n+1$;

对于正整数 n, $f(n) = n+1$.

组合部分

> **❶** 已知矩形 R 内有 n 个点，任意两点的连线均不与矩形 R 的边平行，矩形 R 被分割为一些边与矩形 R 的边平行的小矩形，使得已知点不在任意一个小矩形的内部. 证明: 矩形 R 至少被分割为 $n+1$ 个小矩形.

证明 设矩形 R 被分割为满足条件的 k 个小矩形，所有小矩形的顶点构成的集合可以分成三个两两不交的子集 A, B, C:

A 包含原矩形 R 的顶点，每个这样的顶点恰为一个小矩形的顶点;

B 包含恰为两个小矩形的公共点（T 型的交叉点，"⊤"）;

C 包含四个小矩形的公共点（十字型的交叉点，"┼"）.

设集合 B 中点的个数为 b，集合 C 中点的个数为 c.

因为 k 个小矩形中的每个矩形恰有四个顶点，所以
$$4k = 4 + 2b + 4c \geqslant 4 + 2b$$

于是，$b \leqslant 2k - 2$.

已知的 n 个点中的每一个点均在一个小矩形（非原矩形 R）的一条边上，若将这条边沿着矩形之间的边界尽可能地延伸，得到一条线段，其端点为 T 型的交叉点.

因为任意两个已知点的连线均不与矩形 R 的边平行，所以，集合 B 中的每个点最多为一个包含已知点的线段的一个端点.

这表明，$b \geqslant 2n$.

于是，$2k - 2 \geqslant b \geqslant 2n$，即 $k \geqslant n+1$.

从而,结论成立.

❷ 有 2^m 张卡片,每张卡片上写的数均为 1. 进行下列操作:每一次操作选择两张不同的卡片,若这两张卡片上的数分别为 a,b,则擦掉这两个数,并均写上数 $a+b$. 证明:经过 $2^{m-1}m$ 次操作后,所有卡片上的数之和至少为 4^m.

证明 设第 k 次操作后卡片上所有数的积为 P_k. 假设在第 $k+1$ 次操作中,数 a,b 被两个 $a+b$ 代替. 则 P_{k+1} 中, ab 被 $(a+b)^2$ 代替,而其他因数没有改变.

因为 $(a+b)^2 \geqslant 4ab$,所以, $P_{k+1} \geqslant 4P_k$.

由于 $P_0 = 1$,据数学归纳法得
$$P_k \geqslant 4^k (4 \in \mathbf{N})$$

特别地, $P_{2^{m-1}m} \geqslant 4^{2^{m-1}m} = (2^m)^{2^m}$.

由均值不等式知, $2^{m-1}m$ 次操作后,所有卡片上的数之和至少为
$$2^m \cdot \sqrt[2^m]{P_{2^{m-1}m}} \geqslant 2^m \cdot 2^m = 4^m$$

❸ 本届 IMO 第 2 题.

证明 本届 IMO 第 2 题.

❹ 由两块 2×1 的多米诺沿着较长的边粘成一个"四格米诺",使得一个多米诺较长的边的中点为另一个多米诺的顶点,按照转向产生两种四格米诺,分别称其为 S — 四格米诺和 Z — 四格米诺(图 55.5)

S — 四格米诺　　　Z — 四格米诺

图 55.5

若一个格点多边形 P 可以被 S — 四格米诺覆盖(无重叠),证明:无论怎样用 S — 四格米诺,Z — 四格米诺覆盖(无重叠)多边形 P, Z — 四格米诺的个数,总为偶数.

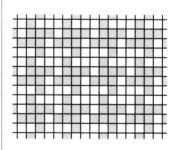

图 55.6

证明 假设多边形 P 为一个无限的棋盘中的某些方格的并,将棋盘的每个方格如图 55.6 所示染为黑色或白色.

无论怎样用 S — 四格米诺,Z — 四格米诺覆盖多边形 P,每个

S－四格米诺覆盖偶数个黑格,而每个 Z－四格米诺覆盖奇数个黑格.

因为多边形 P 能被 S－四格米诺覆盖,所以,多边形 P 中包含偶数个黑格.

若用 S－四格米诺,Z－四格米诺覆盖偶数个黑格,则 Z－四格米诺的个数一定为偶数.

---

❺ 本届 IMO 第 6 题.

证明本届 IMO 第 6 题.

---

❻ 有无穷多张牌,每张牌上写着一个实数.对于每个实数 x,恰有一张牌上写着实数 x.两名选手从这些牌中每人选出互不相交的由 100 张牌构成的集合 A,B.制定一个满足下列条件的规则,以确定这两名选手中的哪个人获胜.

(1) 获胜者只依赖于 200 张牌的相对次序:若这 200 张面朝下被放成递增的次序,且观众被靠知哪张牌属于哪名选手,但不知道哪张牌上写的是什么数,观众仍然能决定谁会获胜;

(2) 若两个集合中的元素按递增的次序分别写为
$$A=\{a_1,a_2,\cdots,a_{100}\},B=\{b_1,b_2,\cdots,b_{100}\}$$
其中对所有的 $i\in\{1,2,\cdots,100\}$,有 $a_i>b_i$,则 A 击败 B;

(3) 若三名选手从这些牌中每人选出互不相交的由 100 张牌构成的集合 A,B,C,且 A 击败 B,B 击败 C,则 A 击败 C.

问:有多少种这样的规则?

注:两种不同的规则是指若存在两个集合 A,B,使得在一个规则中 A 击败 B,而在另一个规则中 B 击败 A.

解 有 100 种.

证明更一般的情形,即每人选 n 张牌的情形,则有 n 种满足条件的规则.记 $A>B$ 或 $B<A$ 为"A 击败 B".

首先,定义 n 种不同的满足条件的规则:对于一个固定的 $k\in\{1,2,\cdots,n\}$,将集合 A,B 按递增的次序分别写为
$$A=\{a_1,a_2,\cdots,a_n\},B=\{b_1,b_2,\cdots,b_n\}$$
则 $A>B$ 当且仅当 $a_k>b_k$.

这样的规则满足所有的三个条件,不同的 k 对应的规则不同,因此,至少有 n 种不同的规则.

其次证明没有其他方法定义这样的规则.

假设一个规则满足条件,设 $k\in\{1,2,\cdots,n\}$ 为满足下述性质的最小的正整数,则

$$A_k = \{1,2,\cdots,k,n+k+1,n+k+2,\cdots,2n\} \prec$$
$$B_k = \{k+1,k+2,\cdots,k+n\}$$

由假设知 $k=n$ 时,有 $A_k \prec B_k$,于是,这样的 k 是存在的.

考虑两个不交的集合
$$X = \{x_1,x_2,\cdots,x_n\}, Y = \{y_1,y_2,\cdots,y_n\}$$
且均按递增的次序排列,即
$$x_1 < x_2 < \cdots < x_n, y_1 < y_2 < \cdots < y_n$$

下面证明:若 $x_k < y_k$,则 $X \prec Y$(若 $X \prec Y$,则 $x_k < y_k$ 显然成立).

为了证明这个结论,取任意实数
$$u_i, v_i, w_i \notin X \cup Y$$
且满足
$$u_1 < u_2 < \cdots < u_{k-1} < \min\{x_1,y_1\}$$
$$\max\{x_n,y_n\} < u_{k+1} < v_{k+2} < \cdots < v_n$$
$$x_k < v_1 < v_2 < \cdots < v_k < w_1 < w_2 < \cdots < w_n <$$
$$u_k < u_{k+1} < \cdots < u_n < y_k$$

设集合
$$U = \{u_1,u_2,\cdots,u_n\}$$
$$V = \{v_1,v_2,\cdots,v_n\}$$
$$W = \{w_1,w_2,\cdots,w_n\}$$
则对于所有的 $i \in \{1,2,\cdots,n\}$,有
$$u_i < y_i, x_i < v_i$$

由条件(2)知 $U \prec Y, X \prec V$.

注意到,集合 $U \cup W$ 中的元素按递增的次序排列与集合 $A_{k-1} \cup B_{k-1}$ 中的元素按递增的次序排列一样.

由 k 的选择知 $A_{k-1} \succ B_{k-1}$.

于是,$U \succ W$($k=1$ 时是平凡的).

集合 $V \cup W$ 中的元素按递增的次序排列与集合 $A_k \cup B_k$ 中的元素按递增的次序排列一样.

由 k 的选择知 $A_k \prec B_k$.于是,$V \prec W$.从而,$X \prec V \prec W \prec U \prec Y$.

由条件(3)知 $X \prec Y$.因此,结论成立.

❼ 设平面上 $n(n \geq 4)$ 个点的集合 M 满足任意三点不共线.开始时,这些点被 n 条线段相连,使得集合 M 中的每个点恰为两条线段的端点.每一次操作选择两条有公共内点的线段 AB, CD,此时,若 AC 与 BD 均没有出现,则用 AC, BD 依次代替 AB, CD.证明:操作的次数小于 $\dfrac{n^3}{4}$.

证明 若直线过集合 M 中的两个点中,则称这条直线为"红色的".

因为集合 M 中没有三点共线,所以,每条红线唯一确定了集合 M 中的一个点对,且红线的条数为 $C_n^2 < \dfrac{n^2}{2}$.

用"线段的值"表示红线在其内部相交的数目."线段集合的值"被定义为集合中所有线段的值之和.

下面证明:

(1) 开始时,线段集合的值小于 $\dfrac{n^3}{2}$;

(2) 每一次操作,线段集合的值至少减少 2,而线段集合的值不可能为负,则操作的次数小于 $\dfrac{n^3}{4}$.

对于(1),由于每条线段的值均小于 $\dfrac{n^2}{2}$,则开始时,线段集合的值小于 $m \cdot \dfrac{n^2}{2} = \dfrac{n^3}{2}$.

对于(2),假设某一时刻有两条线段 AB 与 CD 有一个公共的内点 S,且这次操作用 AC, BD 依次代替 AB, CD.

设 X_{AB} 为与线段 AB 交于其内部的红线的集合. 类似地定义 X_{AC}, X_{BD}, X_{CD}.

只要证明
$$|X_{AC}| + |X_{BD}| + 2 \leqslant |X_{AB}| + |X_{CD}|$$

先证明
$$|X_{AC} \cup X_{BD}| + 2 \leqslant |X_{AB} \cup X_{CD}| \quad \text{①}$$

事实上,若一条红线 g 与 AC 或 BD 相交,不妨假设 g 与 AC 相交,则其与 $\triangle ACS$ 还会再相交,要么与边 AS 交于 AS 的内点,要么与边 CS 交于 CS 的内点,要么交于点 S.

这表明,g 属于 X_{AB} 或 X_{CD}(图 55.7).

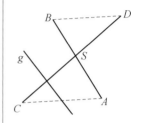

图 55.7

而红线 AB, CD 属于 $X_{AB} \cup X_{CD}$,但不属于 $X_{AC} \cup X_{BD}$,因此,式 ① 成立.

再证明
$$|X_{AC} \cap X_{BD}| \leqslant |X_{AB} \cap X_{CD}| \quad \text{②}$$

事实上,若一条红线 $h \in X_{AC} \cap X_{BD}$,无论 $S \in h$(图 55.8),还是 $S \notin h$(图 55.9),均有 $h \in X_{AB} \cap X_{CD}$.

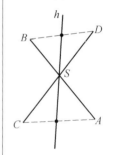

图 55.8

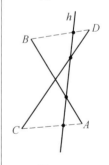

图 55.9

因此,式 ② 成立. 式 ①, ② 相加即得要证明的结论.

8 一叠卡片有 1 024 张，每张卡片上写着均为不同数码的集合，使得任意两个集合均不同(于是有一张卡片是空的). 两名选手交替从这叠卡片中取卡片，每一轮各取一张，直到取完所有卡片后，每名选手检查是否他能扔掉卡片中的一张，使得十个数码中的每一个均在剩下的偶数张卡片上出现. 若一名选手能扔掉一张卡片，而另一名选手不能，则能扔掉一张卡片的选手获胜. 否则，两名选手之间的比赛为平局. 求先取的选手所有可能的第一次的选取，使得他有获胜策略.

解 除了空的卡片外，所有的第一次选取，先取的选手均能获胜.

设每张卡片为写着数码的集合，对于任意 k 张卡片 C_1, $C_2, \cdots, C_k$，用集合
$$C_1 \triangle C_2 \triangle \cdots \triangle C_k$$
表示它们的"和"，这个集合中包含所有属于奇数个 C_i 的元素.

记先、后选取的选手分别为 $\mathscr{F}, \mathscr{S}$.

由于每个数码恰出现在 512 张卡片中，从而，所有卡片的和为 $\varnothing$. 两名选手取完后中，$\mathscr{F}$ 的所有卡片的和与 $\mathscr{S}$ 的所有卡片的和相同，记为 C. 选取了 C 的选手扔掉 C，而另一名选手不能扔掉任何一张卡片. 则选取了 C 的选手获胜，且不会出现平局.

已知一张非空的卡片 B. 将所有卡片拆分成形如 $(X, X \triangle B)$ 的 512 对，这是因为
$$(X \triangle B) \triangle B = X$$
先证明一个引理来说明这样拆分的一个性质.

引理 设 $B(B \neq \varnothing)$ 为某张卡片，选择 512 张卡片，使得从每对 $(X, X \triangle B)$ 中恰选一张，则所有选出的这 512 张卡片的和要么是 $\varnothing$，要么是 B.

证明 设 b 为卡片 B 中的某个元素，X_i 为第 i 对中不包含 b 的卡片，Y_i 为这一对中的另一张卡片. 则 X_i 恰为所有不包含 b 的集合.

对于每个数码 $a(a \neq b)$，其恰出现在这些 X_i 中的 256 个，于是
$$X_1 \triangle X_2 \triangle \cdots \triangle X_{512} = \varnothing$$
若在这个和中用一些 Y_i 代替 X_i，则将 B 加若干次到这个和中，于是，这个和要么没变，要么变为 B.

回到原题.

现在考虑两种情形.

情形 1：假设 $\mathscr{F}$ 在第一次选取的卡片为 $\varnothing$，在此情形下，给出

一个 $\mathscr{S}$ 获胜的策略.

设 $\mathscr{S}$ 任取一张卡片 A. 之后,设 $\mathscr{F}$ 选取卡片 B,则 $\mathscr{S}$ 取卡片 $A \triangle B$.

将所有的 1 024 张卡片拆分成形如 $(X, X \triangle B)$ 的 512 对,称一对中的两张卡片为"同伴",则到目前为止,形如 $(\varnothing, B)$ 的一对属于 $\mathscr{F}$,形如 $(A, A \triangle B)$ 的一对属于 $\mathscr{S}$.

在随后的每一次选取中,当 $\mathscr{F}$ 选取了某张卡片后,$\mathscr{S}$ 选这张卡片的同伴.

选取结束后,用 $\varnothing$ 代替属于 $\mathscr{S}$ 的卡片 A,则 $\mathscr{S}$ 有每一对卡片中的一张,由引理知,所有卡片的和要么为 $\varnothing$,要么为 B.

现在用 A 替换 $\varnothing$,则 $\mathscr{S}$ 的卡片的和要么为 A,要么为 $A \triangle B$. 此时,$\mathscr{S}$ 有这两张卡片,于是,$\mathscr{S}$ 获胜.

情形 2:假设 $\mathscr{F}$ 在第一次选取的卡片为 $A(A \neq \varnothing)$,在此种情形下,给出一个 $\mathscr{F}$ 获胜的策略.

假设 $\mathscr{S}$ 第一次选取的卡片为 $B(B \neq \varnothing)$. 则 $\mathscr{F}$ 选卡片 $A \triangle B$.

将所有卡片拆分成形如 $(X, X \triangle B)$ 的对,则有一些对全没选取及一个不成对的"特别的元素"没有选取(卡片 $\varnothing$ 没有选取,其同伴为卡片 B,且 B 已被选取).

在随后的每一次选取,若 $\mathscr{S}$ 从一个全没选取的对中选取一张卡片,则 $\mathscr{F}$ 就选取它的同伴. 若 $\mathscr{S}$ 选取那个特别的元素,则 $\mathscr{F}$ 选取任意一张卡片 Y,且 Y 的同伴变为新的特别的元素. 于是,$\mathscr{S}$ 的最后一次选取被迫选取特别的元素. 此时,选手 $\mathscr{F}$ 有卡片 $A, A \triangle B$,选手 $\mathscr{S}$ 有卡片 $B, \varnothing$. $\mathscr{F}$ 有每对中的一张卡片,与情形 1 相同,只是角色互换,则 $\mathscr{F}$ 获胜.

最后,若 $\mathscr{S}$ 第一次选取的卡片为 $\varnothing$,则 $\mathscr{F}$ 将还没选取的任意一张卡片记为 B,且他选择卡片 $A \triangle B$. 用相同的策略仍能使 $\mathscr{F}$ 获胜.

❾ 在一张纸上画了 n 个圆,使得任意两个圆有两个交点,没有三个圆有公共点. 一只蜗牛沿着圆按下述方式爬行:开始时,它在一个圆上按顺时针方向移动,且一直保持在这个圆上爬行,当到达与另一个圆的交点时,在新的圆上继续爬行,且改变移动的方向,即由顺时针变为逆时针,反之亦然. 若蜗牛的全部路径覆盖了所有圆,证明:n 一定为奇数.

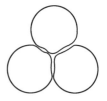

图 55.10

证明 用两条小弧代替每个交叉点(即两个圆的交点),小弧表示蜗牛离开交叉点的方向(图 55.10).

注意到,小弧的放置不依赖于弧线的方向. 无论蜗牛在圆弧上沿哪个方向移动,它接下来爬行相同的弧线(图 55.11).

用这种方法得到一个弧线的集合,弧线为蜗牛可能的路径,称这些路径为蜗牛"轨道". 每一条轨道均为一条简单闭曲线且与其他轨道不交.

下面证明更一般的结论.

结论 任意放置 n 个圆使得没有两个圆相切,则蜗牛轨道的条数与 n 的奇偶性相同(注:这里没有假设所有圆均两两相交).

此结论即可解决本题.

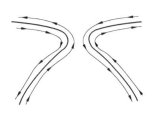

图 55.11

首先,介绍下面的操作,且称其为"快速翻转一个交叉点":在一个交叉点,去掉轨道上的两条小弧,且用另外两条小弧代替它们. 则当蜗牛到达一个快速翻转交叉点时,它将像以前一样继续在另一个圆上,但是它将保持其沿着这条圆弧爬行的方向(图 55.12).

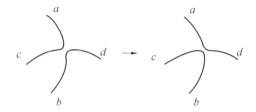

图 55.12

当一个交叉点被快速翻转时,考虑轨道的条数的变化情形.

用 a,b,c,d 表示在交叉点相交的四条弧,使得 a,b 属于同一个圆. 在快速翻转之前 a,b 分别与 c,d 相连. 快速翻转之后,a,b 分别与 d,c 相连.

由通过交叉点的轨道为闭曲线知,弧 a,b,c,d 中的每一条与交叉点外的轨道上的其他一条弧相连.

分三种情形.

(1) a 与 b 相连,c 与 d 相连,如图 55.13 所示.

这种情形是不可能的.

事实上,去掉交叉点处的两条小弧,在交叉点处 a 与 b 相连,c 与 d 相连.

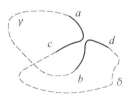

图 55.13

设 γ 为包含 a,b 的新的闭曲线,δ 为包含 c,d 的新的闭曲线. 这两条曲线在交叉点处相交,则 c 与 d 之一在 γ 的内部,另一条在 γ 的外部.

于是,这两条闭曲线至少会再一次相交. 这与轨道不自交矛盾.

(2) a 与 c 相连,b 与 d 相连,如图 55.14 所示.

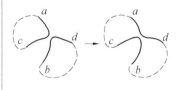

图 55.14

快速翻转之前,a,c 属于一条轨道,b,d 属于另一条轨道,快速翻转这个交叉点,将两条轨道合并为一条轨道. 于是,轨道的条数减少了 1.

(3) a 与 d 相连,b 与 c 相连,如图 55.15 所示.

快速翻转之前，a,b,c,d 属于同一条轨道.快速翻转这个交叉点，将这条轨道分成两条轨道.于是,轨道的条数增加了1.

从而,由(1)～(3)知,每次快速翻转,轨道的条数减少或增加1条.

于是,轨道条数的奇偶性改变了.

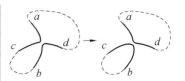

图 55.15

现在一个一个地快速翻转每一个交叉点.因为每两个圆有0或2个交点,所以,交叉点的个数为偶数.当所有交叉点均快速翻转后,最初的轨道条数的奇偶性保持不变.

因此,只要证明所有交叉点被快速翻转后,在新的状态下结论成立.当然,在新的状态下,修改后的轨道也是简单闭曲线,且任意两条这样的轨道不交.

图 55.16

给轨道定向,蜗牛沿着圆弧总是以逆时针方向移动为正向.图 55.16 为图 55.10 中相同的圆在快速翻转所有交叉点后给出的定向(注:这种定向可不同于像平面曲线一样的轨道的定向,每个轨道的定向既可为负,也可为正.例如图 55.16 中间的那条轨道).

若蜗牛围绕着一条轨道移动,在其移动的方向中,总的角的改变量(称为总曲度)要么为 2π,要么为 -2π,这依赖于轨道的定向.

设 P,N 分别为正向轨道、负向轨道的数目.则所有轨道的总曲度之和为 $2\pi(P-N)$.

另一方面,沿着每个圆移动,总曲度为 2π,在每个交叉点,两次改变方向使得两次角度的改变量的绝对值相同,但方向相反,如图 55.17 所示.

图 55.17

于是,在交叉点,方向的改变量被抵消.从而,总曲度之和为 $2\pi n$.

因此,$2\pi(P-N)=2\pi n$,即 $P-N=n$.

由上知,修改后的轨道的条数为 $P+N$,与 $P-N=n$ 的奇偶性相同.

几何部分

❶ 本届 IMO 第 4 题.

证明 本届 IMO 第 4 题.

❷ 已知 K,L,M 分别为 $\triangle ABC$ 的边 BC,CA,AB 上的点, 且满足 AK,BL,CM 三线共点. 证明:$\triangle ALM,\triangle BMK,\triangle CKL$ 中存在两个三角形,这两个三角形的内切圆半径之和大于或等于 $\triangle ABC$ 的内切圆半径.

证明 设 $a=\dfrac{BK}{KC}, b=\dfrac{CL}{LA}, c=\dfrac{AM}{MB}$.

由塞瓦定理知 $abc=1$.

不失一般性,假设 $a\geqslant 1$. 则 b,c 中至少有一个不大于 1. 数对 (a,b) 与 (b,c) 中至少有一个满足第一个分量不小于 1,第二个分量不大于 1. 不失一般性,假设 $a\geqslant 1, b\leqslant 1$.

于是, $bc\leqslant 1, ac\geqslant 1$,即
$$\dfrac{AM}{MB}\leqslant\dfrac{LA}{CL}, \dfrac{MB}{AM}\leqslant\dfrac{BK}{KC}$$

第一个不等式表明,过点 M 且平行于 BC 的直线与线段 AL 交于点 X,如图 55.18 所示.

于是, $\triangle ALM$ 的内切圆半径不小于 $\triangle AMX$ 的内切圆半径 r_1.

类似地,过点 M 且平行于 AC 的直线与线段 BK 交于点 Y,则 $\triangle BMK$ 的内切圆半径不小于 $\triangle BMY$ 的内切圆半径 r_2.

设 $\triangle ABC$ 的内切圆半径为 r. 只要证 $r_1+r_2\geqslant r$. 事实上, $r_1+r_2=r$.

因为 $MX\parallel BC$,所以, A 为 $\triangle AMX$ 与 $\triangle ABC$ 的位似中心. 于是, $\dfrac{r_1}{r}=\dfrac{AM}{AB}$. 类似地, $\dfrac{r_2}{r}=\dfrac{MB}{AB}$. 以上两式相加得
$$\dfrac{r_1}{r}+\dfrac{r_2}{r}=1 \Rightarrow r_1+r_2=r$$

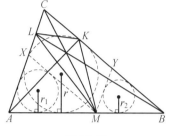

图 55.18

❸ 已知锐角 $\triangle ABC$ 满足 $AB>BC, \angle ABC$ 的平分线与 $\triangle ABC$ 的外接圆 $\odot O$ 交于点 M,设以 BM 为直径的圆为 $\varGamma$, $\angle AOB, \angle BOC$ 的平分线与圆 $\varGamma$ 分别交于点 P,Q,R 为 QP 延长线上的一点,且满足 $BR=MR$. 证明: $BR\parallel AC$.

证明 如图 55.19 所示,设 BM 的中点为 K. 则 K 为圆 $\varGamma$ 的圆心.

由 $AB\neq BC$ 知,点 K 与 O 不重合.

因为 OM,OK 分别为 AC,BM 的中垂线,所以, R 为 PQ 与 OK 的交点.

设直线 OM 与圆 Γ 的第二个交点为 N.

由于 BM 为圆 Γ 的直径,则 $BN \perp OM$.

又因为 $AC \perp OM$,所以,$BN \parallel AC$.

因此,只要证 BN 过点 R.

设以 BO 为直径的圆为 Γ'.

由 $\angle BNO = \angle BKO = 90°$ 知,点 N,K 均在圆 Γ' 上.

设 BC,AB 的中点分别为 D,E. 则 D,E 分别在 OQ,OP 上.

于是,点 B,N,E,O,K,D 均在圆 Γ' 上.

因为 $\angle EOR = \angle EBK = \angle KBD = \angle KOD$,所以,$KO$ 为 $\angle POQ$ 的外角平分线.

又因为 K 是圆 Γ 的圆心,所以,点 K 在 PQ 的中垂线上.

故 K 为 $\triangle POQ$ 的外接圆 Γ_0 的弧 $\overset{\frown}{POQ}$ 的中点.

从而,O,K,Q,P 四点共圆.

由蒙日定理知,圆 Γ',Γ_0,Γ 两两的根轴 OK,BN,PQ 交于一点,且这个点即为 R.

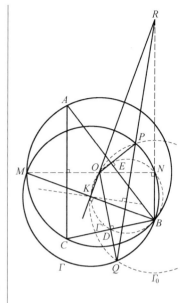

图 55.19

❹ 已知圆 Γ 为定圆,A,B,C 为圆 Γ 上的三个定点,确定的实数 $\lambda \in (0,1)$,P 为圆 Γ 上不同于 A,B,C 的动点,M 为线段 CP 上的点,使得 $CM = \lambda CP$. 设 $\triangle AMP$ 的外接圆与 $\triangle BMC$ 的外接圆的第二个交点为 Q. 证明:当 P 变动时,点 Q 在一个定圆上.

证明 记 $\measuredangle(a,b)$ 为直线 a 与 b 的有向角. 设 D 为线段 AB 上一点,使得 $BD = \lambda BA$.

下面证明:要么点 Q 与 D 重合,要么 $\measuredangle(DQ,QB) = \measuredangle(AB,BC)$.

这表明,点 Q 在过点 D 且与 BC 切于点 B 的一个定圆上.

设 $\triangle AMP$ 的外接圆、$\triangle BMC$ 的外接圆分别为 Γ_A,Γ_B. 则直线 AP,BC,MQ 为三个圆 Γ,Γ_A,Γ_B 两两的根轴.

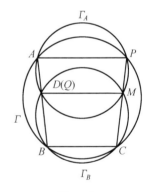

图 55.20

由蒙日定理知,AP,BC,MQ 要么互相平行,要么交于一点.

若 $AP \parallel BC \parallel MQ$,如图 55.20 所示. 则 AP,QM,BC 有一条公共的中垂线,此中垂线将线段 CP 对称到线段 BA,将点 M 对称到点 Q.

于是,点 Q 在线段 AB 上,且
$$\frac{BQ}{BA} = \frac{CM}{CP} = \frac{BD}{BA}.$$

因此,点 Q 与 D 重合.

若 AP,BC,QM 三线交于一点 X,如图 55.21 所示.

由密克定理知,$\triangle ABX$ 的外接圆 Γ' 过点 Q.

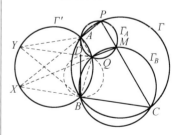

图 55.21

设 X 关于线段 AB 的中垂线对称的点为 Y. 则点 Y 在圆 Γ' 上, 且 $\triangle YAB \cong \triangle XBA$.

于是, 由 $\triangle XPC \sim \triangle XBA$, 得
$$\triangle XPC \sim \triangle YAB$$

因为 $\dfrac{BD}{BA} = \dfrac{CM}{CP} = \lambda$, 所以, D 与 M 为相似 $\triangle YAB$ 与 $\triangle XPC$ 的对应边上的对应点.

又 $\triangle YAB$ 与 $\triangle XPC$ 的转向相同, 则
$$\measuredangle(MX, XP) = \measuredangle(DY, YA)$$

另一方面, 点 A, Q, X, Y 均在圆 Γ' 上, 则
$$\measuredangle(QY, YA) = \measuredangle(MX, XP)$$

于是, $\measuredangle(QY, YA) = \measuredangle(DY, YA)$. 这表明, Y, D, Q 三点共线. 故
$$\measuredangle(DQ, QB) = \measuredangle(YQ, QB) =$$
$$\measuredangle(YA, AB) = \measuredangle(AB, BX) =$$
$$\measuredangle(AB, BC)$$

❺ 本届 IMO 第 3 题.

证明 本届 IMO 第 3 题.

❻ 已知 $\triangle ABC$ 为一个确定的锐角三角形, E, F 分别为边 AC, AB 上的点, M 为 EF 的中点, EF 的中垂线与 BC 交于点 K, MK 的中垂线与 AC, AB 分别交于点 S, T. 若 K, S, A, T 四点共圆, 则称点对 (E, F) 为"有趣的". 如果点对 (E_1, F_1), (E_2, F_2) 均为有趣的, 证明
$$\frac{E_1 E_2}{AB} = \frac{F_1 F_2}{AC}$$

证明 对于任意有趣的点对 (E, F), 称对应的 $\triangle EFK$ 也是有趣的.

设 $\triangle EFK$ 是有趣的.

先证明: $\angle KEF = \angle KFE = \angle BAC$.

这表明, KE, KF 均与 $\triangle AEF$ 的外接圆 Γ_1 相切.

记过点 K, S, A, T 的圆为圆 Γ, 直线 AM 与直线 ST, 圆 Γ 分别交于点 N, L(第二个交点), 如图 55.22 所示.

因为 $EF \parallel TS$, 且 M 为 EF 的中点, 所以, N 为 ST 的中点.

又 K, M 关于直线 ST 对称, 则
$$\angle KNS = \angle MNS = \angle LNT$$

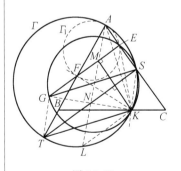

图 55.22

于是，K,L 关于 ST 的中垂线对称.

因此，$KL \parallel ST$.

设 K 关于点 N 的对称点为 G. 则点 G 在直线 EF 上.

不妨假设点 G 在 MF 的延长线上. 故
$$\angle KGE = \angle KNS = \angle SNM = \angle KLA = 180° - \angle KSA$$
(若点 K 与 L 重合，则 $\angle KLA$ 为直线 AL 和过点 L 与圆 Γ 相切的直线所夹的角).

这表明，K,G,E,S 四点共圆.

因为四边形 $KSGT$ 为平行四边形，所以
$$\angle KEF = \angle KSG = 180° - \angle TKS = \angle BAC$$
又因为 $KE = KF$，所以
$$\angle KFE = \angle KEF = \angle BAC$$

再证明：若点对 (E,F) 是有趣的，则
$$\frac{AE}{AB} + \frac{AF}{AC} = 2\cos\angle BAC \qquad ①$$

设线段 BE 与 CF 交于点 Y（图 55.23）.

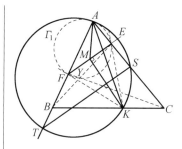

图 55.23

由于 B,K,C 三点共线，对于退化的六边形 $AFFYEE$，应用帕斯卡定理知，点 Y 在圆 Γ_1 上.

设 $\triangle BFY$ 的外接圆与 BC 的第二个交点为 Z（图 55.24）.

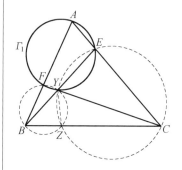

图 55.24

由密克定理知，C,Z,Y,E 四点共圆. 则
$$BF \cdot BA + CE \cdot CA = BY \cdot BE + CY \cdot CF =$$
$$BZ \cdot BC + CZ \cdot CB = BC^2$$

另一方面，由余弦定理得
$$BC^2 = AB^2 + AC^2 - 2AB \cdot AC\cos\angle BAC \Rightarrow$$
$$(AB - AF)AB + (AC - AE)AC =$$
$$AB^2 + AC^2 - 2AB \cdot AC\cos\angle BAC$$

这表明
$$AF \cdot AB + AE \cdot AC = 2AB \cdot AC\cos\angle BAC$$

从而，式 ① 成立.

若点对 (E_1, F_1) 与 (E_2, F_2) 均是有趣的，则
$$\frac{AE_1}{AB} + \frac{AF_1}{AC} = 2\cos\angle BAC = \frac{AE_2}{AB} + \frac{AF_2}{AC}$$

于是，$\dfrac{E_1 E_2}{AB} = \dfrac{F_1 F_2}{AC}$.

❼ 已知 $\triangle ABC$ 的外接圆为圆 Γ,内心为 I,过点 I 且垂直于 CI 的直线与线段 BC 交于点 U,与圆 Γ 的弧 $\overset{\frown}{BC}$(不含点 A)交于点 V,过点 U 且平行于 AI 的直线与 AV 交于点 X,过点 V 且平行于 AI 的直线与 AB 交于点 Y.设 AX,BC 的中点分别为 W,Z.证明:若 I,X,Y 三点共线,则 I,W,Z 三点也共线.

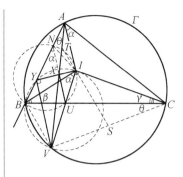

图 55.25

证明 设 $\alpha = \dfrac{\angle BAC}{2}$,$\beta = \dfrac{\angle ABC}{2}$,$\gamma = \dfrac{\angle ACB}{2}$. 则 $\alpha + \beta + \gamma = 90°$.

由 $\angle UIC = 90°$,有 $\angle IUC = \alpha + \beta$.

故 $\angle BIV = \angle IUC - \angle IBC = \alpha = \angle BAI = \angle BYV$.

这表明,B,Y,I,V 四点共圆(图 55.25).

设直线 XU,AB 交于点 N. 因为 $AI \parallel UX \parallel VY$,所以
$$\frac{NX}{AI} = \frac{YN}{YA} = \frac{VU}{VI} = \frac{XU}{AI}$$

于是,$NX = XU$.

又因为 $\angle BAU = \alpha = \angle BNU$,所以,$B$,$U$,$I$,$N$ 四点共圆.

由于 BI 平分 $\angle UBN$,则 $NI = UI$.

于是,在等腰 $\triangle NIU$ 中,由 X 为 NU 的中点知,$\angle IXN = 90°$.

从而,$\angle YIA = 90°$.

设线段 VC 的中点为 S,直线 AX 与 SI 交于点 T,记 $\angle BAN = \angle BCV = \theta$.

由 $\angle CIA = 90° + \beta$,$IS = SC$,得
$$\angle TIA = 180° - \angle AIS = 90° - \beta - \angle CIS =$$
$$90° - \beta - \gamma - \theta = \alpha - \theta = \angle TAI$$

这表明,$TI = TA$.

因为 $\angle XIA = 90°$,所以,T 为 AX 的中点,即点 T 与 W 重合.

接下来,只要证 IS 与 BC 的交点就是线段 BC 的中点.

由于 S 为线段 VC 的中点,只要证 $BV \parallel IS$.

因为 B,Y,I,V 四点共圆,所以
$$\angle VBI = \angle VYI = \angle YIA = 90°$$

这表明,BV 为 $\angle ABC$ 的外角平分线.

于是,$\angle VAC = \angle VCA$,即
$$2\alpha - \theta = 2\gamma + \theta \Rightarrow \alpha = \gamma + \theta = \angle SCI \Rightarrow \angle VSI = 2\alpha$$

另一方面
$$\angle BVC = 180° - \angle BAC = 180° - 2\alpha$$

于是,$BV \parallel IS$.

数论部分

❶ 设整数 $n \geqslant 2$，集合
$$A_n = \{2^n - 2^k \mid k \in \mathbf{Z}, 0 \leqslant k < n\}$$
求最大正整数，使得其不能写为集合 A_n 中的一个数或若干个数（允许相同）的和.

解 首先证明：每个大于 $2^n(n-2)+1$ 的正整数均能表示为集合 A_n 中的元素的和.

对 n 用数学归纳法.

当 $n=2$ 时，集合 $A_2 = \{2,3\}$.

对于每个大于 1 的正整数 m，均有
$$m = \begin{cases} \underbrace{2+2+\cdots+2}_{\frac{m}{2}\text{个}}, m \text{ 为偶数} \\ 3+\underbrace{2+2+\cdots+2}_{\frac{m-3}{2}\text{个}}, m \text{ 为奇数} \end{cases}$$

假设对小于 n 的正整数结论成立.

对于正整数 $n > 2$，考虑正整数 m，有
$$m > 2^n(n-2)+1$$
若 m 为偶数，则
$$\frac{m}{2} \geqslant \frac{2^n(n-2)+2}{2} = 2^{n-1}(n-2)+1 > 2^{n-1}(n-3)+1$$
由归纳假设知
$$\frac{m}{2} = \sum_{i=1}^{r}(2^{n-1}-2^{k_i})$$
其中 $k_i \in \mathbf{Z}$，且 $0 \leqslant k_i < n-1, i=1,2,\cdots,r$.

故 $m = \sum_{i=1}^{r}(2^n - 2^{k_i+1})$，即 m 可表示为集合 A_n 中的元素的和.

若 m 为奇数，则
$$\frac{m-(2^n-1)}{2} > \frac{2^n(n-2)+1-(2^n-1)}{2} = 2^{n-1}(n-3)+1$$
由归纳假设知
$$\frac{m-(2^n-1)}{2} = \sum_{i=1}^{r}(2^{n-1}-2^{k_i})$$
其中 $k_i \in \mathbf{Z}$，且 $0 \leqslant k_i < n-1, i=1,2,\cdots,r$.

故 $m = \sum_{i=1}^{r}(2^n - 2^{k_i+1}) + (2^n-1)$，即 m 可表示为集合 A_n 中

的元素的和.

其次证明:$2^n(n-2)+1$ 不能表示为集合 A_n 中的元素的和.

设 N 为满足 $N\equiv 1(\bmod 2^n)$ 的最小正整数,且其能表示为集合 A_n 中的元素的和,即
$$N=\sum_{i=1}^{r}(2^n-2^{k_i}) \qquad ①$$
其中 $k_1,k_2,\cdots,k_r\in \mathbf{Z}$,且 $0\leqslant k_1,k_2,\cdots,k_r<n$.

若存在 $i,j(i\neq j)$,使得 $k_i=k_j$,分情形讨论.

当 $k_i=k_j=n-1$ 时
$$N-2(2^n-2^{n-1})=N-2^n$$
可表示为集合 A_n 中的元素的和,与 N 的选取矛盾.

当 $k_i=k_j=k<n-1$ 时,用 2^n-2^{k+1} 代替这两项,则
$$N-2(2^n-2^k)+(2^n-2^{k+1})=N-2^n$$
可表示为集合 A_n 中的元素的和,与 N 的选取矛盾.

若所有 $k_i(i=1,2,\cdots,r)$ 互不相同,则
$$\sum_{i=1}^{r}2^{k_i}\leqslant \sum_{i=0}^{n-1}2^i=2^n-1$$
另一方面,对式 ① 的两边取模 2^n 得
$$\sum_{i=1}^{r}2^{k_i}\equiv -N\equiv -1(\bmod 2^n)$$
则一定有 $\sum_{i=1}^{r}2^{k_i}=2^n-1$. 此时,只可能为
$$\{0,1,\cdots,n-1\}=\{k_1,k_2,\cdots,k_r\}$$
从而,$r=n$,且
$$N=2^n n-\sum_{i=0}^{n-1}2^i=2^n(n-1)+1$$
特别地,$2^n(n-2)+1$ 不能表示为集合 A_n 中的元素的和.

❷ 求所有的正整数数对 (x,y),使得
$$\sqrt[3]{7x^2-13xy+7y^2}=|x-y|+1 \qquad ①$$

解 $(x,y)=(1,1)$ 或 $\{x,y\}=\{m^3+m^2-2m-1, m^3+2m^2-m-1\}$,其中整数 $m\geqslant 2$.

设 (x,y) 为任意满足方程 ① 的正整数数对.

若 $x=y$,则
$$x^{\frac{2}{3}}=1\Rightarrow x=1\Rightarrow (x,y)=(1,1)$$
若 $x\neq y$,由对称性,可假设 $x>y$.

记 $n=x-y$,则 n 为正整数.

于是,方程 ① 可改写为

$$\sqrt[3]{7(y+n)^2-13(y+n)y+7y^2}=n+1$$

上式两边同时三次方,化简整理得

$$y^2+yn=n^3-4n^2+3n+1 \Rightarrow$$
$$(2y+n)^2=4n^3-15n^2+12n+4=$$
$$(n-2)^2(4n+1) \qquad ②$$

当 $n=1,2$ 时,不存在满足方程 ② 的正整数 y.

当 $n>2$ 时, $4n+1$ 为有理数 $\dfrac{2y+n}{n-2}$ 的平方,则其必为完全平方数.

由于 $4n+1$ 为奇数,则存在非负整数 m,使得
$$4n+1=(2m+1)^2 \Rightarrow n=m^2+m \qquad ③$$

由 $n>2$ 知, $m \geqslant 2$. 将式 ③ 代入方程 ② 得
$$(2y+m^2+m)^2=(m^2+m-2)^2(2m+1)^2=$$
$$(2m^3+3m^2-3m-2)^2$$

又
$$2m^3+3m^2-3m-2=(m-1)(2m^2+5m+2)>0$$

则 $2y+m^2+m=2m^3+3m^2-3m-2$.

于是, $y=m^3+m^2-2m-1$. 由 $m \geqslant 2$, 知
$$y=(m^3-1)+(m-2)m>0$$

且
$$x=y+n=m^3+m^2-2m-1+m^2+m=$$
$$m^3+2m^2-m-1$$

也为正整数.

❸ 本届 IMO 第 5 题.

证明 本届 IMO 第 5 题.

❹ 给定大于 1 的整数 n. 证明:数列 $\{a_k\}(k=1,2,\cdots)$ 中有无穷多项为奇数,其中, $a_k=\left[\dfrac{n^k}{k}\right]$, $[x]$ 表示不超过实数 x 的最大整数.

证明 若 n 为奇数,设 $k=n^m(m=1,2,\cdots)$,则 $a_k=n^{n^m-m}$. 这表明,对每个正整数 m, a_k 均为奇数.

若 n 为偶数,设 $n=2t(t \in \mathbf{Z}_+)$.

对每个整数 $m \geqslant 2$,由 $2^m-m>1$,知
$$n^{2^m}-2^m=2^m(2^{2^m-m}t^{2^m}-1)$$

存在奇素因数 p.

故对 $k=2^m p$,有
$$n^k = (n^{2^m})^p \equiv (2^m)^p = (2^p)^m \equiv 2^m (\bmod\ p)$$
其中 $2^p \equiv 2(\bmod\ p)$ 用到的是费马小定理.

由
$$n^k - 2^m < n^k < n^k + 2^m(p-1) \Rightarrow$$
$$\frac{n^k - 2^m}{2^m p} < \frac{n^k}{k} < \frac{n^k + 2^m(p-1)}{2^m p} \Rightarrow$$
$$\left[\frac{n^k}{k}\right] = \frac{n^k - 2^m}{2^m p}$$

因为 $k > m$,所以,$\frac{n^k}{2^m} - 1$ 为奇数.

于是,$\frac{n^k - 2^m}{2^m p} = \frac{\frac{n^k}{2^m} - 1}{p}$ 为奇数.

对不同的整数 $m \geqslant 2$,由 k 的素因数分解中 2 的幂不同可得到不同的正整数 k,因此,这样的 k 有无穷多个.

❺ 求所有三元数组 (p, x, y),使得 $x^{p-1} + y$ 与 $x + y^{p-1}$ 均为 p 的幂,其中,p 为素数,x, y 为正整数.

解 $(p, x, y) \in \{(3, 2, 5), (3, 5, 2)\} \bigcup \{(2, n, 2^i - n) \mid 0 < n < 2^i\}$,其中,$i$ 为任意正整数.

若 $p = 2$,则任意和为 2 的正整数次幂的正整数 x, y 均满足条件.

若 $p > 2$,设存在正整数 a, b,使得
$$x^{p-1} + y = p^a, x + y^{p-1} = p^b$$
不妨设 $x \leqslant y$.

由 $p^a = x^{p-1} + y \leqslant x + y^{p-1} = p^b \Rightarrow a \leqslant b \Rightarrow p^a \mid p^b$.

由 $p^b = y^{p-1} + x = (p^a - x^{p-1})^{p-1} + x$,且 $p-1$ 为偶数,知
$$0 \equiv x^{(p-1)^2} + x (\bmod\ p^a)$$

若 $p \mid x$,由 $x^{(p-1)^2 - 1} + 1$ 不被 p 整除知,$p^a \mid x$.

从而,$x \geqslant p^a > x^{p-1} \geqslant x$,矛盾. 因此,$p \nmid x$. 这表明
$$p^a \mid [x^{(p-1)^2 - 1} + 1] \Rightarrow p^a \mid [x^{p(p-2)} + 1]$$

由费马小定理知
$$x^{(p-1)^2} \equiv 1 (\bmod\ p)$$

于是,$p \mid (x + 1)$.

设 $p^r \| (x+1)(r \in \mathbf{Z}_+)$. 由二项式定理得
$$x^{p(p-2)} = \sum_{k=0}^{p(p-2)} \mathrm{C}_{p(p-2)}^k (-1)^{p(p-2)-k} (x+1)^k$$

除了对应着 $k = 0, 1, 2$ 的项,上述和中其他所有项均能被 p^{3r}

整除,也能被 p^{r+2} 整除.

对应着 $k=2$ 的项为
$$-\frac{p(p-2)(p^2-2p-1)}{2}(x+1)^2$$

其能被 p^{2r+1} 整除,也能被 p^{r+2} 整除.

对应着 $k=1$ 的项为
$$p(p-2)(x+1)$$

其能被 p^{r+1} 整除,不能被 p^{r+2} 整除.

对应着 $k=0$ 的项为 -1. 这表明, $p^{r+1} \parallel [x^{p(p-2)}+1]$.

另一方面,由于 $p^a \mid [x^{p(p-2)}+1]$,则 $a \leqslant r+1$.

由 $p^r \leqslant x+1 \leqslant x^{p-1}+y=p^a \Rightarrow r \leqslant a$.

故 $a=r$ 或 $a=r+1$.

若 $a=r$, 则 $x=y=1$, 与 $p>2$ 矛盾.

于是, $a=r+1$.

因为 $p^r \leqslant x+1$, 所以
$$x=\frac{x^2+x}{x+1} \leqslant \frac{x^{p-1}+y}{x+1}=\frac{p^a}{x+1} \leqslant \frac{p^a}{p^r}=p$$

由于 $p \mid (x+1)$, 则 $x+1=p$. 此时, $r=1, a=2$.

若 $p \geqslant 5$, 则
$$p^a = x^{p-1}+y > (p-1)^4 = (p^2-2p+1)^2 > (3p)^2 > p^2 = p^a$$
矛盾.

于是, $p=3, x=2, y=p^a-x^{p-1}=5$.

❻ 设 $a_1, a_2, \cdots, a_n$ 为两两互素的正整数,且满足 $a_1 < a_2 < \cdots < a_n$, a_1 为素数, $a_1 \geqslant n+2$. 在实线段 $I=[0, a_1 a_2 \cdots a_n]$ 上,将至少被 $a_1, a_2, \cdots, a_n$ 中的一个整数整除的整数作标记. 这些整数将实线段 I 分成一些小线段. 证明:这些小线段的长度的平方和能被 a_1 整除.

证明 设 $A=a_1 a_2 \cdots a_n$.

在证明过程中的所有区间均非空,且端点为整数. 对于任意区间 X, X 的长记为 $|X|$.

定义两个区间族:

$\delta = \{[x, y] \mid x < y, x, y$ 为连续的被标记点$\}$;

$\mathscr{T} = \{[x, y] \mid x < y, x, y$ 为整数, $0 \leqslant x \leqslant A-1$, 在区间 (x, y) 中没有点被标记$\}$.

下面计算 $\sum\limits_{X \in \delta} |X|^2 \pmod{a_1}$.

考虑到 A 为被标记点. 则在区间族 $\mathscr{T}$ 的定义中一定有 $y \leqslant A$.

据区间族 $\mathscr{T}$ 中区间的长度定义其权重. 对任意区间 $Y \in \mathscr{T}$, 记其权重为 $\omega(|Y|)$, 其中
$$\omega(k) = \begin{cases} 1, k = 1 \\ 2, k \geqslant 2 \end{cases}$$

考虑任意区间 $X \in \delta$ 及其子区间 $Y \in \mathscr{T}$.

显然, 区间 X 有一个长度为 $|X|$ 的子区间, 两个长度为 $|X|-1$ 的子区间, 等等.

一般地, 对于每一个 $d = 1, 2, \cdots, |X|$, X 有 $|X|-d+1$ 个长度为 d 的子区间, 则区间 X 的子区间的权重之和为
$$\sum_{\substack{Y \in \mathscr{T} \\ Y \subseteq X}} \omega(|Y|) = \sum_{d=1}^{|X|} (|X|-d+1)\omega(d) =$$
$$|X| + 2[(|X|-1) + (|X|-2) + \cdots + 1] =$$
$$|X|^2$$

因为区间族 δ 中的区间互不重叠, 所以, 每个区间 $Y \in \mathscr{T}$ 是唯一一个区间 $X \in \delta$ 的子区间. 故
$$\sum_{X \in \delta} |X|^2 = \sum_{X \in \delta} \left(\sum_{\substack{Y \in \mathscr{T} \\ Y \subseteq X}} \omega(|Y|) \right) = \sum_{Y \in \mathscr{T}} \omega(|Y|) \qquad ①$$

对于每一个 $d = 1, 2, \cdots, a_1$, 接下来计算在区间族 $\mathscr{T}$ 中有多少个长为 d 的区间.

注意到, a_1 的倍数均为被标记的整数. 则区间族 δ 与 $\mathscr{T}$ 中区间的长度均不超过 a_1.

设 x 为任意满足 $0 \leqslant x \leqslant A-1$ 的整数. 考虑区间 $[x, x+d]$.

设 $r_1, r_2, \cdots, r_n$ 分别为 x 模 $a_1, a_2, \cdots, a_n$ 的剩余.

因为 $a_1, a_2, \cdots, a_n$ 两两互素, 所以, 由中国剩余定理知, x 由数列 $r_1, r_2, \cdots, r_n$ 唯一确定.

对于每个 $i = 1, 2, \cdots, n$, 区间 $(x, x+d)$ 不包含任意 a_i 的倍数等价于 $r_i + d \leqslant a_i$, 即
$$r_i \in \{0, 1, \cdots, a_i - d\}$$

故对于每个 i, 整数 r_i 有 $a_i - d + 1$ 种选择.

因此, 满足 $[x, x+d] \in \mathscr{T}$, 且由剩余构成的数列 $r_1, r_2, \cdots, r_n$ 的个数为
$$(a_1 + 1 - d)(a_2 + 1 - d)\cdots(a_n + 1 - d)$$

记这个积为 $f(d)$.

下面用区间的长度来计算式 ① 中的最后一个和.

对于每个 $d = 1, 2, \cdots, a_1$, 有 $f(d)$ 个区间 $Y \in \mathscr{T}$ 满足 $|Y| = d$, 则式 ① 可继续写为

$$\sum_{X\in\delta}|X|^2 = \sum_{Y\in\mathcal{F}}\omega(|Y|) = \sum_{d=1}^{a_1}f(d)\omega(d) = 2\sum_{d=1}^{a_1}f(d) - f(1)$$

②

为了证明结论成立,先证明一个引理.

引理 若 p 为素数,$F(x)$ 为整系数多项式,且 $\deg F \leqslant p-2$,则 $\sum_{x=1}^{p}F(x)$ 可被 p 整除.

证明 显然,只要证明对于单项式 $x^k(k\leqslant p-2)$,引理中的结论成立.

对 k 用数学归纳法.

若 $k=0$,则 $F=1$. 结论显然成立.

若 $1\leqslant k\leqslant p-2$,假设对小于 k 的非负整数结论成立. 则

$$0 \equiv p^{k+1} = \sum_{x=1}^{p}[x^{k+1}-(x-1)^{k+1}] =$$

$$\sum_{x=1}^{p}\left[\sum_{l=0}^{k}(-1)^{k-l}C_{k+1}^{l}x^l\right] =$$

$$(k+1)\sum_{x=1}^{p}x^k + \sum_{l=0}^{k-1}(-1)^{k-l}C_{k+1}^{l}\sum_{x=1}^{p}x^l \equiv$$

$$(k+1)\sum_{x=1}^{p}x^k \pmod{p}$$

因为 $0 < k+1 < p$,所以

$$\sum_{x=1}^{p}x^k \equiv 0 \pmod{p}$$

回到原题.

在式 ② 中,由于 a_1 为素数,对于多项式 f,应用引理得

$$a_1 \mid \sum_{d=1}^{a_1}f(d)$$

又 $a_1 \mid f(1) = a_1 a_2 \cdots a_n$,则

$$a_1 \mid \sum_{X\in\delta}|X|^2$$

❼ 已知 c 为正整数,定义正整数数列

$$a_1 = c$$
$$a_{n+1} = a_n^3 - 4ca_n^2 + 5c^2 a_n + c \quad (n=1,2,\cdots)$$

证明:对于每个整数 $n\geqslant 2$,存在一个素数 p 整除 a_n,但不整除 $a_1, a_2, \cdots, a_{n-1}$.

证明 定义 $x_0 = 0, x_n = \dfrac{a_n}{c} (n=1,2,\cdots)$.

则数列 $\{x_n\}$ 满足

$$x^{n+1} = c^2(x_n^3 - 4x_n^2 + 5x_n) + 1 \quad (n \in \mathbf{N}) \qquad ①$$

由 $x_1 = 1, x_2 = 2c^2 + 1$ 知,$x_n (n \in \mathbf{N}_+)$ 均为正整数. 又

$$x_{n+1} = c^2 x_n (x_n - 2)^2 + c^2 x_n + 1 > x_n (n \in \mathbf{N}) \qquad ②$$

则数列 $\{x_n\}$ 严格递增.

由式 ① 知 x_{n+1} 与 c 互素.

因此,只要证对于每个整数 $n \geqslant 2$,存在素数 p 整除 x_n,但不整除 $x_1, x_2, \cdots, x_{n-1}$.

下面先证明三个引理.

引理 1   若非负整数 i, j 及正整数 m 满足 $i \equiv j \pmod{m}$,则 $x_i \equiv x_j \pmod{x_m}$.

引理 1 的证明   只要证明对于所有非负整数 i 及正整数 m,均有

$$x_{i+m} \equiv x_i \pmod{x_m}$$

固定正整数 m,对 i 用数学归纳法证明.

当 $i = 0$ 时,由 $x_0 = 0$ 知,结论成立.

若对于非负整数 i,有

$$x_{i+m} \equiv x_i \pmod{x_m}$$

由递归式 ① 得

$$x_{i+1+m} \equiv c^2(x_{i+m}^3 - 4x_{i+m}^2 + 5x_{i+m}) + 1 \equiv$$
$$c^2(x_i^3 - 4x_i^2 + 5x_i) + 1 \equiv x_{i+1} \pmod{x_m}$$

即对于 $i+1$ 结论也成立.

引理 2   若整数 $i, j \geqslant 2, m \geqslant 1$,且满足 $i \equiv j \pmod{m}$,则 $x_i \equiv x_j \pmod{x_m^2}$.

引理 2 的证明   只要证明对所有整数 $i \geqslant 2$ 与 $m \geqslant 1$,均有

$$x_{i+m} \equiv x_i \pmod{x_m^2}$$

固定正整数 m,对 i 用数学归纳法证明.

当 $i = 2$ 时,设 $L = 5c^2$,由式 ① 得

$$x_{m+1} \equiv L x_m + 1 \pmod{x_m^2}$$

则

$$x_{m+1}^3 - 4 x_{m+1}^2 + 5 x_{m+1} \equiv$$
$$(L x_m + 1)^3 - 4(L x_m + 1)^2 + 5(L x_m + 1) \equiv$$
$$(3 L x_m + 1) - 4(2 L x_m + 1) + 5(L x_m + 1) \equiv$$
$$2 \pmod{x_m^2}$$

从而,$x_{m+2} \equiv 2c^2 + 1 \equiv x_2 \pmod{x_m^2}$.

若对整数 $i \geqslant 2$,有

$$x_{i+m} \equiv x_i \pmod{x_m^2}$$

则

$$x_{i+1+m} \equiv c^2(x_{i+m}^3 - 4x_{i+m}^2 + 5x_{i+m}) + 1 \equiv$$
$$c^2(x_i^3 - 4x_i^2 + 5x_i + 1) \equiv$$

$$x_{i+1} (\bmod\ x_m^2)$$

即对于 $i+1$ 结论也成立.

引理 3 对每个整数 $n \geqslant 2$,均有
$$x_n > x_1 x_2 \cdots x_{n-2}$$

证明 当 $n=2,3$ 时,结论显然成立.

假设对整数 $n \geqslant 2$ 结论成立.

由 $x_2 \geqslant 3$ 及数列 $\{x_n\}$ 的单调性和式 ②,得
$$x_n \geqslant x_3 \geqslant x_2(x_2-1)^2 + x_2 + 1 \geqslant 7$$

故
$$x_{n+1} > x_n^3 - 4x_n^2 + 5x_n > 7x_n^2 - 4x_n^2 >$$
$$x_n^2 > x_n x_{n-1} > x_1 x_2 \cdots x_{n-2} x_{n-1}$$

即对于 $n+1$ 结论也成立.

回到原题.

对任意整数 $n \geqslant 2$,由引理 3 知,存在素数 p,在 x_n 的素因数分解中 p 的幂大于 $x_1 x_2 \cdots x_{n-2}$ 的素因数分解中 p 的幂,则 $p \mid x_n$.

若存在 $k \in \{1, 2, \cdots, n-1\}$,且 k 为满足 $p \mid x_k$ 的最小正整数,则由式 ① 知 $(x_n, x_{n-1}) = 1$.

又因为 $x_1 = 1$,所以,$2 \leqslant k \leqslant n-2$.

设 $n = qk + r (q \in \mathbf{N}_+, r \in \mathbf{N}, 0 \leqslant r < k)$.

由引理 1 得 $x_n \equiv x_r (\bmod\ x_k)$. 于是,$p \mid x_r$.

又 k 为最小的正整数,则 $r = 0$,即 $k \mid n$.

由引理 2 得 $x_n \equiv x_k (\bmod\ x_k^2)$.

设 $p^\alpha \| x_k$. 则 α 为正整数,且 $p^{\alpha+1} \mid x_k^2$.

由 p 的选取知 $p^{\alpha+1} \mid x_n$.

结合上面的同余式得 x_k 也为 $p^{\alpha+1}$ 的倍数. 矛盾.

因此,p 不整除 $x_1, x_2, \cdots, x_{n-1}$.

❽ 对于每个实数 x,记 $\|x\|$ 为 x 与其最近的整数的距离. 证明:对于每个正整数数对 (a,b),均存在奇素数 p 及正整数 k,满足
$$\left\|\frac{a}{p^k}\right\| + \left\|\frac{b}{p^k}\right\| + \left\|\frac{a+b}{p^k}\right\| = 1$$

解 注意到,$\left[x + \dfrac{1}{2}\right]$ 为距离 x 最近的整数. 则
$$\|x\| = \left|\left[x + \frac{1}{2}\right] - x\right| \Rightarrow \left[x + \frac{1}{2}\right] = x \pm \|x\| \qquad ①$$

对每个有理数 r 及每个素数 p,用 $v_p(r)$ 表示 r 的素因数分解中 p 的幂指数.

先证明一个引理.

引理 对每个正整数 n 及每个奇素数 p, 均有
$$v_p((2n-1)!!) = \sum_{k=1}^{+\infty}\left[\frac{n}{p^k}+\frac{1}{2}\right]$$

证明 对每个正整数 k, 计算 $(2n-1)!!$ 的因数 $1, 3, \cdots, 2n-1$ 中 p^k 的个数.

若 l 为任意正整数, $(2l-1)p^k$ 在上面的因数中当且仅当
$$0 < (2l-1)p^k \leqslant 2n \Leftrightarrow \frac{1}{2} < l \leqslant \frac{n}{p^k}+\frac{1}{2} \Leftrightarrow$$
$$1 \leqslant l \leqslant \left[\frac{n}{p^k}+\frac{1}{2}\right]$$

则在这些因数中恰有 $m_k = \left[\dfrac{n}{p^k}+\dfrac{1}{2}\right]$ 个 p^k 的倍数. 故
$$v_p((2n-1)!!) = \sum_{i=1}^{n}v_p(2i-1) =$$
$$\sum_{i=1}^{n}\sum_{k=1}^{v_p(2i-1)}1 = \sum_{k=1}^{+\infty}\sum_{l=1}^{m_k}1 = \sum_{k=1}^{+\infty}\left[\frac{n}{p^k}+\frac{1}{2}\right]$$

回到原题.

设
$$N = \frac{(2a+2b-1)!!}{(2a-1)!! \cdot (2b-1)!!} = \frac{(2a+1)(2a+3)\cdots(2a+2b-1)}{1\cdot 3 \cdot \cdots \cdot (2b-1)}$$
则 $N > 1$.

从而, 存在素数 p, 使得 $v_p(N) > 0$.

因为 N 的分子、分母均为奇数, 所以, p 为奇素数. 由引理得
$$0 < v_p(N) = \sum_{k=1}^{+\infty}\left(\left[\frac{a+b}{p^k}+\frac{1}{2}\right]-\left[\frac{a}{p^k}+\frac{1}{2}\right]-\left[\frac{b}{p^k}+\frac{1}{2}\right]\right)$$

于是, 存在正整数 k, 使得
$$d_k = \left[\frac{a+b}{p^k}+\frac{1}{2}\right]-\left[\frac{a}{p^k}+\frac{1}{2}\right]-\left[\frac{b}{p^k}+\frac{1}{2}\right]$$
为正数. 从而, $d_k \geqslant 1$.

由式 ① 得
$$1 \leqslant d_k = \frac{a+b}{p^k} - \frac{a}{p^k} - \frac{b}{p^k} \pm \left\|\frac{a+b}{p^k}\right\| \pm \left\|\frac{a}{p^k}\right\| \pm \left\|\frac{b}{p^k}\right\| =$$
$$\pm \left\|\frac{a+b}{p^k}\right\| \pm \left\|\frac{a}{p^k}\right\| \pm \left\|\frac{b}{p^k}\right\| \qquad ②$$

因为对每个分母为奇数的有理数 x, 均有 $\|x\| < \dfrac{1}{2}$, 所以, 不等式 ② 成立只可有是右边的三个符号均为正号, 且 $d_k = 1$.

故 $\left\|\dfrac{a}{p^k}\right\| + \left\|\dfrac{b}{p^k}\right\| + \left\|\dfrac{a+b}{p^k}\right\| = d_k = 1$

第十一编
第56届国际数学奥林匹克

第 56 届国际数学奥林匹克题解

泰国,2015

1 我们称平面上一个有限点集 S 是平衡的,如果对 S 中任意两个不同的点 A,B,都存在 S 中的一点 C,满足 $AC=BC$. 我们称 S 是无中心的,如果对 S 中任意三个不同的点 A,B,C,都不存在 S 中一点 P,满足 $PA=PB=PC$.

(1) 证明:对每个整数 $n\geqslant 3$,均存在一个由 n 个点构成的平衡点集.

(2) 确定所有的整数 $n\geqslant 3$,使得存在一个由 n 个点构成的平衡且无中心的点集.

荷兰命题

证明 (1) 容易知道,点集 S 是平衡点集的充要条件是 S 中的任意两点连线的垂直平分线经过 S 中的另一个点.

若 n 为奇数,设 $n=2k+1(k\geqslant 1)$. 在以 O 为圆心的单位圆上取 $2k$ 个两两不同的点 $A_1,A_2,\cdots,A_k,B_1,B_2,\cdots,B_k$,使得 $\overset{\frown}{A_iB_i}=\dfrac{\pi}{3}(i=1,2,\cdots,k)$. 我们证明,由 n 个点构成的点集

$$s=\{O,A_1,A_2,\cdots,A_k,B_1,B_2,\cdots,B_k\}$$

是平衡点集. 事实上,对任意 $1\leqslant i\leqslant k$,OA_i 的垂直平分线经过 S 中的点 B_i,OB_i 的垂直平分线经过 S 中的点 A_i,而对圆周上的任意两点,其连线的垂直平分线一定经过 S 中的点 O. 因此,S 是平衡点集.

若 n 为偶数,设 $n=2k+2(k\geqslant 1)$. 在以 O 为圆心的单位圆上取 $2k+1$ 个两两不同的点 $O',C_1,C_2,A_1,A_2,\cdots,A_{k-1},B_1,B_2,\cdots,B_{k-1}$,使得

$$\overset{\frown}{O'C_1}=\overset{\frown}{O'C_2}=\dfrac{\pi}{3}$$

$$\overset{\frown}{A_iB_i}=\dfrac{\pi}{3}(i=1,2,\cdots,k-1)$$

我们证明,由 n 个点构成的点集

$$S=\{O,O',C_1,C_2,A_1,A_2,\cdots,A_{k-1},B_1,B_2,\cdots,B_{k-1}\}$$

是平衡点集. 事实上,OO' 的垂直平分线经过 S 中的点 C_1、C_2,OC_1 的垂直平分线经过 S 中的点 C_2,OC_2 的垂直平分线经过 S 中的点

C_1,对任意 $1\leqslant i\leqslant k-1$,$OA_i$ 的垂直平分线经过 S 中的点 B_i,OB_i 的垂直平分线经过 S 中的点 A_i,而对圆周上的任意两点,其连线的垂直平分线一定经过 S 中的点 O. 因此,S 是平衡点集.

(2)容易知道,点集 S 是无中心的点集的充要条件是,对 S 中的任意三点,它们组成的三角形的外心不是 S 中的点. 我们将证明,若 n 为奇数,则存在由 n 个点构成的平衡且无中心的点集;若 n 为偶数,则不存在由 n 个点构成的平衡且无中心的点集.

当 n 为奇数时,取 S 为正 n 边形的顶点集. 由正奇数边形的性质可知,S 中的任意两点连线的垂直平分线都经过 S 中的另一个点,因此 S 是平衡的;又 S 中的任意三点组成的三角形的外心都是正 n 边形的中心 O,而 $O \notin S$,因此 S 是无中心的.

当 n 为偶数时,假设存在由 n 个点组成的平衡且无中心的点集 S. 因为 S 中的任意两点连线的垂直平分线都经过 S 中的另一个点,而 S 中一共有 C_n^2 个点对,所以,存在 S 中的点 P,使得至少有 $\lceil \frac{C_n^2}{n} \rceil = \frac{n}{2}$ 个 S 中的点对连线的垂直平分线经过该点. 容易证明这些点对两两无公共点(事实上,假设其中有两个点对有公共点,设这两个点对为 $\{A,B\}$ 和 $\{B,C\}$,从而点 P 是 $\triangle ABC$ 的外心,这与点 P 是无中心的点集矛盾). 这样,S 中至少有 $2\times \frac{n}{2}+1=n+1$ 个点,矛盾. 因此,当 n 为偶数时,不存在由 n 个点构成的平衡且无中心的点集.

---

❷ 确定所有的三元正整数组 (a,b,c),使得
$$ab-c, bc-a, ca-b$$
中的每个数都是 2 的方幂.

注:2 的方幂是指形如 2^n 的整数,其中 n 是一个非负整数.

塞尔维亚命题

解 不妨设 $a\geqslant b\geqslant c$,则 $ab-c\geqslant ca-b\geqslant bc-a$. 若 $c=1$,则 $a-b$ 和 $b-a$ 均为 2 的方幂,矛盾. 从而,$c>1$. 下面分情况讨论.

情形 1:a,b,c 均为奇数. 此时,a,b,c 两两互素,由此可知 $a>b>c$. 否则,不妨设 $\gcd(a,b)=d>1$,则 $d \mid ac-b$,从而 d 是 2 的正整数次幂,这与 a 是奇数矛盾. 对正整数 n,若 $n=2^s n_1$,其中 s 是非负整数,n_1 是奇数,定义 $e(n)=2^s$. 于是
$$ca-b = \gcd(ab-c, ca-b) \leqslant \gcd(ab-c, a(ca-b)+(ab-c)) =$$
$$\gcd(ab-c, (a^2-1)c) = \gcd(ab-c, a^2-1) \leqslant$$
$$e(a^2-1)$$
①

由于 $a^2-1=4\cdot\dfrac{a+1}{2}\cdot\dfrac{a-1}{2}$，且 $\dfrac{a+1}{2},\dfrac{a-1}{2}$ 一奇一偶，故

$$e(a^2-1)\leqslant 4\cdot\dfrac{a+1}{2}=2(a+1) \qquad ②$$

由式 ①,② 得

$$ca-b\leqslant 2(a+1)\leqslant 4a-b \qquad ③$$

上式中第二个不等式成立是因为 a,b 为不相等的奇数，故有 $a\geqslant b+2$. 从而，$c\leqslant 4$，即 $c=3$. 代入式 ③ 左边的不等式，可得 $a\leqslant b+2$. 因此，$a=b+2$. 因为 $ca-b>bc-a$，故 $ca-b\geqslant 2(bc-a)$，将 $c=3,a=b+2$ 代入，得 $2b\leqslant 10$，解得 $b\leqslant 5$，故 $b=5$. 因此，$(a,b,c)=(7,5,3)$，经检验知这组解符合要求.

情形 2：a 为奇数，b,c 中至少有一个偶数. 此时，$bc-a$ 是奇数，从而只能是 $bc-a=1$，即 $bc-1=a$，则

$$bc^2-b-c=ca-b=\gcd(ab-c,ca-b)=$$
$$\gcd(b^2c-b-c,bc^2-b-c)$$

下面来证明如下引理.

引理 若 $bc^2\equiv b+c\pmod{2^a}$，$b^2c\equiv b+c\pmod{2^a}$，则 $c^3\equiv b+c\pmod{2^a}$.

证明 只需证明 $c^3\equiv bc^2\pmod{2^a}$，即 $2^a\mid c^2(b-c)$.

由 $b^2+bc\equiv b^2c\equiv bc+c^2\pmod{2^a}$，可得

$$2^a\mid (b+c)(b-c) \qquad ④$$

若 $v_2(b)>v_2(c)$（这里，对正整数 n，$v_2(n)=\log_2 e(n)$），则

$$v_2(b+c)=v_2(c)\leqslant v_2(c^2)$$

因此，由式 ④ 可得 $2^a\mid c^2(b-c)$.

下面假设 $v_2(b)\leqslant v_2(c)$. 由 $bc^2\equiv b+c\equiv b^2c\pmod{2^a}$，得 $2^a\mid bc(b-c)$. 因此

$$2^a\mid c^2(b-c)$$

综上所述，$2^a\mid c^2(b-c)$. 因此，$c^3\equiv b+c\pmod{2^a}$.

回到原题. 由引理可知

$$bc^2-b-c=\gcd(b^2c-b-c,bc^2-b-c)\geqslant$$
$$\gcd(b^2c-b-c,c^3-b-c)$$

如果 $c^3-b-c=0$，那么

$$ca-b=((c^3-c)c-1)c-(c^3-c)=c^3(c^2-2)$$

由 $c^3(c^2-2)$ 是 2 的方幂得 $c=2$. 此时 $(a,b,c)=(11,6,2)$. 经检验知这组解符合要求.

如果 $c^3-b-c\neq 0$，那么

$$|c^3-b-c|\geqslant \gcd(b^2c-b-c,c^3-b-c)\geqslant bc^2-b-c$$

若 $c^3-b-c>0$，则 $c\geqslant b$，故 $c=b$. 此时 $ca-b=b(b^2-2)$ 为 2 的方幂，设 $b=2^s,b^2-2=2^t$（s,t 为非负整数），则 $2^{2s}-2^t=2$，

从而只能是 $s=t=1$，即 $b=c=2$，亦即 $(a,b,c)=(3,2,2)$，经检验知这组解符合要求.

若 $c^3-b-c<0$，则 $-(c^3-b-c)\geqslant bc^2-b-c$，即 $c^2\leqslant 2$，矛盾.

情形 3：a 是偶数. 此时
$$2a-b\leqslant ca-b=\gcd(ab-c,ca-b)\leqslant$$
$$\gcd(ab-c,(a^2-1)c)=\gcd(ab-c,c)\leqslant c$$
因此，$2a\leqslant b+c$. 结合 $a\geqslant b\geqslant c$ 可知 $a=b=c$. 再由 $ab-c=a(a-1)$ 为 2 的方幂，可得 $a=2$，从而 $(a,b,c)=(2,2,2)$. 经检验知这组解符合要求.

综上所述，所求的所有三元正整数组 (a,b,c) 为 $(2,2,2)$，$(3,2,2)$，$(7,5,3)$，$(11,6,2)$ 及其轮换.

❸ 在锐角 $\triangle ABC$ 中，$AB>AC$. 设 Γ 是它的外接圆，H 是它的垂心，F 是由顶点 A 处所引高的垂足. M 是边 BC 的中点. Q 是 Γ 上一点，使得 $\angle HQA=90°$，K 是 Γ 上一点，使得 $\angle HKQ=90°$. 已知点 A,B,C,K,Q 互不相同，且按此顺序排列在 Γ 上.

证明：$\triangle KQH$ 的外接圆和 $\triangle FKM$ 的外接圆相切.

乌克兰命题

证法 1 如图 56.1 所示，设 $\triangle ABC$ 的外心为 O. 联结 HM 并延长至点 X，使得 $MX=MH$，则四边形 $BHCX$ 是平行四边形，从而 $\angle BXC=\angle BHC=180°-\angle BAC$，因此点 X 在圆 Γ 上. 又由 $\angle ABX=\angle ABC+\angle CBX=\angle ABC+\angle BCH=90°$ 知，AX 是圆 Γ 的直径，即 A,O,X 三点共线. 又由于 $\angle HQA=90°$，故 Q,H,M,X 四点共线. 从而线段 OM 是 $\triangle AHX$ 的中位线，得 $AH=2OM$. 又由于 $\angle HQA=90°$，故 Q,H,M,X 四点共线. 设 $\triangle KQH$ 的外心为 O_1，则 O_1 是线段 QH 的中点.

由 $\angle AQM=\angle AFM=90°$ 知，A,M,F,Q 四点共圆，则 $\triangle AHM \backsim \triangle QHF$，故

$$\frac{AM}{QF}=\frac{AH}{QH}$$

又 $AH=2OM$，$QH=2O_1Q$，故

$$\frac{AM}{QF}=\frac{OM}{O_1Q}$$

又易知 $\angle OMA=\angle MAF=\angle MQF$，故 $\triangle OMA\backsim\triangle O_1QF$. 从而，$\angle AOM=\angle FO_1Q$，且

$$\frac{OM}{OK}=\frac{O_1Q}{O_1F} \qquad ①$$

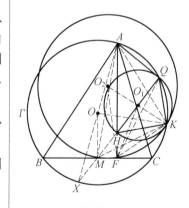

图 56.1

在等腰 $\triangle OAK$ 和等腰 $\triangle O_1QK$ 中，有 $\angle OAK = \angle XAK = \angle XQK = \angle O_1QK$，故 $\angle AOK = \angle QO_1K$. 从而，有
$$\angle MOK = \angle AOM - \angle AOK = \angle FO_1Q - \angle QO_1K = \angle KO_1F$$
结合式 ① 知，$\triangle MOK \backsim \triangle KO_1F$. 从而，有
$$\angle O_1KF = \angle OMK = 90° - \angle KMF$$
设 $\triangle FKM$ 的外心为 O_2，联结 O_2K，则
$$\angle O_2KF = \frac{1}{2}(180° - \angle KO_2F) = 90° - \frac{1}{2}\angle KO_2F =$$
$$90° - \angle KMF = \angle O_1KF$$
故 O_2, O_1, K 三点共线. 又点 F 是 $\triangle KQH$ 的外接圆与 $\triangle FKM$ 的外接圆的公共点，所以 $\triangle KQH$ 的外接圆与 $\triangle FKM$ 的外接圆相切于点 K.

证法2 如图 56.2 所示，设 $\triangle ABC$ 的外心为 O. 联结 HM 并延长至点 X，使得 $MX = MH$，同证法1可知点 X 在圆 Γ 上，且 A, Q, X 三点共线，Q, H, M, X 四点共线. 记直线 QK 与 BC 相交于点 G. 过点 K 作 $\triangle FKM$ 的外接圆的切线 KR，从而只需证明 KR 也是 $\triangle KQH$ 的外接圆的切线.

联结 HG，交 MK 于点 P. 下面证明，点 P 在 $\triangle KQH$ 的外接圆上. 这只需证明 $\angle QHP + \angle QKP = 180°$，即证 $\angle MHG + \angle MKG = 180°$. 设点 H 关于直线 BC 的对称点为 H_1，由垂心的性质知，点 H_1 在 $\triangle ABC$ 的外接圆 Γ 上. 联结 MH_1, GH_1，则 $\angle MH_1G = \angle MHG$，从而只需证明 $\angle MH_1G + \angle MKG = 180°$，即 M, H_1, G, K 四点共圆.

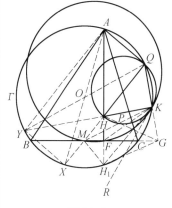

图 56.2

设直线 KH 与圆 Γ 交于点 $Y(Y \neq K)$，由 $\angle HKQ = 90°$ 知，Q, O, Y 三点共线. 从而，四边形 $AYXQ$ 是矩形，则 $\angle AYQ = \angle YQX$. 于是，有
$$\angle QHK = \angle KYQ + \angle YQX = \angle KYQ + \angle AYQ =$$
$$\angle AYK = \angle AH_1K$$
又 $\angle AHQ = \angle MHH_1 = \angle MH_1H = \angle MH_1A$，故
$\angle AHK = \angle AHQ + \angle QHK = \angle MH_1A + \angle AH_1K = \angle MH_1K$
由 $\angle QKH = \angle HFG = 90°$ 知，H, F, G, K 四点共圆，故 $\angle FGK = \angle AHK$. 从而，有
$$\angle MH_1K = \angle AHK = \angle FGK = \angle MGK$$
故 M, H_1, G, K 四点共圆. 因此，由前述可知，点 P 在 $\triangle KQH$ 的外接圆上.

在 $\triangle FKM$ 的外接圆中，由弦切角定理知，$\angle RKM = 180° - \angle MFK$. 由 H, F, G, K 四点共圆，知
$$\angle KHP = \angle KHG = \angle KFG = 180° - \angle MFK$$
故

$$\angle RKP = \angle RKM = \angle KHP$$

因此，KR 也是 $\triangle KQH$ 的外接圆的切线．结论得证．

证法 3 如图 56.3 所示，设 $\triangle ABC$ 的外心为 O．联结 HM 并延长至点 X，使得 $MX = MH$，同证法 1 可知点 X 在圆 Γ 上，且 A，Q，X 三点共线，Q，H，M，X 四点共线．设 $\triangle KQH$ 的外心为 O_1，则 O_1 是线段 QH 的中点．过点 H，作 $\triangle KQH$ 的外接圆的切线，交直线 BC 于点 E，则 $EH \perp QH$．联结 KE，DE．下面证明，直线 EK 与 $\triangle KQH$ 的外接圆相切．

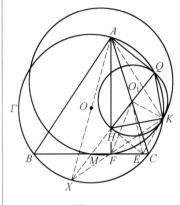

图 56.3

由 $\angle AFM = \angle AQM = 90°$ 知，A，Q，F，M 四点共圆，故 $HF \cdot HA = HM \cdot HQ$．又 $HM = \dfrac{1}{2} HX$，$HQ = 2HO_1$，故

$$HM \cdot HQ = \frac{1}{2} HX \cdot 2HO_1 = HX \cdot HO_1$$

从而

$$HF \cdot HA = HX \cdot HO_1$$

故 A，O_1，F，X 四点共圆．从而，有 $\angle HFO_1 = \angle AXO_1 = \angle AXQ = \angle AKQ$，故

$$\angle O_1 FE = 90° - \angle HFO = 90° - \angle AKQ = \angle AKH$$

由 $\angle QKH = \angle AKX = 90°$，$\angle HQK = \angle XQK = \angle XAK$，得 $\triangle QHK \backsim \triangle AXK$，故

$$\frac{QK}{QH} = \frac{AK}{AX} \qquad ①$$

由 $\angle QKH = \angle AKX = 90°$ 知，$\angle AKQ = \angle XKH$，故 $\triangle AKQ \backsim \triangle XKH$，故

$$\frac{AQ}{QK} = \frac{HX}{KH} \qquad ②$$

由 A，O_1，F，X 四点共圆知，$\triangle O_1 HF \backsim \triangle AHX$，故

$$\frac{O_1 F}{HF} = \frac{AX}{HX} \qquad ③$$

由 $\angle QHE = 90°$ 知

$$\angle EFH = 90° - \angle HFE = \angle AHQ$$

结合 $\angle HFE = \angle AQH = 90°$，得 $\triangle HFE \backsim \triangle AQH$，故

$$\frac{HF}{FE} = \frac{AQ}{QH} \qquad ④$$

① $\times$ ② $\times$ ③ $\times$ ④，整理得

$$\frac{O_1 F}{FE} = \frac{AK}{KX}$$

结合 $\angle O_1 FE = \angle AKH$，得 $\triangle O_1 FE \backsim \triangle AKH$．故 $\angle O_1 EF = \angle AHK$．又由 $\angle EFH = \angle AHQ$ 知

$$\angle O_1 EH = \angle O_1 EF - \angle HEF = \angle AKH - \angle AHQ = \angle O_1 HK$$

又 $O_1H=O_1K$,故 $\angle O_1HK=\angle O_1KH$,即 $\angle O_1EH=\angle O_1KH$.

从而,O_1,H,E,K 四点共圆.因此
$$\angle O_1KC=180°-\angle O_1HE=90°$$
即直线 EK 与 $\triangle KQH$ 的外接圆相切.

在 $Rt\triangle HMF$ 中,由 $HF\perp ME$ 知,$EH^2=EF\cdot EM$.又 $EM=EH$,故
$$EK^2=EF\cdot EM$$
从而,直线 EK 也是 $\triangle FKM$ 的外接圆的切线.结论得证.

证法 4 如图 56.4 所示,设 $\triangle ABC$ 的外心为 O. 联结 HM 并延长至点 X,使得 $MX=MH$,同证法 1 可知点 X 在圆 Γ 上,且 A,O,X 三点共线,Q,H,M,X 四点共线.设直线 KH 与圆 Γ 交于点 Y $(Y\neq K)$,由 $\angle HKQ=90°$ 知,Q,O,Y 三点共线.设点 E 是点 H 关于直线 BC 的对称点,由垂心的性质易知点 E 的圆 Γ 上.

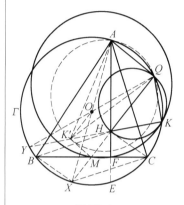

图 56.4

根据圆幂定理知
$$AH\cdot HE=QH\cdot HX=KH\cdot HY$$
设线段 HY 的中点为 K',则
$$AH\cdot HF=QH\cdot HM=KH\cdot HK'$$
以 H 为反演中心、以 $-AH\cdot HF$ 为反演幂进行反演变换,在此变换下,$\triangle KQH$ 的外接圆的像为直线 $K'M$,$\triangle KFM$ 的外接圆的像为 $\triangle K'AQ$ 的外接圆.从而,只需证明直线 $K'M$ 与 $\triangle K'AQ$ 的外接圆相切.

易知 OK' 是 $\triangle QHY$ 的中位线,则 $OK'\parallel QH$,结合 $\angle HQA=90°$ 知,$OK'\perp AQ$.而点 O 在线段 AQ 的垂直平分线上,故点 K' 也在线段 AQ 的垂直平分线上.因此,$K'A=K'Q$.

由 $QH\cdot HM=KH\cdot HK'$ 知,Q,K,M,K' 四点共圆,则 $\angle K'MQ=\angle QKH=90°$. 从而,$K'M\parallel AQ$,进而有 $\angle MK'Q=\angle K'QA=\angle K'AQ$. 这表明,直线 $K'M$ 与 $\triangle K'AQ$ 的外接圆相切,从而结论得证.

❹ 在 $\triangle ABC$ 中,Ω 是外接圆,O 是其外心.以 A 为圆心的一个圆 Γ 与线段 BC 交于两点 D 和 E,使得点 B,D,E,C 互不相同,并且按此顺序排列在直线 BC 上.设 F 和 G 是 Γ 和 Ω 的两个交点,并且使得点 A,F,B,C,G 按此顺序排列在 Ω 上. 设 K 是 $\triangle BDF$ 的外接圆和线段 AB 的另一个交点. 设 L 是 $\triangle CEG$ 的外接圆和线段 CA 的另一个交点.

假设直线 FK 和 GL 互不相同,且相交于点 X. 证明:X 在直线 AO 上.

希腊命题

证明 如图 56.5 所示,联结 AF,AG,FG,则 $AF=AG=$

$AD=AE$,OA 垂直平分 FG,从而只需证明 $FX=GX$.

由 F,B,C,G 四点共圆知,$\angle CBF+\angle FGC=180°$. 从而,有
$$\angle FBD+\angle FGE+\angle CGE=\angle CBF+\angle FGC=180°=$$
$$\angle FBD+\angle BDF+\angle BFD.$$

又由 D,E,G,F 四点共圆知,$\angle BDF=\angle FGE$. 故 $\angle BFM=\angle CGN$.

延长 FD,GE,分别与圆 Ω 交于点 M,N,联结 BG,CF. 由 $\angle BFD=\angle CGE$ 知,$\overset{\frown}{BN}=\overset{\frown}{CM}$,故 $\overset{\frown}{BM}=\overset{\frown}{CN}$,从而,$\angle BGE=\angle CFD$.

由 B,D,K,F 和 A,F,C,G 分别四点共圆,得
$$\angle DFK=\angle DBK=\angle ABC=\angle AFC$$
于是有
$$\angle CFM=\angle DFK-\angle CFK=\angle AFC-\angle CFK=\angle AFK=\angle AFX$$
同理,$\angle BGN=\angle AGX$. 故 $\angle AFX=\angle AGX$. 在等腰 $\triangle AFG$ 中,$\angle AFG=\angle AGF$. 于是有
$$\angle XFG=\angle AFG-\angle AFX=\angle AGF-\angle AGX=\angle XGF$$
故 $FX=GX$,从而结论得证.

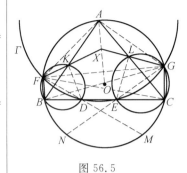

图 56.5

阿尔巴尼亚命题

❺ 设 **R** 是全体实数的集合. 求所有的函数 $f:\mathbf{R}\to\mathbf{R}$,满足对任意实数 x,y,都有
$$f(x+f(x+y))+f(xy)=x+f(x+y)+yf(x)$$

证明 在原方程中令 $y=1$,得
$$f(x+f(x+1))=x+f(x+1) \qquad ①$$
即对任意 $x\in\mathbf{R}$,$x+f(x+1)$ 总是函数 f 的不动点.

在原方程中令 $x=y=0$,得 $f(f(0))=0$. 再令 $x=0$,$y=f(0)$,得 $2f(0)=(f(0))^2$,故 $f(0)=0$ 或 2.

情形 1:$f(0)=2$. 此时,$f(2)=0$. 令 $x=0$,$y=x+f(x+1)$,得
$$x+f(x+1)+2=x+f(x+1)+2(x+f(x+1))$$
整理,得 $f(x+1)=1-x$. 换元可得 $f(x)=2-x(x\in\mathbf{R})$.

若 $f(x)=2-x$,则
$$f(x+f(x+y))+f(xy)=2-(x+2-(x+y))+2-xy=$$
$$y+2-xy$$
$$x+f(x+y)+yf(x)=x+2-(x+y)+y(2-x)=$$
$$y+2-xy$$
从而原方程成立. 因此,$f(x)=2-x$ 是符合条件的解.

情形 2:$f(0)=0$. 令 $y=0$,得

$$f(x+f(x))=x+f(x)$$

即对任意 $x \in \mathbf{R}, x+f(x)$ 也总是函数 f 的不动点.

在式 ① 中令 $x=-1$,得 $f(-1)=-1$. 在原方程中令 $x=1$, $y=-1$,得 $f(1)+f(-1)=1-f(1)$,即 $f(1)=1$.

在原方程中令 $x=1, y=x+f(x+1)$,得
$$f(1+1+x+f(x+1))+x+f(x+1)=$$
$$1+1+x+f(x+1)+x+f(x+1)$$
即
$$f(x+2+f(x+1))=x+2+f(x+1)$$

也即对任意 $x \in \mathbf{R}, x+2+f(x+1)$ 也是函数 f 的不动点,亦即 $x+f(x-1)$ 是函数 f 的不动点.

在原方程中令 $y=-1$,得 $f(x+f(x-1))+f(-x)=x+f(x-1)-f(x)$,故 $f(-x)=f(x)$.

在原方程中令 $y=-x$,得
$$f(x)+f(-x^2)=x-xf(x) \qquad ②$$

在式 ② 中,用 $-x$ 替换 x,得
$$f(-x)+f(-x^2)=-x+xf(-x)$$

结合 $f(-x)=f(x)$,上式即为
$$-f(x)+f(-x^2)=-x-xf(x) \qquad ③$$

式 ② 减去式 ③,整理得 $f(x)=x$. 显然,这也是原方程的解.

综上所述,所求的所有函数 f 为 $f(x)=x$ 和 $f(x)=2-x$ ($x \in \mathbf{R}$).

❻ 整数序列 $a_1, a_2, \cdots$ 满足下列条件:
(1) 对每个整数 $j \geqslant 1$,有 $1 \leqslant a_j \leqslant 2\,015$;
(2) 对任意整数 $1 \leqslant k < l$,有 $k+a_k \neq l+a_l$.

证明:存在两个正整数 b 和 N,使得
$$\left| \sum_{j=m+1}^{n} (a_j-b) \right| \leqslant 1\,007^2$$
对所有满足 $n > m \geqslant N$ 的整数 m 和 n 均成立.

澳大利亚命题

证明 设 $b_j=a_j+j$ ($j=1,2,\cdots$),则 $b_1, b_2, \cdots$ 互不相等. 将不属于 $\{b_1, b_2, \cdots\}$ 的正整数染成红色. 对任意 $j \in \mathbf{N}_+$,均有 $b_1, b_2, \cdots, b_j \in [1, j+2\,015]$. 因此,区间 $[1, j+2\,015]$ 中的红色数不多于 $2\,015$ 个. 由 j 的任意性可知,所有的红色数不多于 $2\,015$ 个. 设所有红色的正整数组成的集合为 T,并设 $b=|T|, S=\sum_{t \in T} t, N=\max_{t \in T}\{t\}$.

当 $m \geqslant N$ 时,$\sum_{j=1}^{m} b_j + S$ 是 $m + b$ 个互不相同的正整数的和,所以
$$\sum_{j=1}^{m} b_j + S \geqslant \sum_{j=1}^{m+b} j \quad \text{①}$$

另一方面,当 $j > m$ 时,$b_j > m + 1$. 故 $\sum_{j=1}^{m} b_j + S$ 的这 $m + b$ 个加项中包括了 $1, 2, \cdots, m + 1$ 中的所有数,且每个加项均不超过 $m + 2015$,所以
$$\sum_{j=1}^{m} b_j + S \leqslant \sum_{j=1}^{m+1} j + \sum_{j=1}^{b-1} (m + 2015 - (j-1)) = $$
$$\frac{(m+1)(m+2)}{2} + \frac{(2m + 4032 - b)(b-1)}{2} = $$
$$\frac{(m+b)(m+b+1)}{2} + (2015 - b)(b-1) = $$
$$\sum_{j=1}^{m+b} j + (2015 - b)(b-1) \quad \text{②}$$

注意到
$$\sum_{j=1}^{m} (a_j - b) = \sum_{j=1}^{m} b_j - \sum_{j=1}^{m} (b + j)$$

综合式 ①,②,得
$$0 \leqslant S - \sum_{j=1}^{b} j + \sum_{j=1}^{m} (a_j - b) \leqslant (2015 - b)(b - 1) \quad \text{③}$$

同理,当 $n > m \geqslant N$ 时,有
$$0 \leqslant S - \sum_{j=1}^{b} j + \sum_{j=1}^{n} (a_j - b) \leqslant (2015 - b)(b - 1) \quad \text{④}$$

式 ③,④ 相减,得
$$-(2015 - b)(b-1) \leqslant \sum_{j=m+1}^{n} (a_j - b) \leqslant (2015 - b)(b-1)$$

结合均值不等式,得
$$\left| \sum_{j=m+1}^{n} (a_j - b) \right| \leqslant (2015 - b)(b - 1) \leqslant 1007^2$$

第十二编
第57届国际数学奥林匹克

第57届国际数学奥林匹克题解

中国香港，2016

❶ 已知 $\triangle BCF$ 中，$\angle B$ 是直角. 在直线 CF 上取点 A，使得 $FA = FB$，且 F 在点 A 和 C 之间. 取点 D，使得 $DA = DC$，且 AC 是 $\angle DAB$ 的内角平分线. 取点 E，使得 $EA = ED$，且 AD 是 $\angle EAC$ 的内角平分线. 设 M 是线段 CF 的中点. 取点 X 使得 $AMXE$ 是一个平行四边形（这里 $AM \parallel EX$，$AE \parallel MX$）.

证明：直线 BD，FX 和 ME 三线共点.

比利时命题

解 如图 57.1 所示.

由条件，我们有
$$\angle FAB = \angle FBA = \angle DAC = \angle DCA = \angle EAD = \angle EDA,$$
记为 θ.

由于 $\triangle ABF \backsim \triangle ACD$，有 $\dfrac{AB}{AC} = \dfrac{AF}{AD}$，于是 $\triangle ABC \backsim \triangle AFD$. 又 $EA = ED$，有
$$\angle AFD = \angle ABC = 90° + \theta = 180° - \frac{1}{2}\angle AED$$

于是 F 在以 E 为圆心、EA 为半径的圆周上，特别地，$EF = EA = ED$. 再由
$$\angle EFA = \angle EAF = 2\theta = \angle BFC$$
可知，B, F, E 共线.

由于 $\angle EDA = \angle MAD$，因此 $ED \parallel AM$，从而 E, D, X 共线.

由 M 是 $\text{Rt}\triangle CBF$ 斜边 CF 的中点可得，$MF = MB$.

在等腰三角形 EFA 和 MFB 中
$$\angle EFA = \angle MFB, AF = BF$$
因此它们全等，从而
$$BM = AE = XM$$
且
$$BE = BF + FE = AF + FM = AM = EX$$

从而 $\triangle EMB \cong \triangle EMX$.

又由于 $EF = ED$，D, F 关于 EM 对称，X, B 也关于 EM 对称，从而直线 BD 和 XF 关于 EM 对称.

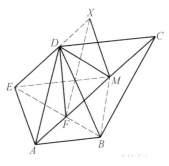

图 57.1

由此即得 BD, FX 和 ME 三线共点.

❷ 确定所有正整数 n, 使得可在一张 $n \times n$ 方格表的每一小方格中填入字母 I, M, O 之一, 满足下列条件:
- 在每一行及每一列中, 恰有三分之一的小方格填入字母 I, 三分之一的小方格填入字母 M, 三分之一的小方格填入字母 O; 并且
- 在每条对角线上, 若该对角线上的小方格个数是 3 的倍数, 则恰有三分之一的小方格填入字母 I, 三分之一的小方格填入字母 M, 三分之一的小方格填入字母 O.

注: 一张 $n \times n$ 方格表的行与列按自然的顺序标记为 1 至 n. 由此每个小方格对应于一个正整数对 (i, j), 其中 $1 \leqslant i$, $j \leqslant n$. 对 $n > 1$, 这张方格表有两类共计 $4n - 2$ 条对角线. 一条第一类对角线是由 $i + j$ 是某个常数的所有小方格 (i, j) 构成, 一条第二类对角线是由 $i - j$ 是某个常数的所有小方格 (i, j) 构成.

澳大利亚命题

解 答案是所有 9 的倍数.

首先, 对下述 9×9 的表格

$$\begin{pmatrix} I & I & I & M & M & M & O & O & O \\ M & M & M & O & O & O & I & I & I \\ O & O & O & I & I & I & M & M & M \\ I & I & I & M & M & M & O & O & O \\ M & M & M & O & O & O & I & I & I \\ O & O & O & I & I & I & M & M & M \\ I & I & I & M & M & M & O & O & O \\ M & M & M & O & O & O & I & I & I \\ O & O & O & I & I & I & M & M & M \end{pmatrix}$$

容易直接验证满足条件.

对 $n = 9k$, k 是正整数, 将 $n \times n$ 的方格表分成 k^2 个 9×9 的小方格表, 每个小方格表按上表方式填入 I, M, O. $n \times n$ 的方格表的每一行、每一列、每条小方格个数是 3 的倍数的对角线, 与每个 9×9 的小方格表的交分别是一行、一列、一条小方格个数是 3 的倍数的对角线, 或是空集, 因此 I, M, O 的个数相同.

下面假设在一张 $n \times n$ 方格表中存在满足要求的填写方式, 我们证明 $9 \mid n$. 由于每行中有相同数目的 I, M, O, 因此 n 是 3 的倍数. 设 $n = 3k$, 其中 k 是正整数. 将这张表格分成 k^2 个 3×3 的小方格表, 每个小方格表的中心方格称为关键方格, 经过关键方格的线 (行线、列线或对角线) 均称为关键直线. 考察所有对子 (l, c) 构成的集合 S, 其中 l 是一条关键直线, c 是填入 M 的一个小方格, 且

c 在 l 上. 用两种方式来计算 S 的元素个数.

一方面, 在每条关键直线 l 上, 恰有三分之一的小方格填入了 M. 若 l 是行线或列线(共有 k 条关键行线和 k 条关键列线), 则 l 上恰有 k 个方格填入 M. 再对关键对角线计算, 第一类关键对角线分别含有 $3, 6, 9, \cdots, 3k, 3k-3, \cdots, 3$ 个小方格, 第二类关键对角线也是相同情况, 因此
$$|S| = 2k \cdot k + 2 \cdot (1 + 2 + \cdots + k + (k-1) + \cdots + 1) = 2k^2 + 2k^2 = 4k^2$$

另一方面, 对每个填入 M 的小方格 c, 要么 c 恰在一条关键直线上, 要么 c 恰在 4 条关键直线上(这仅当 c 是关键方格). 由于整张表格中有 $3k^2$ 个小方格填入 M, $1 \equiv 4 \pmod{3}$, 因此
$$|S| \equiv 3k^2 \pmod{3}$$
从而 $4k^2 = |S| \equiv 3k^2 \pmod{3}$, 这导致 $3 \mid k$, 从而 $9 \mid n$. 结论获证.

> **❸** 设 $P = A_1 A_2 \cdots A_k$ 是平面上的一个凸多边形. 顶点 $A_1, A_2, \cdots, A_k$ 的纵横坐标均为整数, 且都在一个圆上. P 的面积记为 S. 设 n 是一个正奇数, 满足 P 的每条边长度的平方是被 n 整除的整数.
>
> 证明: $2S$ 是整数, 且被 n 整除.

俄罗斯命题

证明 由皮克定理知, S 是半整数, 因此 $2S$ 是整数. 以下只需对 $n = p^t$ 是奇质数方幂的情形来证明 $n \mid 2S$.

对 P 的边数 k 进行归纳. 若 P 是三角形, 设 P 的三边长分别为 a, b, c. 由假设 a^2, b^2, c^2 都被 n 整除. 根据海伦公式, 有
$$16S^2 = 2a^2b^2 + 2b^2c^2 + 2c^2a^2 - a^4 - b^4 - c^4 \equiv 0 \pmod{n^2}$$
因此 $2S$ 被 n 整除.

假设 $k \geqslant 4$, 且结论在小于 k 时均成立. 我们可以证明 P 有一条对角线, 其长度的平方是被 n 整除的整数. 若此结论成立, 用这条对角线将 P 分成两个凸多边形 P_1, P_2, 设面积分别为 S_1, S_2. 由归纳假设可知, $2S_1, 2S_2$ 都是被 n 整除的整数, 因此 $2S = 2S_1 + 2S_2$ 也被 n 整除, 从而结论获证.

用反证法来证明我们所需的结论, 假设 P 没有一条对角线长度的平方被 $n = p^t$ 整除. 用 $v_p(N)$ 表示正整数 N 中质因子 p 的次数. 在所有对角线 $A_i A_j$ 中, 选取其中一条使得 $v_p(A_i A_j^2)$ 最小, 不妨设
$$v_p(A_1 A_m^2) = \alpha = \min v_p(A_i A_j^2) < t$$
这里 $2 < m < k$. 对圆内接四边形 $A_1 A_{m-1} A_m A_{m+1}$ 应用托勒密定理, 设 $A_1 A_{m-1} = a, A_{m-1} A_m = b, A_m A_{m+1} = c, A_{m-1} A_1 = d$,

$A_{m-1}A_{m+1} = e, A_1 A_m = f$，则 $ac + bd = ef$，两边平方即得
$$a^2 c^2 + b^2 d^2 + 2abcd = e^2 f^2$$

由于 $a^2, b^2, c^2, d^2, e^2, f^2$ 都是正整数，我们有 $2abcd$ 也是正整数. 分析等式两边质因子 p 的次数. 有
$$v_p(a^2 c^2) = v_p(c^2) + v_p(a^2) \geqslant t + \alpha$$
$$v_p(b^2 d^2) = v_p(b^2) + v_p(d^2) \geqslant t + \alpha$$
$$v_p(2abcd) = \frac{1}{2}(v_p(a^2 c^2) + v_p(b^2 d^2)) \geqslant t + \alpha$$

因此
$$v_p(a^2 c^2 + b^2 d^2 + 2abcd) \geqslant t + \alpha$$

另一方面，有
$$v_p(e^2 f^2) = v_p(e^2) + v_p(f^2) < t + \alpha$$

矛盾. 结论获证.

> **❹** 一个由正整数构成的集合称为芳香集，若它至少有两个元素，且其中每个元素都与其他元素中的至少一个元素有公共的质因子. 设 $P(n) = n^2 + n + 1$. 试问：正整数 b 最小为何值时能够存在一个非负整数 a，使得集合
> $$\{P(a+1), P(a+2), \cdots, P(a+b)\}$$
> 是一个芳香集？

卢森堡供题

解 b 的最小值为 6. 先证明以下一些结论.

(1) $(P(n), P(n+1)) = 1$.

这是因为
$$(P(n), P(n+1)) = (n^2+n+1, (n+1)^2 + (n+1) + 1) =$$
$$(n^2 + n + 1, 2n + 2) =$$
$$(n^2 + n + 1, n + 1) = (1, n+1) = 1$$

(2) $(P(n), P(n+2)) = 1$，除非 $n \equiv 2 \pmod 7$ 时，有
$$(P(n), P(n+2)) = 7$$

由于
$$(P(n), P(n+2)) = (n^2+n+1, (n+2)^2+(n+2)+1) =$$
$$(n^2+n+1, 4n+6) = (n^2+n+1, 2n+3) =$$
$$(4n^2+4n+4, 2n+3) = (7, 2n+3)$$

仅当 $7 \mid 2n+3$，即 $n \equiv 2 \pmod 7$ 时，$(P(n), P(n+2)) = 7$，否则 $(P(n), P(n+2)) = 1$.

(3) $(P(n), P(n+3)) = 1$，除非 $n \equiv 1 \pmod 3$ 时，有
$$(P(n), P(n+3)) = 3$$

由于
$$(P(n), P(n+3)) = (n^2+n+1, (n+3)^2+(n+3)+1) =$$

$$(n^2+n+1, 6n+12) = (n^2+n+1, n+2) =$$
$$(4n^2+4n+4, n+2) = (3, n+2) = 1$$

仅当 $3 \mid n+2$，即 $n \equiv 1 \pmod 3$ 时，$(P(n), P(n+3)) = 3$，否则 $(P(n), P(n+3)) = 1$.

(4) $(P(n), P(n+4)) = 1$，除非 $n \equiv 7 \pmod{19}$ 时，有
$$(P(n), P(n+4)) = 19$$

由于
$$(P(n), P(n+4)) = (n^2+n+1, (n+4)^2+(n+4)+1) =$$
$$(n^2+n+1, 8n+20) = (n^2+n+1, 2n+5) =$$
$$(4n^2+4n+4, 2n+5) = (19, 2n+5)$$

仅当 $19 \mid 2n+5$，即 $n \equiv 7 \pmod{19}$ 时，$(P(n), P(n+4)) = 19$，否则 $(P(n), P(n+4)) = 1$.

$b=2$ 时，$P(a+1)$ 与 $P(a+2)$ 互质，不存在芳香集.

$b=3$ 时，$P(a+2)$ 与 $P(a+1)$，$P(a+3)$ 均互质，也不存在芳香集.

$b=4$ 时，若存在芳香集，则 $P(a+2)$ 与 $P(a+4)$ 不互质，$P(a+3)$ 与 $P(a+1)$ 不互质，这仅当 $a+1 \equiv a+2 \equiv 2 \pmod 7$ 时发生，但这不可能.

$b=5$ 时，假设存在芳香集. 则 $P(a+3)$ 与 $P(a+1)$，$P(a+5)$ 之一不互质，这表明 $a+1 \equiv 2 \pmod 7$ 或 $a+3 \equiv 2 \pmod 7$. 此时 $P(a+2)$ 与 $P(a+4)$ 互质，从而只可能 $(P(a+2), P(a+5)) > 1$，$(P(a+4), P(a+1)) > 1$. 这仅当 $a+1 \equiv a+2 \equiv 1 \pmod 3$，也不可能.

最后我们说明 $b=6$ 时存在芳香集. 由中国剩余定理，存在正整数 a，使得
$$a+1 \equiv 1 \pmod 3, a+2 \equiv 7 \pmod{19}, a+3 \equiv 2 \pmod 7$$
则 $(P(a+1), P(a+4)) = 3$，$(P(a+2), P(a+6)) = 19$，$(P(a+3), P(a+5)) = 7$，从而 $\{P(a+1), P(a+2), \cdots, P(a+6)\}$ 是一个芳香集.

❺ 在黑板上写有方程
$$(x-1)(x-2)\cdots(x-2\,016) = (x-1)(x-2)\cdots(x-2\,016)$$
其中等号两边各有 2 016 个一次因式. 试问：正整数 k 最小为何值时，可以在等号两边擦去这 4 032 个一次因式中的恰好 k 个，使得等号每一边都至少留下一个一次因式，且所得到的方程没有实数根？

俄罗斯命题

解 答案是 2 016.

若要使得所得方程无实数根，同一个一次因式在等号两边不

能都有,至少删去其中一个,故总共至少需要删去 2 016 个一次因式.

下面说明,如果在等式左边删去所有一次因式 $x-k$,其中 $k\equiv 2,3 \pmod 4$,在等式右边删去所有一次因式 $x-m$,其中 $m\equiv 0,1\pmod 4$,所得方程

$$\prod_{j=0}^{503}(x-4j-1)(x-4j-4)=\prod_{j=0}^{503}(x-4j-2)(x-4j-3) \quad ①$$

无实数根. 对实数 x 分情况说明 ① 式不成立.

情形 1:$x=1,2,\cdots,2\,016$.

在此情形下,① 式一边等于零,另一边不等于零,因此 ① 式不成立.

情形 2:$x\in(4k+1,4k+2)\cup(4k+3,4k+4)$,其中 $k\in\{0,1,\cdots,503\}$.

对 $j\in\{0,1,\cdots,503\}$,若 $j\neq k$,则
$$(x-4j-1)(x-4j-4)>0$$
$$(x-4j-2)(x-4j-3)>0$$

若 $j=k$,则
$$(x-4k-1)(x-4k-4)<0$$
$$(x-4k-2)(x-4k-3)>0$$

将这些不等式相乘得 ① 式左边小于零,右边大于零,因此 ① 式不成立.

情形 3:$x<1$ 或 $x>2\,016$ 或 $x\in(4k,4k+1)$,其中 $k\in\{1,2,\cdots,503\}$.

对 $j\in\{0,1,\cdots,503\}$,我们有
$$0<(x-4j-1)(x-4j-4)<(x-4j-2)(x-4j-3)$$

将这些不等式相乘得 ① 式左边小于右边,① 式不成立.

情形 4:$x\in(4k+2,4k+3)$,其中 $k\in\{0,1,\cdots,503\}$.

对 $j\in\{1,2,\cdots,503\}$,我们有
$$0<(x-4j+1)(x-4j-2)<(x-4j)(x-4j-1)$$

此外 $x-1>x-2>0$,$x-2\,016<x-2\,015<0$,将这些不等式相乘得

$$\prod_{j=0}^{503}(x-4j-1)(x-4j-4)<\prod_{j=0}^{503}(x-4j-2)(x-4j-3)<0$$

① 式不成立.

综上所述,所需删去一次因式个数的最小值为 2 016.

❻ 在平面上有 $n \geqslant 2$ 条线段,其中任意两条线段都交叉,且没有三条线段相交于同一点. 杰夫在每条线段上选取一个端点并放置一只青蛙在此端点上,青蛙面向另一个端点. 接着杰夫会拍 $n-1$ 次手. 每当他拍一次手时,每只青蛙都立即向前跳到它所在线段上的下一个交点. 每只青蛙自始至终不改变跳跃的方向. 杰夫的愿望是能够适当地放置青蛙,使得在任何时刻不会有两只青蛙落在同一个交点上.

(1) 证明:若 n 是奇数,则杰夫总能实现他的愿望.

(2) 证明:若 n 是偶数,则杰夫总不能实现他的愿望.

捷克命题

证明 取一个大圆盘覆盖所有线段,延长线段使得与圆周 ω 交于两点,不妨假设最初时线段的两个端点就在此圆周上,这不影响题目. 因此我们将 n 条线段看作是 ω 的 n 条弦,每两条在内部相交,且没有三条弦相交于同一点. 在 ω 上按顺时针方向将这 n 条弦的 $2n$ 个端点依次记为 $A_1, A_2, A_3, \cdots, A_{2n}$.

(1) 杰夫可将青蛙放在 $A_1, A_3, \cdots, A_{2n-1}$ 上. 首先每条弦两侧各有 $n-1$ 个端点,因此这 n 条弦为 $A_i A_{i+n}, i=1,2,\cdots,n$,由于 n 是奇数,$i, i+n$ 一奇一偶,杰夫确实在每条弦的一个端点上放置了一只青蛙. 为证明任何时刻不会有两只青蛙落在同一个交点上,我们考察任意两只青蛙,假设它们是在 A_i, A_{i+2k} 上的两只青蛙,这里 $1 \leqslant k < \dfrac{n}{2}$,下标按模 $2n$ 理解. 设弦 $A_i A_{i+n}$ 与 $A_{i+2k} A_{i+2k+n}$ 相交于点 P. 只需说明线段 $A_i P$ 内部的交点个数与线段 $A_{i+2k} P$ 内部的交点个数不相同. 对于弦 $A_j A_{j+n}$,其中 $j = i+1, i+2, \cdots, i+2k-1$,每条弦恰与线段 $A_i P, A_{i+2k} P$ 中的一条相交. 对于其他的弦,要么同时与线段 $A_i P, A_{i+2k} P$ 相交,要么同时不相交,因此线段 $A_i P$ 和 $A_{i+2k} P$ 内部的交点总数是奇数,从而不会相等.

(2) 对杰夫的任意一种放置青蛙的方法,一定有两只青蛙放置在相邻的 A_i, A_{i+1} 上,若不然青蛙相间地放置在圆周上,但 n 是偶数,这导致有某个 i,使得 A_i, A_{i+n} 上都有青蛙,不合要求. 设弦 $A_i A_{i+n}$ 与 $A_{i+1} A_{i+n+1}$ 交于点 P. 对于其他任意一条弦,要么同时与线段 $A_i P, A_{i+n} P$ 相交,要么同时不相交,因此线段 $A_i P, A_{i+n} P$ 内部的交点个数相同,这样在某个时刻,A_i, A_{i+n} 上的青蛙就会同时落在交点 P 上.

附 录
IMO 背景介绍

第1章 引 言

第1节 国际数学奥林匹克

国际数学奥林匹克(IMO)是高中学生最重要和最有威望的数学竞赛.它在全面提高高中学生的数学兴趣和发现他们之中的数学尖子方面起着重要作用.

在开始时,IMO是(范围和规模)要比今天小得多的竞赛.在1959年,只有7个国家参加第1届IMO,它们是:保加利亚,捷克斯洛伐克,民主德国,匈牙利,波兰,罗马尼亚和苏联.从此之后,这一竞赛就每年举行一次.渐渐的,东方国家,西欧国家,直至各大洲的世界各地许多国家都加入进来(唯一的一次未能举办竞赛的年份是1980年,那一年由于财政原因,没有一个国家有意主持这一竞赛.今天这已不算一个问题,而且主办国要提前好几年排队).到第45届在雅典举办IMO时,已有不少于85个国家参加.

竞赛的形式很快就稳定下来并且以后就不变了.每个国家可派出6个参赛队员,每个队员都单独参赛(即没有任何队友协助或合作).每个国家也派出一位领队,他参加试题筛选并和其队员隔离直到竞赛结束,而副领队则负责照看队员.

IMO的竞赛共持续两天.每天学生们用四个半小时解题,两天总共要做6道题.通常每天的第一道题是最容易的而最后一道题是最难的,虽然有许多著名的例外(IMO1996—5是奥林匹克竞赛题中最难的问题之一,在700个学生中,仅有6人做出来了这道题).每题7分,最高分是42分.

每个参赛者的每道题的得分是激烈争论的结果,并且,最终,判卷人所达成的协议由主办国签名,而各国的领队和副领队则捍卫本国队员的得分公平和利益不受损失.这一评分体系保证得出的成绩是相对客观的,分数的误差极少超过2或3点.

各国自然地比较彼此的比分,只设个人奖,即奖牌和荣誉奖,在IMO中仅有少于$\frac{1}{12}$的参赛者被授予金牌,少于$\frac{1}{4}$的参赛者被授予金牌或银牌以及少于$\frac{1}{2}$的参赛者被授予金牌、银牌或者铜牌.在没被授予奖牌的学生之中,对至少有一个问题得满分的那些人授予荣誉奖.这一确定得奖的系统运行的相当完好.一方面它保证有严格的标准并且对参赛者分出适当的层次使得每个参赛者有某种可以尽力争取的目标.另一方面,它也保证竞赛有不依赖于竞赛题的难易差别的很大程度的宽容度.

根据统计,最难的奥林匹克竞赛是1971年,然后依次是1996年,1993年和1999年.得分最低的是1977年,然后依次是1960年和1999年.

竞赛题的筛选分几步进行.首先参赛国向IMO的主办国提交他们提出的供选择用的候选题,这些问题必须是以前未使用过的,且不是众所周知的新鲜问题.主办国不提出备选问题.命题委员会从所收到的问题(称为长问题单,即第一轮预选题)中选出一些问题(称为短问题单)提交由各国领队组成的 IMO 裁判团,裁判团再从第二轮预选题中选出 6 道题作为 IMO 的竞赛题.

除了数学竞赛外,IMO 也是一次非常大型的社交活动.在竞赛之后,学生们有三天时间享受主办国组织的游览活动以及与世界各地的 IMO 参加者们互动和交往.所有这些都确实是令人难忘的体验.

第 2 节　IMO 竞赛

已出版了很多 IMO 竞赛题的书[65].然而除此之外的第一轮预选题和第二轮预选题尚未被系统加以收集整理和出版,因此这一领域中的专家们对其中很多问题尚不知道.在参考文献中可以找到部分预选题,不过收集的通常是单独某年的预选题.参考文献[1],[30],[41],[60]包括了一些多年的问题.大体上,这些书包括了本书的大约 50% 的问题.

本书的目的是把我们全面收集的 IMO 预选题收在一本书中.它由所有的预选题组成,包括从第 10 届以及第 12 届到第 44 届的第二轮预选题和第 19 届竞赛中的第一轮预选题.我们没有第 9 届和第 11 届的第二轮预选题,并且我们也未能发现那两届 IMO 竞赛题是否是从第一轮预选题选出的或是否存在未被保存的第二轮预选题.由于 IMO 的组织者通常不向参赛国的代表提供第一轮预选题,因此我们收集的题目是不全的.在 1989 年题目的末尾收集了许多分散的第一轮预选题,以后有效的第一轮预选题的收集活动就结束了.前八届的问题选取自参考文献[60].

本书的结构如下:如果可能的话,在每一年的问题中,和第一轮预选题或第二轮预选题一起,都单独列出了 IMO 竞赛题.对所有的第二轮预选题都给出了解答.IMO 竞赛题的解答被包括在第二轮预选题的解答中.除了在南斯拉夫举行的两届 IMO(由于爱国原因)之外,对第一轮预选题未给出解答,由于那将使得本书的篇幅不合理的加长.由所收集的问题所决定,本书对奥林匹克训练营的教授和辅导教练是有益的和适用的.通过在题号上附加 LL,SL,IMO 我们指出了题目的年号,是属于第一轮预选题,第二轮预选题还是竞赛题,例如(SL89—15)表示这道题是 1989 年第二轮预选题的第 15 题.

我们也给出了一个在我们的证明中没有明显地引用和导出的所有公式和定理一个概略的列表.由于我们主要关注仅用于本书证明中的定理,我们相信这个列表中所收入的都是解决 IMO 问题时最有用的定理.

在一本书中收集如此之多的问题需要大量的编辑工作,我们对原来叙述不够确切和清楚的问题作了重新叙述,对原来不是用英语表达的问题做了翻译.某些解答是来自作者和其他资源,而另一些解是本书作者所做.

许多非原始的解答显然在收入本书之前已被编辑.我们不能保证本书的问题完全地对应于实际的第一轮预选题或第二轮预选题的名单.然而我们相信本书的编辑已尽可能接近于原来的名单.

第 2 章 基本概念和事实

下面是本书中经常用到的概念和定理的一个列表. 我们推荐读者在(也许)进一步阅读其他文献前首先阅读这一列表并熟悉它们.

第 1 节 代 数

2.1.1 多项式

定理 2.1 二次方程 $ax^2 + bx + c = 0 (a,b,c \in \mathbf{R}, a \neq 0)$ 有解
$$x_{1,2} = \frac{-b \pm \sqrt{b^2 - 4ac}}{2a}$$

二次方程的判别式 D 定义为 $D^2 = b^2 - 4ac$, 当 $D < 0$ 时, 解是复数, 并且是共轭的; 当 $D = 0$ 时, 解退化成一个实数解; 当 $D > 0$ 时, 方程有两个不同的实数解.

定义 2.2 二项式系数 $\binom{n}{k}, n, k \in \mathbf{N}_0, k \leqslant n$ 定义为
$$\binom{n}{k} = \frac{n!}{i!(n-i)!}$$

对 $i > 0$, 它们满足

$$\binom{n}{i} + \binom{n}{i-1} = \binom{n+1}{i}$$

以及

$$\binom{n}{0} + \binom{n}{1} + \cdots + \binom{n}{n} = 2^n$$

$$\binom{n}{0} - \binom{n}{1} + \cdots + (-1)^n \binom{n}{n} = 0$$

$$\binom{n+m}{k} = \sum_{i=0}^{k} \binom{n}{i}\binom{m}{k-i}$$

定理 2.3 ((牛顿(Newton))二项式公式) 对 $x, y \in \mathbf{C}$ 和 $n \in \mathbf{N}$
$$(x+y)^n = \sum_{i=0}^{n} \binom{n}{i} x^{n-i} y^i$$

定理 2.4 (裴蜀(Bezout)定理) 多项式 $P(x)$ 可被二项式 $x - a (a \in \mathbf{C})$ 整除的充分必要条件是 $P(a) = 0$.

定理 2.5 (有理根定理) 如果 $x = \dfrac{p}{q}$ 是整系数多项式 $P(x) = a_n x^n + \cdots + a_0$ 的根, 且 $(p, q) = 1$, 则 $p \mid a_0, q \mid a_n$.

定理 2.6 (代数基本定理) 每个非常数的复系数多项式有一个复根.

定理 2.7 (爱森斯坦(Eisenstein)判据) 设 $P(x)=a_nx^n+\cdots+a_1x+a_0$ 是一个整系数多项式,如果存在一个素数 p 和一个整数 $k\in\{0,1,\cdots,n-1\}$,使得 $p\mid a_0,a_1,\cdots,a_k$, $p\nmid a_{k+1}$ 以及 $p^2\nmid a_0$,那么存在 $P(x)$ 的不可约因子 $Q(x)$,其次数至少是 k. 特别,如果 $k=n-1$,则 $P(x)$ 是不可约的.

定义 2.8 $x_1,\cdots,x_n$ 的对称多项式是一个在 $x_1,\cdots,x_n$ 的任意排列下不变的多项式,初等对称多项式是 $\sigma_k(x_1,\cdots,x_k)=\sum x_{i_1,\cdots,i_n}$(分别对 $\{1,2,\cdots,n\}$ 的 k-元素子集 $\{i_1,i_2,\cdots,i_k\}$ 求和).

定理 2.9 (对称多项式定理) 每个 $x_1,\cdots,x_n$ 的对称多项式都可用初等对称多项式 $\sigma_1,\cdots,\sigma_n$ 表出.

定理 2.10 (韦达(Vieta)公式) 设 $\alpha_1,\cdots,\alpha_n$ 和 $c_1,\cdots,c_n$ 都是复数,使得
$$(x-\alpha_1)(x-\alpha_2)\cdots(x-\alpha_n)=x^n+c_1x^{n-1}+c_2x^{n-2}+\cdots+c_n$$
那么对 $k=1,2,\cdots,n$
$$c_k=(-1)^k\sigma_k(\alpha_1,\cdots,\alpha_n)$$

定理 2.11 (牛顿对称多项式公式) 设 $\sigma_k=\sigma_k(x_1,\cdots,x_n)$ 以及 $s_k=x_1^k+x_2^k+\cdots+x_n^k$,其中 $x_1,\cdots,x_n$ 是复数,那么
$$k\sigma_k=s_1\sigma_{k-1}+s_2\sigma_{k-2}+\cdots+(-1)^ks_{k-1}\sigma_1+(-1)^ks_k$$

2.1.2 递推关系

定义 2.12 一个递推关系是指一个由序列 $x_n,n\in\mathbf{N}$ 的前面的元素的函数确定的如下的关系
$$x_n+a_1x_{n-1}+\cdots+a_kx_{n-k}=0\ (n\geqslant k)$$
如果其中的系数 $a_1,\cdots,a_k$ 都是不依赖于 n 的常数,则上述关系称为 k 阶的线性齐次递推关系. 定义此关系的特征多项式为 $P(x)=x^k+a_1x^{k-1}+\cdots+a_k$.

定理 2.13 利用上述定义中的记号,设 $P(x)$ 的标准因子分解式为
$$P(x)=(x-\alpha_1)^{k_1}(x-\alpha_2)^{k_2}\cdots(x-\alpha_r)^{k_r}$$
其中 $\alpha_1,\cdots,\alpha_r$ 是不同的复数,而 $k_1,\cdots,k_r$ 是正整数,那么这个递推关系的一般解由公式
$$x_n=p_1(n)\alpha_1^n+p_2(n)\alpha_2^n+\cdots+p_r(n)\alpha_r^n$$
给出,其中 p_i 是次数为 k_i 的多项式. 特别,如果 $P(x)$ 有 k 个不同的根,那么所有的 p_i 都是常数.

如果 $x_0,\cdots,x_{k-1}$ 已被设定,那么多项式的系数是唯一确定的.

2.1.3 不等式

定理 2.14 平方函数总是正的,即 $x^2\geqslant 0(\forall x\in\mathbf{R})$. 把 x 换成不同的表达式,可以得出以下的不等式.

定理 2.15 (伯努利(Bernoulli)不等式)
1. 如果 $n\geqslant 1$ 是一个整数,$x>-1$ 是实数,那么 $(1+x)^n\geqslant 1+nx$;
2. 如果 $\alpha>1$ 或 $\alpha<0$,那么对 $x>-1$ 成立不等式:$(1+x)^\alpha\geqslant 1+\alpha x$;
3. 如果 $\alpha\in(0,1)$,那么对 $x>-1$ 成立不等式:$(1+x)^\alpha\leqslant 1+\alpha x$.

定理 2.16 （平均不等式）对正实数 $x_1,\cdots,x_n$，成立 $QM \geqslant AM \geqslant GM \geqslant HM$，其中

$$QM = \sqrt{\frac{x_1^2 + \cdots + x_n^2}{n}}, AM = \frac{x_1 + \cdots + x_n}{n}$$

$$GM = \sqrt[n]{x_1 \cdots x_n}, HM = \frac{n}{\frac{1}{x_1} + \cdots + \frac{1}{x_n}}$$

所有不等式的等号都当且仅当 $x_1 = x_2 = \cdots = x_n$，数 QM, AM, GM 和 HM 分别被称为平方平均、算术平均、几何平均以及调和平均.

定理 2.17 （一般的平均不等式）设 $x_1, \cdots, x_n$ 是正实数，对 $p \in \mathbf{R}$，定义 $x_1, \cdots, x_n$ 的 p 阶平均为

$$M_p = \left(\frac{x_1^p + \cdots + x_n^p}{n}\right)^{\frac{1}{p}}, \text{如果 } p \neq 0$$

以及

$$M_q = \lim_{p \to q} M_p, \text{如果 } q \in \{\pm\infty, 0\}$$

特别，$\max x_i, QM, AM, GM, HM$ 和 $\min x_i$ 分别是 $M_\infty, M_2, M_1, M_0, M_{-1}$ 和 $M_{-\infty}$，那么

$$M_p \leqslant M_q, \text{只要 } p \leqslant q$$

定理 2.18 （柯西－施瓦兹不等式）设 $a_i, b_i (i=1,2,\cdots,n)$ 是实数，则

$$\left(\sum_{i=1}^n a_i b_i\right)^2 \leqslant \left(\sum_{i=1}^n a_i^2\right)\left(\sum_{i=1}^n b_i^2\right)$$

当且仅当存在 $c \in \mathbf{R}$ 使得 $b_i = ca_i, i=1,\cdots,n$ 时，等号成立.

定理 2.19 （赫尔德不等式）设 $a_i, b_i (i=1,2,\cdots,n)$ 是非负实数，p, q 是使得 $\frac{1}{p} + \frac{1}{q} = 1$ 的正实数，则

$$\sum_{i=1}^n a_i b_i \leqslant \left(\sum_{i=1}^n a_i^p\right)^{\frac{1}{p}} \left(\sum_{i=1}^n b_i^q\right)^{\frac{1}{q}}$$

当且仅当存在 $c \in \mathbf{R}$ 使得 $b_i = ca_i, i=1,\cdots,n$ 时，等号成立. 柯西－施瓦兹不等式是赫尔德不等式在 $p=q=2$ 时的特殊情况.

定理 2.20 （闵科夫斯基(Minkovski)不等式）设 $a_i, b_i, i=1,2,\cdots,n$ 是非负实数，p 是任意不小于 1 的实数，则

$$\left(\sum_{i=1}^n (a_i + b_i)^p\right)^{\frac{1}{p}} \leqslant \left(\sum_{i=1}^n a_i^p\right)^{\frac{1}{p}} + \left(\sum_{i=1}^n b_i^p\right)^{\frac{1}{p}}$$

当 $p > 1$ 时，当且仅当存在 $c \in \mathbf{R}$ 使得 $b_i = ca_i, i=1,\cdots,n$ 时，等号成立，当 $p=1$ 时，等号总是成立.

定理 2.21 （切比雪夫(Chebyshev)不等式）设 $a_1 \geqslant a_2 \geqslant \cdots \geqslant a_n$ 以及 $b_1 \geqslant b_2 \geqslant \cdots \geqslant b_n$ 是实数，则

$$n\sum_{i=1}^n a_i b_i \geqslant \left(\sum_{i=1}^n a_i\right)\left(\sum_{i=1}^n b_i\right) \geqslant n\sum_{i=1}^n a_i b_{n+1-i}$$

当 $a_1 = a_2 = \cdots = a_n$ 或 $b_1 = b_2 = \cdots = b_n$ 时，上面的两个不等式的等号同时成立.

定义 2.22 定义在区间 I 上的实函数 f 称为是凸的，如果对所有的 $x, y \in I$ 和所有使得 $\alpha + \beta = 1$ 的 $\alpha, \beta > 0$，都有 $f(\alpha x + \beta y) \leqslant \alpha f(x) + \beta f(y)$，函数 f 称为是凹的，如果成立相反的不等式，即如果 $-f$ 是凸的.

定理 2.23　如果 f 在区间 I 上连续,那么 f 在区间 I 是凸函数的充分必要条件是对所有 $x,y \in I$, 成立
$$f\left(\frac{x+y}{2}\right) \leqslant \frac{f(x)+f(y)}{2}$$

定理 2.24　如果 f 是可微的,那么 f 是凸函数的充分必要条件是它的导函数 f' 是不减的. 类似地,可微函数 f 是凹函数的充分必要条件是它的导函数 f' 是不增的.

定理 2.25　(琴生不等式) 如果 $f:I \to \mathbf{R}$ 是凸函数,那么对所有的 $\alpha_i \geqslant 0$, $\alpha_1 + \cdots + \alpha_n = 1$ 和所有的 $x_i \in I$ 成立不等式
$$f(\alpha_1 x_1 + \cdots + \alpha_n x_n) \leqslant \alpha_1 f(x_1) + \cdots + \alpha_n f(x_n)$$
对于凹函数,成立相反的不等式.

定理 2.26　(穆黑(Muirhead)不等式) 设 $x_1, x_2, \cdots, x_n \in \mathbf{R}^*$, 对正实数的 n 元组 $a = (a_1, a_2, \cdots, a_n)$, 定义
$$T_a(x_1, \cdots, x_n) = \sum y_1^{a_1} \cdots y_n^{a_n}$$
是对 $x_1, x_2, \cdots, x_n$ 的所有排列 $y_1, y_2, \cdots, y_n$ 求和. 称 n 元组 a 是优超 n 元组 b 的, 如果
$$a_1 + a_2 + \cdots + a_n = b_1 + b_2 + \cdots + b_n$$
并且对 $k = 1, \cdots, n-1$
$$a_1 + \cdots + a_k \geqslant b_1 + \cdots + b_k$$
如果不增的 n 元组 a 优超不增的 n 元组 b, 那么成立以下不等式
$$T_a(x_1, \cdots, x_n) \geqslant T_b(x_1, \cdots, x_n)$$
等号当且仅当 $x_1 = x_2 = \cdots = x_n$ 时成立.

定理 2.27　(舒尔(Schur)不等式) 利用对穆黑不等式使用的记号
$$T_{\lambda+2\mu, 0, 0}(x_1, x_2, x_3) + T_{\lambda, \mu, \mu}(x_1, x_2, x_3) \geqslant 2T_{\lambda+\mu, \mu, 0}(x_1, x_2, x_3)$$
其中 $\lambda, \mu \in \mathbf{R}^*$, 等号当且仅当 $x_1 = x_2 = x_3$ 或 $x_1 = x_2, x_3 = 0$(以及类似情况) 时成立.

2.1.4　群和域

定义 2.28　群是一个具有满足以下条件的运算"$*$"的非空集合 G:
(1) 对所有的 $a, b, c \in G, a*(b*c) = (a*b)*c$;
(2) 存在一个唯一的加法元 $e \in G$ 使得对所有的 $a \in G$ 有 $e*a = a*e = a$;
(3) 对每一个 $a \in G$, 存在一个唯一的逆元 $a^{-1} = b \in G$ 使得 $a*b = b*a = e$.
如果 $n \in \mathbf{Z}$, 则当 $n \geqslant 0$ 时,定义 a^n 为 $a*a*\cdots*a(n$ 次), 否则定义为 $(a^{-1})^{-n}$.

定义 2.29　群 $\Gamma = (G, *)$ 称为是交换的或阿贝尔群, 如果对任意 $a, b \in G, a*b = b*a$.

定义 2.30　集合 A 生成群 $(G, *)$, 如果 G 的每个元用 A 的元素的幂和运算"$*$"得出. 换句话说, 如果 A 是群 G 的生成子, 那么每个元素 $g \in G$ 就可被写成 $a_1^{i_1} * \cdots * a_n^{i_n}$, 其中对 $j = 1, 2, \cdots, n, a_j \in A$ 而 $i_j \in \mathbf{Z}$.

定义 2.31　当存在使得 $a^n = e$ 的 n 时, $a \in G$ 的阶是使得 $a^n = e$ 成立的最小的 $n \in \mathbf{N}$. 一个群的阶是指其元素的个数, 如果群的每个元素的阶都是有限的, 则称其为有限阶的.

定义 2.32　(拉格朗日定理) 在有限群中, 元素的阶必整除群的阶.

定义 2.33　一个环是一个具有两种运算"$+$"和"$\cdot$"的非空集合 R 使得 $(R, +)$ 是阿贝尔

群,并且对任意 $a,b,c \in R$,有

(1) $(a \cdot b) \cdot c = a \cdot (b \cdot c)$;

(2) $(a+b) \cdot c = a \cdot c + b \cdot c$ 以及 $c \cdot (a+b) = c \cdot a + c \cdot b$.

一个环称为是交换的,如果对任意 $a,b \in R, a \cdot b = b \cdot a$,并且具有乘法单位元 $i \in R$,使得对所有的 $a \in R, i \cdot a = a \cdot i$.

定义 2.34 一个域是一个具有单位元的交换环,在这种环中,每个不是加法单位元的元素 a 有乘法逆 a^{-1},使得 $a \cdot a^{-1} = a^{-1} \cdot a = i$.

定理 2.35 下面是一些群、环和域的通常的例子:

群:$(\mathbf{Z}_n, +), (\mathbf{Z}_p \backslash \{0\}, \cdot), (\mathbf{Q}, +), (\mathbf{R}, +), (\mathbf{R} \backslash \{0\}, \cdot)$;

环:$(\mathbf{Z}_n, +, \cdot), (\mathbf{Z}, +, \cdot), (\mathbf{Z}[x], +, \cdot), (\mathbf{R}[x], +, \cdot)$;

域:$(\mathbf{Z}_p, +, \cdot), (\mathbf{Q}, +, \cdot), (\mathbf{Q}(\sqrt{2}), +, \cdot), (\mathbf{R}, +, \cdot), (\mathbf{C}, +, \cdot)$.

第 2 节 分 析

定义 2.36 称序列 $\{a_n\}_{n=1}^{\infty}$ 有极限 $a = \lim\limits_{n \to \infty} a_n$(也记为 $a_n \to a$),如果对任意 $\varepsilon > 0$,都存在 $n_\varepsilon \in \mathbf{N}$,使得当 $n \geqslant n_\varepsilon$ 时,成立 $|a_n - a| < \varepsilon$.

称函数 $f:(a,b) \to \mathbf{R}$ 有极限 $y = \lim\limits_{x \to c} f(x)$,如果对任意 $\varepsilon > 0$,都存在 $\delta > 0$,使得对任意 $x \in (a,b), 0 < |x - c| < \delta$,都有 $|f(x) - y| < \varepsilon$.

定义 2.37 称序列 x_n 收敛到 $x \in \mathbf{R}$,如果 $\lim\limits_{n \to \infty} x_n = x$,级数 $\sum\limits_{n=1}^{\infty} x_n$ 收敛到 $s \in \mathbf{R}$ 的含义为 $\lim\limits_{m \to \infty} \sum\limits_{n=1}^{m} x_n = s$. 一个不收敛的序列或级数称为是发散的.

定理 2.38 如果序列 a_n 单调并且有界,则它必是收敛的.

定义 2.39 称函数 f 在区间 $[a,b]$ 上是连续的,如果对每个 $x_0 \in [a,b], \lim\limits_{x \to x_0} f(x) = f(x_0)$.

定义 2.40 称函数 $f:(a,b) \to \mathbf{R}$ 在点 $x_0 \in (a,b)$ 是可微的,如果以下极限存在
$$f'(x_0) = \lim_{x \to x_0} \frac{f(x) - f(x_0)}{x - x_0}$$
称函数在 (a,b) 上是可微的,如果它在每一点 $x_0 \in (a,b)$ 都是可微的. 函数 f' 称为是函数 f 的导数,类似地,可定义 f' 的导数 f'',它称为函数 f 的二阶导数,等.

定理 2.41 可微函数是连续的. 如果 f 和 g 都是可微的,那么 $fg, \alpha f + \beta g (\alpha, \beta \in \mathbf{R})$, $f \circ g, \dfrac{1}{f}$(如果 $f \neq 0$), f^{-1}(如果它可被有意义地定义)都是可微的,并且成立

$$(\alpha f + \beta g)' = \alpha f' + \beta g'$$
$$(fg)' = f'g + fg'$$
$$(f \circ g)' = (f' \circ g) \cdot g'$$
$$\left(\frac{1}{f}\right)' = -\frac{f'}{f^2}$$

$$\left(\frac{f}{g}\right)' = \frac{f'g - fg'}{g^2}$$

$$(f^{-1})' = \frac{1}{(f' \circ f^{-1})}$$

定理 2.42 以下是一些初等函数的导数(a 表示实常数)

$$(x^a)' = ax^{a-1}$$

$$(\ln x)' = \frac{1}{x}$$

$$(a^x)' = a^x \ln a$$

$$(\sin x)' = \cos x$$

$$(\cos x)' = -\sin x$$

定理 2.43 (费马定理) 设 $f:[a,b] \to \mathbf{R}$ 是可微函数,且函数 f 在此区间内达到其极大值或极小值. 如果 $x_0 \in (a,b)$ 是一个极值点(即函数在此点达到极大值或极小值), 那么 $f'(x_0) = 0$.

定理 2.44 (罗尔(Roll)定理) 设 $f(x)$ 是定义在 $[a,b]$ 上的连续可微函数,且 $f(a) = f(b) = 0$, 则存在 $c \in (a,b)$, 使得 $f'(c) = 0$.

定义 2.45 定义在 $\mathbf{R}^n$ 的开子集 D 上的可微函数 $f_1, f_2, \cdots, f_k$ 称为是相关的,如果存在非零的可微函数 $F: \mathbf{R}^k \to \mathbf{R}$ 使得 $F(f_1, \cdots, f_k)$ 在 D 的某个开子集上恒同于 0.

定义 2.46 函数 $f_1, \cdots, f_k: D \to \mathbf{R}$ 是独立的充分必要条件为 $k \times n$ 矩阵 $\left[\frac{\partial f_i}{\partial x_j}\right]_{i,j}$ 的秩为 k, 即在某个点, 它有 k 行是线性无关的.

定理 2.47 (拉格朗日乘数) 设 D 是 $\mathbf{R}^n$ 的开子集, 且 $f, f_1, \cdots, f_k: D \to \mathbf{R}$ 是独立无关的可微函数. 设点 a 是函数 f 在 D 内的一个极值点, 使得 $f_1 = f_2 = \cdots = f_n = 0$, 则存在实数 $\lambda_1, \cdots, \lambda_k$ (所谓的拉格朗日乘数) 使得 a 是函数 $F = f + \lambda_1 f_1 + \cdots + \lambda_k f_k$ 的平衡点, 即在点 a 使得 F 的偏导数为 0 的点.

定义 2.48 设 f 是定义在 $[a,b]$ 上的实函数,且设 $a = x_0 \leqslant x_1 \leqslant \cdots \leqslant x_n = b$ 以及 $\xi_k \in [x_{k-1}, x_k]$, 和 $S = \sum_{k=1}^{n}(x_k - x_{k-1})f(\xi_k)$ 称为达布(Darboux)和, 如果 $I = \lim\limits_{\delta \to 0} S$ 存在(其中 $\delta = \max\limits_{k}(x_k - x_{k-1})$), 则称 f 是可积的, 并称 I 是它的积分. 每个连续函数在有限区间上都是可积的.

第 3 节 几 何

2.3.1 三角形的几何

定义 2.49 三角形的垂心是其高线的交点.

定义 2.50 三角形的外心是其外接圆的圆心, 它是三角形各边的垂直平分线的交点.

定义 2.51 三角形的内心是其内切圆的圆心, 它是其各角的角平分线的交点.

定义 2.52 三角形的重心是其各边中线的交点.

定理 2.53 对每个非退化的三角形, 垂心、外心、内心、重心都是良定义的.

定理 2.54 （欧拉线）任意三角形的垂心 H，重心 G 和外心 O 位于一条直线上（欧拉线），且满足 $\overrightarrow{HG} = 2\overrightarrow{GO}$.

定理 2.55 （9点圆）三角形从顶点 A, B, C 向对边所引的垂足，AB, BC, CA, AH, BH, CH 各线段的中点位于一个圆上（9点圆）.

定理 2.56 （费尔巴哈（Feuerbach）定理）三角形的 9 点圆与其内切圆以及三个旁切圆相切.

定理 2.57 给定 $\triangle ABC$，设 $\triangle ABC'$，$\triangle AB'C$ 和 $\triangle A'BC$ 是向外的等边三角形，则 AA', BB', CC' 交于一点，称为托里拆利（Torricelli）点.

定义 2.58 设 ABC 是一个三角形，P 是一点，而 X, Y, Z 分别是从 P 向 BC, AC, AB 所引垂线的垂足，则 $\triangle XYZ$ 称为 $\triangle ABC$ 的对应于点 P 的佩多（Pedal）三角形.

定理 2.59 （西姆森（Simson）线）当且仅当点 P 位于 $\triangle ABC$ 的外接圆上时，佩多三角形是退化的，即 X, Y, Z 共线. 点 X, Y, Z 共线时，它们所在的直线称为西姆森线.

定理 2.60 （卡农（Carnot）定理）从 X, Y, Z 分别向 BC, CA, AB 所作的垂线共点的充分必要条件是
$$BX^2 - XC^2 + CY^2 - YA^2 + AZ^2 - ZB^2 = 0$$

定理 2.61 （笛沙格（Desargue）定理）设 $A_1B_1C_1$ 和 $A_2B_2C_2$ 是两个三角形. 直线 A_1A_2，B_1B_2, C_1C_2 共点或互相平行的充分必要条件是 $A = B_1C_1 \cap B_2C_2, B = C_1A_2 \cap A_1C_2, C = A_1B_2 \cap A_2B_1$ 共线.

2.3.2 向量几何

定义 2.62 对任意两个空间中的向量 a, b，定义其数量积（又称点积）为 $a \cdot b = |a||b| \cdot \cos \varphi$，而其向量积为 $a \times b = p$，其中 $\varphi = \angle(a, b)$，而 p 是一个长度为 $|p| = |a||b| \cdot |\sin \varphi|$ 的向量，它垂直于由 a 和 b 所确定的平面，并使得有顺序的三个向量 a, b, p 是正定向的（注意如果 a 和 b 共线，则 $a \times b = \mathbf{0}$）. 这些积关于两个向量都是线性的. 数量积是交换的，而向量积是反交换的，即 $a \times b = -b \times a$. 我们也定义三个向量 a, b, c 的混合积为 $[a, b, c] = (a \times b) \cdot c$.

原书注：向量 a 和 b 的数量积有时也表示成 $\langle a, b \rangle$.

定理 2.63 （泰勒斯（Thale）定理）设直线 AA' 和 BB' 交于点 $O, A' \neq O \neq B'$. 那么 $AB \parallel A'B' \Leftrightarrow \dfrac{\overrightarrow{OA}}{\overrightarrow{OA'}} = \dfrac{\overrightarrow{OB}}{\overrightarrow{OB'}}$（其中 $\dfrac{a}{b}$ 表示两个非零的共线向量的比例）.

定理 2.64 （塞瓦（Ceva）定理）设 ABC 是一个三角形，而 X, Y, Z 分别是直线 BC, CA, AB 上不同于 A, B, C 的点，那么直线 AX, BY, CZ 共点的充分必要条件是
$$\frac{\overrightarrow{BX}}{\overrightarrow{XC}} \cdot \frac{\overrightarrow{CY}}{\overrightarrow{YA}} \cdot \frac{\overrightarrow{AZ}}{\overrightarrow{ZB}} = 1$$
或等价的
$$\frac{\sin \angle BAX}{\sin \angle XAC} \cdot \frac{\sin \angle CBY}{\sin \angle YBA} \cdot \frac{\sin \angle ACZ}{\sin \angle ZCB} = 1$$
（最后的表达式称为三角形式的塞瓦定理）.

定理 2.65 （梅涅劳斯定理）利用塞瓦定理中的记号，点 X, Y, Z 共线的充分必要条件

是
$$\frac{\overrightarrow{BX}}{\overrightarrow{XC}} \cdot \frac{\overrightarrow{CY}}{\overrightarrow{YA}} \cdot \frac{\overrightarrow{AZ}}{\overrightarrow{ZB}} = -1$$

定理 2.66 （斯特瓦尔特(Stewart)定理）设 D 是直线 BC 上任意一点，则
$$AD^2 = \frac{\overrightarrow{DC}}{\overrightarrow{BC}}BD^2 + \frac{\overrightarrow{BD}}{\overrightarrow{BC}}CD^2 - \overrightarrow{BD} \cdot \overrightarrow{DC}$$

特别，如果 D 是 BC 的中点，则
$$4AD^2 = 2AB^2 + 2AC^2 - BC^2$$

2.3.3 重心

定义 2.67 一个质点 (A, m) 是指一个具有质量 $m > 0$ 的点 A.

定义 2.68 质点系 $(A_i, m_i), i = 1, 2, \cdots, n$ 的质心（重心）是指一个使得 $\sum_i m_i \overrightarrow{TA_i} = 0$ 的点.

定理 2.69 （莱布尼兹(Leibniz)定理）设 T 是总质量为 $m = m_1 + \cdots + m_n$ 的质点系 $\{(A_i, m_i) \mid i = 1, 2, \cdots, n\}$ 的质心，并设 X 是任意一个点，那么
$$\sum_{i=1}^n m_i XA_i^2 = \sum_{i=1}^n m_i TA_i^2 + mXT^2$$

特别，如果 T 是 $\triangle ABC$ 的重心，而 X 是任意一个点，那么
$$AX^2 + BX^2 + CX^2 = AT^2 + BT^2 + CT^2 + 3XT^2$$

2.3.4 四边形

定理 2.70 四边形 $ABCD$ 是共圆的（即 $ABCD$ 存在一个外接圆）的充分必要条件是
$$\angle ACB = \angle ADB$$
或
$$\angle ADC + \angle ABC = 180°$$

定理 2.71 （托勒密(Ptolemy)定理）凸四边形 $ABCD$ 共圆的充分必要条件是
$$AC \cdot BD = AB \cdot CD + AD \cdot BC$$

对任意四边形 $ABCD$ 则成立托勒密不等式（见 2.3.7 几何不等式）.

定理 2.72 （开世(Casey)定理）设四个圆 k_1, k_2, k_3, k_4 都和圆 k 相切. 如果圆 k_i 和 k_j 都和圆 k 内切或外切，那么设 t_{ij} 表示由圆 k_i 和 k_j ($i, j \in \{1, 2, 3, 4\}$) 所确定的外公切线的长度，否则设 t_{ij} 表示内公切线的长度. 那么乘积 $t_{12}t_{34}$, $t_{13}t_{24}$ 以及 $t_{14}t_{23}$ 之一是其余二者之和.

圆 k_1, k_2, k_3, k_4 中的某些圆可能退化成一个点，特别设 A, B, C 是圆 k 上的三个点，圆 k 和圆 k' 在一个不包含点 B 的 $\overset{\frown}{AC}$ 上相切，那么我们有 $AC \cdot b = AB \cdot c + BC \cdot a$，其中 a, b 和 c 分别是从点 A, B 和 C 向 AC 所作的切线的长度. 托勒密定理是开世定理在四个圆都退化时的特殊情况.

定理 2.73 凸四边形 $ABCD$ 相切（即 $ABCD$ 存在一个内切圆）的充分必要条件是
$$AB + CD = BC + DA$$

定理 2.74 对空间中任意四点 A, B, C, D, $AC \perp BD$ 的充分必要条件是

$$AB^2 + CD^2 = BC^2 + DA^2$$

定理 2.75 （牛顿定理）设 $ABCD$ 是四边形，$AD \cap BC = E, AB \cap DC = F$（那种点 A，B,C,D,E,F 构成一个完全四边形），那么 AC,BD 和 EF 的中点是共线的。如果 $ABCD$ 相切，那么其内心也在这条直线上。

定理 2.76 （布罗卡尔(Brocard)定理）设 $ABCD$ 是圆心为 O 的圆内接四边形，并设 $P = AB \cap CD, Q = AD \cap BC, R = AC \cap BD$，那么 O 是 $\triangle PQR$ 的垂心。

2.3.5 圆的几何

定理 2.77 （帕斯卡(Pascal)定理）如果 $A_1, A_2, A_3, B_1, B_2, B_3$ 是圆 γ 上不同的点，那么点 $X_1 = A_2B_3 \cap A_3B_2, X_2 = A_1B_3 \cap A_3B_1$ 和 $X_3 = A_1B_2 \cap A_2B_1$ 是共线的。在 γ 是两条直线的特殊情况下，这一结果称为帕普斯(Pappus)定理。

定理 2.78 （布里安桑(Brianchon)定理）设 $ABCDEF$ 是任意圆内接凸六边形，那么 AD, BE 和 CF 交于一点。

定理 2.79 （蝴蝶定理）设 AB 是圆 k 上的一条线段，C 是它的中点。设 p 和 q 是通过 C 的两条不同的直线，分别与圆 k 在 AB 的一侧交于 P 和 Q，而在另一侧交于 P' 和 Q'，设 E 和 F 分别是 PQ' 和 $P'Q$ 与 AB 的交点，那么 $CE = CF$。

定义 2.80 点 X 关于圆 $k(O, r)$ 的幂定义为 $P(X) = OX^2 - r^2$。设 l 是任一条通过 X 并交圆 k 于 A 和 B 的线（当 l 是切线时，$A = B$），有 $P(X) = \overrightarrow{XA} \cdot \overrightarrow{XB}$。

定义 2.81 两个圆的根轴是关于这两个圆的幂相同的点的轨迹。圆 $k_1(O_1, r_1)$ 和 $k_2(O_2, r_2)$ 的根轴垂直于 O_1O_2。三个不同的圆的根轴是共点的或互相平行的。如果根轴是共点的，则它们的交点称为根心。

定义 2.82 一条不通过点 O 的直线 l 关于圆 $k(O, r)$ 的极点是一个位于 l 的与 O 相反一侧的使得 $OA \perp l$，且 $d(O, l) \cdot OA = r^2$ 的点 A。特别，如果 l 和 k 交于两点，则它的极点就是过这两个点的切线的交点。

定义 2.83 用上面的定义中的记号，称点 A 的极线是 l，特别，如果 A 是 k 外面的一点，而 AM, AN 是 k 的切线 $(M, N \in k)$，那么 MN 就是 A 的极线。

可以对一般的圆锥曲线类似地定义极点和极线的概念。

定理 2.84 如果点 A 属于点 B 的极线，则点 B 也属于点 A 的极线。

2.3.6 反演

定义 2.85 一个平面 π 围绕圆 $k(O, r)$（圆属于 π）的反演是一个从集合 $\pi \setminus \{O\}$ 到自身的变换，它把每个点 P 变为一个在 $\pi \setminus \{O\}$ 上使得 $OP \cdot OP' = r^2$ 的点。在下面的叙述中，我们将默认排除点 O。

定理 2.86 在反演下，圆 k 上的点不动，圆内的点变为圆外的点，反之亦然。

定理 2.87 如果 A, B 两点在反演下变为 A', B' 两点，那么 $\angle OAB = \angle OB'A', ABB'A'$ 共圆且此圆垂直于 k。一个垂直于 k 的圆变为自身，反演保持连续曲线（包括直线和圆）之间的角度不变。

定理 2.88 反演把一条不包含 O 的直线变为一个包含 O 的圆，包含 O 的直线变成自身。不包含 O 的圆变为不包含 O 的圆，包含 O 的圆变为不包含 O 的直线。

2.3.7　几何不等式

定理 2.89　（三角不等式）对平面上的任意三个点 A,B,C
$$AB + BC \geqslant AC$$
当等号成立时 A,B,C 共线,且按照这一次序从左到右排列时,等号成立.

定理 2.90　（托勒密不等式）对任意四个点 A,B,C,D 成立
$$AC \cdot BD \leqslant AB \cdot CD + AD \cdot BC$$

定理 2.91　（平行四边形不等式）对任意四个点 A,B,C,D 成立
$$AB^2 + BC^2 + CD^2 + DA^2 \geqslant AC^2 + BD^2$$
当且仅当 $ABCD$ 是一个平行四边形时等号成立.

定理 2.92　如果 $\triangle ABC$ 的所有的角都小于或等于 $120°$ 时,那么当 X 是托里拆利点时, $AX + BX + CX$ 最小,在相反的情况下, X 是钝角的顶点. 使得 $AX^2 + BX^2 + CX^2$ 最小的点 X_2 是重心（见莱布尼兹定理）.

定理 2.93　（爱尔多斯－莫德尔(Erdös-Mordell)不等式）. 设 P 是 $\triangle ABC$ 内一点,而 P 在 BC,AC,AB 上的投影分别是 X,Y,Z,那么
$$PA + PB + PC \geqslant 2(PX + PY + PZ)$$
当且仅当 $\triangle ABC$ 是等边三角形以及 P 是其中心时等号成立.

2.3.8　三角

定义 2.94　三角圆是圆心在坐标平面的原点的单位圆. 设 A 是点 $(1,0)$,而 $P(x,y)$ 是三角圆上使得 $\angle AOP = \alpha$ 的点,那么我们定义
$$\sin \alpha = y, \cos \alpha = x, \tan \alpha = \frac{y}{x}, \cot \alpha = \frac{x}{y}$$

定理 2.95　函数 $\sin$ 和 $\cos$ 是周期为 2π 的周期函数,函数 $\tan$ 和 $\cot$ 是周期为 π 的周期函数,成立以下简单公式
$$\sin^2 x + \cos^2 x = 1, \sin 0 = \sin \pi = 0$$
$$\sin(-x) = -\sin x, \cos(-x) = \cos x$$
$$\sin \frac{\pi}{2} = 1, \sin \frac{\pi}{4} = \frac{\sqrt{2}}{2}, \sin \frac{\pi}{6} = \frac{1}{2}$$
$$\cos x = \sin\left(\frac{\pi}{2} - x\right)$$
从这些公式易于导出其他的公式.

定理 2.96　对三角函数成立以下加法公式
$$\sin(\alpha \pm \beta) = \sin \alpha \cos \beta \pm \cos \alpha \sin \beta$$
$$\cos(\alpha \pm \beta) = \cos \alpha \cos \beta \mp \sin \alpha \sin \beta$$
$$\tan(\alpha \pm \beta) = \frac{\tan \alpha \pm \tan \beta}{1 \mp \tan \alpha \tan \beta}$$
$$\cot(\alpha \pm \beta) = \frac{\cot \alpha \cot \beta \mp 1}{\cot \alpha \pm \cot \beta}$$

定理 2.97　对三角函数成立以下倍角公式

$$\sin 2x = 2\sin x\cos x, \sin 3x = 3\sin x - 4\sin^3 x$$
$$\cos 2x = 2\cos^2 x - 1, \cos 3x = 4\cos^3 x - 3\cos x$$
$$\tan 2x = \frac{2\tan x}{1-\tan^2 x}, \tan 3x = \frac{3\tan x - \tan^3 x}{1 - 3\tan^2 x}$$

定理 2.98 对任意 $x \in \mathbf{R}, \sin x = \frac{2t}{1+t^2}, \cos x = \frac{1-t^2}{1+t^2}$, 其中 $t = \tan\frac{x}{2}$.

定理 2.99 积化和差公式
$$2\cos\alpha\cos\beta = \cos(\alpha+\beta) + \cos(\alpha-\beta)$$
$$2\sin\alpha\cos\beta = \sin(\alpha+\beta) + \sin(\alpha-\beta)$$
$$2\sin\alpha\sin\beta = \cos(\alpha-\beta) - \cos(\alpha-\beta)$$

定理 2.100 三角形的角 α, β, γ 满足
$$\cos^2\alpha + \cos^2\beta + \cos^2\gamma + 2\cos\alpha\cos\beta\cos\gamma = 1$$
$$\tan\alpha + \tan\beta + \tan\gamma = \tan\alpha\tan\beta\tan\gamma$$

定理 2.101 (棣莫弗(De Moivre)公式)
$$(\cos x + \mathrm{i}\sin x)^n = \cos nx + \mathrm{i}\sin nx$$

其中 $\mathrm{i}^2 = -1$.

2.3.9 几何公式

定理 2.102 (海伦(Heron)公式) 设三角形的边长为 a, b, c, 半周长为 s, 则它的面积可用这些量表成
$$S = \sqrt{s(s-a)(s-b)(s-c)} = \frac{1}{4}\sqrt{2a^2b^2 + 2a^2c^2 + 2b^2c^2 - a^4 - b^4 - c^4}$$

定理 2.103 (正弦定理) 三角形的边 a, b, c 和角 α, β, γ 满足
$$\frac{a}{\sin\alpha} = \frac{b}{\sin\beta} = \frac{c}{\sin\gamma} = 2R$$

其中 R 是 $\triangle ABC$ 的外接圆半径.

定理 2.104 (余弦定理) 三角形的边和角满足
$$c^2 = a^2 + b^2 - 2ab\cos\gamma$$

定理 2.105 $\triangle ABC$ 的外接圆半径 R 和内切圆半径 r 满足
$$R = \frac{abc}{4S}$$

和
$$r = \frac{2S}{a+b+c} = R(\cos\alpha + \cos\beta + \cos\gamma - 1)$$

如果 x, y, z 表示一个锐角三角形的外心到各边的距离, 则
$$x + y + z = R + r$$

定理 2.106 (欧拉公式) 设 O 和 I 分别是 $\triangle ABC$ 的外心和内心, 则
$$OI^2 = R(R - 2r)$$

其中 R 和 r 分别是 $\triangle ABC$ 的外接圆半径和内切圆半径, 因此 $R \geq 2r$.

定理 2.107 设四边形的边长为 a, b, c, d, 半周长为 p, 在顶点 A, C 处的内角分别为 α, γ, 则其面积为

$$S = \sqrt{(p-a)(p-b)(p-c)(p-d) - abcd\cos^2\frac{\alpha+\gamma}{2}}$$

如果 $ABCD$ 是共圆的,则上述公式成为

$$S = \sqrt{(p-a)(p-b)(p-c)(p-d)}$$

定理 2.108 （匹多(Pedal)三角形的欧拉定理）设 X,Y,Z 是从点 P 向 $\triangle ABC$ 的各边所引的垂足.又设 O 是 $\triangle ABC$ 的外接圆的圆心,R 是其半径,则

$$S_{\triangle XYZ} = \frac{1}{4}\left|1 - \frac{OP^2}{R^2}\right|S_{\triangle ABC}$$

此外,当且仅当 P 位于 $\triangle ABC$ 的外接圆（见西姆森线）上时,$S_{\triangle XYZ}=0$.

定理 2.109 设 $\boldsymbol{a}=(a_1,a_2,a_3), \boldsymbol{b}=(b_1,b_2,b_3), \boldsymbol{c}=(c_1,c_2,c_3)$ 是坐标空间中的三个向量,那么

$$\boldsymbol{a}\cdot\boldsymbol{b} = a_1b_1 + a_2b_2 + a_3b_3$$
$$\boldsymbol{a}\times\boldsymbol{b} = (a_1b_2-a_2b_1, a_2b_3-a_3b_2, a_3b_1-a_1b_3)$$
$$(\boldsymbol{a},\boldsymbol{b},\boldsymbol{c}) = \left|\begin{matrix} a_1 & a_2 & a_3 \\ b_1 & b_2 & b_3 \\ c_1 & c_2 & c_3 \end{matrix}\right|$$

定理 2.110 $\triangle ABC$ 的面积和四面体 $ABCD$ 的体积分别等于

$$|\overrightarrow{AB}\times\overrightarrow{AC}|$$

和

$$|(\overrightarrow{AB},\overrightarrow{AC},\overrightarrow{AD})|$$

定理 2.111 （卡瓦列里(Cavalieri)原理）如果两个立体被同一个平面所截的截面的面积总是相等的,则这两个立体的体积相等.

第 4 节 数 论

2.4.1 可除性和同余

定义 2.112 $a,b \in \mathbf{N}$ 的最大公因数 $(a,b)=\gcd(a,b)$ 是可以整除 a 和 b 的最大整数.如果 $(a,b)=1$,则称正整数 a 和 b 是互素的.$a,b \in \mathbf{N}$ 的最小公倍数 $[a,b]=\text{lcm}(a,b)$ 是可以被 a 和 b 整除的最小整数.成立

$$[a,b](a,b) = ab$$

上面的概念容易推广到两个数以上的情况,即我们也可以定义 $(a_1,a_2,\cdots,a_n)$ 和 $[a_1,a_2,\cdots,a_n]$.

定理 2.113 （欧几里得算法）由于 $(a,b)=(|a-b|,a)=(|a-b|,b)$,由此通过每次把 a 和 b 换成 $|a-b|$ 和 $\min\{a,b\}$ 而得出一条从正整数 a 和 b 获得 (a,b) 的链,直到最后两个数成为相等的数.这一算法可被推广到两个数以上的情况.

定理 2.114 （欧几里得算法的推论）对每对 $a,b \in \mathbf{N}$,存在 $x,y \in \mathbf{Z}$ 使得 $ax+by=(a,b)$,(a,b) 是使得这个式子成立的最小正整数.

定理 2.115 （欧几里得算法的第二个推论）设 $a,m,n \in \mathbf{N}, a>1$,则成立

$$(a^m-1, a^n-1) = a^{(m,n)}-1$$

定理 2.116 （算术基本定理）每个正整数当不计素数的次序时都可以用唯一的方式被表成素数的乘积.

定理 2.117 算术基本定理对某些其他的数环也成立,例如 $\mathbf{Z}[i] = \{a+bi \mid a,b \in \mathbf{Z}\}$, $\mathbf{Z}[\sqrt{2}], \mathbf{Z}[\sqrt{-2}], \mathbf{Z}[\omega]$（其中 ω 是 1 的 3 次复根）. 在这些情况下,因数分解当不计次序和 1 的因子时是唯一的.

定义 2.118 称整数 a,b 在模 n 下同余,如果 $n \mid a-b$,我们把这一事实记为 $a \equiv b \pmod{n}$.

定理 2.119 （中国剩余定理）如果 $m_1, m_2, \cdots, m_k$ 是两两互素的正整数,而 $a_1, a_2, \cdots, a_k$ 和 $c_1, c_2, \cdots, c_k$ 是使得 $(a_i, m_i) = 1 (i = 1, 2, \cdots, k)$ 的整数,那么同余式组
$$a_i x \equiv c_i \pmod{m_i}, i = 1, 2, \cdots, k$$
在模 $m_1 m_2 \cdots m_k$ 下有唯一解.

2.4.2 指数同余

定理 2.120 （威尔逊(Wilson)定理）如果 p 是素数,则 $p \mid (p-1)! + 1$.

定理 2.121 （费马小定理）设 p 是一个素数,而 a 是一个使得 $(a,p) = 1$ 的整数,则
$$a^{p-1} \equiv 1 \pmod{p}$$
这个定理是欧拉定理的特殊情况.

定义 2.122 对 $n \in \mathbf{N}$,定义欧拉函数是在所有小于 n 的整数中与 n 互素的整数的个数. 成立以下公式
$$\varphi(n) = n\left(1 - \frac{1}{p_1}\right) \cdots \left(1 - \frac{1}{p_k}\right)$$
其中 $n = p_1^{a_1} \cdots p_k^{a_k}$ 是 n 的素因子分解式.

定理 2.123 （欧拉定理）设 n 是自然数,而 a 是一个使得 $(a,n) = 1$ 的整数,那么
$$a^{\varphi(n)} \equiv 1 \pmod{n}$$

定理 2.124 （元根的存在性）设 p 是一个素数,则存在一个 $g \in \{1, 2, \cdots p-1\}$（称为模 p 的元根）使得在模 p 下,集合 $\{1, g, g^2, \cdots, g^{p-2}\}$ 与集合 $\{1, 2, \cdots p-1\}$ 重合.

定义 2.125 设 p 是一个素数,而 α 是一个非负整数,称 p^α 是 p 的可整除 a 的恰好的幂（而 α 是一个恰好的指数）,如果 $p^\alpha \mid a$,而 $p^{\alpha+1} \nmid a$.

定理 2.126 设 a, n 是正整数,而 p 是一个奇素数,如果 $p^\alpha (\alpha \in \mathbf{N})$ 是 p 的可整除 $a-1$ 的恰好的幂,那么对任意整数 $\beta \geq 0$,当且仅当 $p^\beta \mid n$ 时, $p^{\alpha+\beta} \mid a^n - 1$（见 SL1997—14）.

对 $p = 2$ 成立类似的命题. 如果 $2^\alpha (\alpha \in \mathbf{N})$ 是 p 的可整除 $a^2 - 1$ 的恰好的幂,那么对任意整数 $\beta \geq 0$,当且仅当 $2^{\beta+1} \mid n$ 时, $2^{\alpha+\beta} \mid a^n - 1$（见 SL1989—27）.

2.4.3 二次丢番图(Diophantus)方程

定理 2.127 $a^2 + b^2 = c^2$ 的整数解由 $a = t(m^2 - n^2), b = 2tmn, c = t(m^2 + n^2)$ 给出（假设 b 是偶数）,其中 $t, m, n \in \mathbf{Z}$. 三元组 (a, b, c) 称为毕达哥拉斯数（译者注:在我国称为勾股数）. （如果 $(a, b, c) = 1$,则称为本原的毕达哥拉斯数（勾股数））

定义 2.128 设 $D \in \mathbf{N}$ 是一个非完全平方数,则称不定方程
$$x^2 - Dy^2 = 1$$

是贝尔(Pell)方程,其中 $x,y \in \mathbf{Z}$.

定理 2.129　如果 (x_0,y_0) 是贝尔方程 $x^2-Dy^2=1$ 在 $\mathbf{N}$ 中的最小解,则其所有的整数解 (x,y) 由 $x+y\sqrt{D}=\pm(x_0+y_0\sqrt{D})^n,n\in\mathbf{Z}$ 给出.

定义 2.130　整数 a 称为是模 p 的平方剩余,如果存在 $x\in\mathbf{Z}$,使得 $x^2\equiv a\pmod{p}$,否则称为模 p 的非平方剩余.

定义 2.131　对整数 a 和素数 p 定义勒让德(Legendre)符号为

$$\left(\frac{a}{p}\right)=\begin{cases}1,\text{如果 }a\text{ 是模 }p\text{ 的二次剩余,且 }p\nmid a\\ 0,\text{如果 }p\mid a\\ -1,\text{其他情况}\end{cases}$$

显然如果 $p\mid a$ 则

$$\left(\frac{a}{p}\right)=\left(\frac{a+p}{p}\right),\left(\frac{a^2}{p}\right)=1$$

勒让德符号是积性的,即

$$\left(\frac{a}{p}\right)\left(\frac{b}{p}\right)=\left(\frac{ab}{p}\right)$$

定理 2.132　(欧拉判据)对奇素数 p 和不能被 p 整除的整数 a

$$\left(\frac{a}{p}\right)\equiv a^{\frac{p-1}{2}}\pmod{p}$$

定理 2.133　对素数 $p>3$,$\left(\dfrac{-1}{p}\right)$,$\left(\dfrac{2}{p}\right)$ 和 $\left(\dfrac{-3}{p}\right)$ 等于 1 的充分必要条件分别为 $p\equiv 1\pmod{4}$,$p\equiv\pm1\pmod{8}$ 和 $p\equiv 1\pmod{6}$.

定理 2.134　(高斯(Gauss)互反律)对任意两个不同的奇素数 p 和 q,成立

$$\left(\frac{p}{q}\right)\left(\frac{q}{p}\right)=(-1)^{\frac{p-1}{2}\cdot\frac{q-1}{2}}$$

定义 2.135　对整数 a 和奇的正整数 b,定义雅可比(Jacobi)符号如下

$$\left(\frac{a}{b}\right)=\left(\frac{a}{p_1}\right)^{a_1}\cdots\left(\frac{a}{p_k}\right)^{a_k}$$

其中 $b=p_1^{a_1}\cdots p_k^{a_k}$ 是 b 的素因子分解式.

定理 2.136　如果 $\left(\dfrac{a}{b}\right)=-1$,那么 a 是模 b 的非二次剩余,但是逆命题不成立.对雅可比符号来说,除了欧拉判据之外,勒让德符号的所有其余性质都保留成立.

2.4.4　法雷(Farey)序列

定义 2.137　设 n 是任意正整数,法雷序列 F_n 是由满足 $0\leqslant a\leqslant b\leqslant n,(a,b)=1$ 的所有从小到大排列的有理数 $\dfrac{a}{b}$ 所形成的序列.例如 $F_3=\left\{\dfrac{0}{1},\dfrac{1}{3},\dfrac{1}{2},\dfrac{2}{3},\dfrac{1}{1}\right\}$.

定理 2.138　如果 $\dfrac{p_1}{q_1},\dfrac{p_2}{q_2}$ 和 $\dfrac{p_3}{q_3}$ 是法雷序列中三个相继的项,则

$$p_2q_1-p_1q_2=1$$

$$\frac{p_1+p_3}{q_1+q_3}=\frac{p_2}{q_2}$$

第5节 组 合

2.5.1 对象的计数

许多组合问题涉及对满足某种性质的集合中的对象计数,这些性质可以归结为以下概念的应用.

定义2.139 k 个元素的阶为 n 的选排列是一个从 $\{1,2,\cdots,k\}$ 到 $\{1,2,\cdots,n\}$ 的映射. 对给定的 n 和 k,不同的选排列的数目是 $V_n^k = \dfrac{n!}{(n-k)!}$.

定义2.140 k 个元素的阶为 n 的可重复的选排列是一个从 $\{1,2,\cdots,k\}$ 到 $\{1,2,\cdots,n\}$ 的任意的映射. 对给定的 n 和 k,不同的可重复的选排列的数目是 $\overline{V}_n^k = k^n$.

定义2.141 阶为 n 的全排列是 $\{1,2,\cdots,n\}$ 到自身的一个一对一映射(即当 $k=n$ 时的选排列的特殊情况),对给定的 n,不同的全排列的数目是 $P_n = n!$.

定义2.142 k 个元素的阶为 n 的组合是 $\{1,2,\cdots,n\}$ 的一个 k 元素的子集,对给定的 n 和 k,不同的组合数是 $C_n^k = \begin{pmatrix} n \\ k \end{pmatrix}$.

定义2.143 一个阶为 n 的可重复的全排列是一个 $\{1,2,\cdots,n\}$ 到 n 个元素的积集的一个一对一映射. 一个积集是一个其中的某些元素被允许是不可区分的集合,例如,$\{1,1,2,3\}$.

如果 $\{1,2,\cdots,s\}$ 表示积集中不同的元素组成的集合,并且在积集中元素 i 出现 α_i 次,那么不同的可重复的全排列的数目是

$$P_{n,\alpha_1,\cdots,\alpha_s} = \frac{n!}{\alpha_1! \ \alpha_2! \ \cdots \alpha_s!}$$

组合是积集有两个不同元素的可重复的全排列的特殊情况.

定理2.144 (鸽笼原理)如果把元素数目为 $kn+1$ 的集合分成 n 个互不相交的子集,则其中至少有一个子集至少要包含 $k+1$ 个元素.

定理2.145 (容斥原理)设 $S_1, S_2, \cdots, S_n$ 是集合 S 的一族子集,那么 S 中那些不属于所给子集族的元素的数目由以下公式给出

$$|S \backslash (S_1 \cup \cdots \cup S_n)| = |S| - \sum_{k=1}^{n} \sum_{1 \leqslant i_1 < \cdots < i_k \leqslant n} (-1)^k |S_{i_1} \cap \cdots \cap S_{i_k}|$$

2.5.2 图论

定义2.146 一个图 $G=(V,E)$ 是一个顶点 V 和 V 中某些元素对,即边的积集 E 所组成的集合. 对 $x,y \in V$,当 $(x,y) \in E$ 时,称顶点 x 和 y 被一条边所连接,或称这一对顶点是这条边的端点.

一个积集为 E 的图可归结为一个真集合(即其顶点至多被一条边所连接),一个其中没有一个定点是被自身所连接的图称为是一个真图.

有限图是一个 $|E|$ 和 $|V|$ 都有限的图.

定义 2.147　一个有向图是一个 E 中的有方向的图.

定义 2.148　一个包含了 n 个顶点并且每个顶点都有边与其连接的真图称为是一个完全图.

定义 2.149　k 分图(当 $k=2$ 时,称为 $2-$ 分图)$K_{i_1,i_2,\cdots,i_k}$ 是那样一个图,其顶点 V 可分成 k 个非空的互不相交的,元素个数分别为 $i_1,i_2,\cdots,i_k$ 的子集,使得 V 的子集 W 中的每个顶点 x 仅和不在 W 中的顶点相连接.

定义 2.150　顶点 x 的阶 $d(x)$ 是 x 作为一条边的端点的次数(那样,自连接的边中就要数两次). 孤立的顶点是阶为 0 的顶点.

定理 2.151　对图 $G=(V,E)$,成立等式
$$\sum_{x\in V}d(x)=2\mid E\mid$$
作为一个推论,有奇数阶的顶点的个数是偶数.

定义 2.152　图的一条路径是一个顶点的有限序列,使得其中每一个顶点都与其前一个顶点相连. 路径的长度是它通过的边的数目. 一条回路是一条终点与起点重合的路径. 一个环是一条在其中没有一个顶点出现两次(除了起点或终点之外)的回路.

定义 2.153　图 $G=(V,E)$ 的子图 $G'=(V',E')$ 是那样一个图,在其中 $V'\subset V$ 而 E' 仅包含 E 的连接 V' 中的点的边. 图的一个连通分支是一个连通的子图,其中没有一个顶点与此分支外的顶点相连.

定义 2.154　一个树是一个在其中没有环的连通图.

定理 2.155　一个有 n 个顶点的树恰有 $n-1$ 条边且至少有两个阶为 2 的顶点.

定义 2.156　欧拉路是其中每条边恰出现一次的路径. 与此类似,欧拉环是环形的欧拉路.

定理 2.157　有限连通图 G 有一条欧拉路的充分必要条件是:

(1) 如果每个顶点的阶数是偶数,那么 G 包含一条欧拉环;

(2) 如果除了两个顶点之外,所有顶点的阶数都是偶数,那么 G 包含一条不是环路的欧拉路(其起点和终点就是那两个奇数阶的顶点).

定义 2.158　哈密尔顿(Hamilton)环是一个图 G 的每个顶点恰被包含一次的回路(一个平凡的事实是,这个回路也是一个环).

目前还没有发现判定一个图是否是哈密尔顿环的简单法则.

定理 2.159　设 G 是一个有 n 个顶点的图,如果 G 的任何两个不相邻顶点的阶数之和都大于 n,则 G 有一个哈密尔顿回路.

定理 2.160　(雷姆塞(Ramsey)定理) 设 $r\geqslant 1$,而 $q_1,q_2,\cdots,q_s\geqslant r$. 如果 K_n 的所有子图 K_r 都分成了 s 个不同的集合,记为 $A_1,A_2,\cdots,A_s$,那么存在一个最小的正整数 $N(q_1,q_2,\cdots,q_s;r)$ 使得当 $n>N$ 时,对某个 i,存在一个 K_{q_i} 的完全子图,它的子图 K_r 都属于 A_i. 对 $r=2$,这对应于把 K_n 的边用 s 种不同的颜色染色,并寻求子图 K_{q_i} 的第 i 种颜色的单色子图[73].

定理 2.161　利用上面定理的记号,有
$$N(p,q;r)\leqslant N(N(p-1,q;r),N(p,q-1;r);r-1)+1$$
特别
$$N(p,q;2)\leqslant N(p-1,q;2)+N(p,q-1;2)$$

已知 N 的以下值
$$N(p,q;1)=p+q-1$$
$$N(2,p;2)=p$$
$$N(3,3;2)=6, N(3,4;2)=9, N(3,5;2)=14, N(3,6;2)=18$$
$$N(3,7;2)=23, N(3,8;2)=28, N(3,9;2)=36$$
$$N(4,4;2)=18, N(4,5;2)=25^{[73]}$$

定理 2.162　（图灵（Turan）定理）如果一个有 $n=t(p-1)+r$ 个顶点的简单图的边多于 $f(n,p)$ 条，其中 $f(n,p)=\dfrac{(p-1)n^2-r(p-1-r)}{2(p-1)}$，那么它包含子图 K_p. 有 $f(n,p)$ 个顶点而不含 K_p 的图是一个完全的多重图，它有 r 个元素个数为 $t+1$ 的子集和 $p-1-r$ 个元素个数为 t 的子集[73].

定义 2.163　平面图是一个可被嵌入一个平面的图，使得它的顶点可用平面上的点表示，而边可用平面上连接顶点的线（不一定是直的）来表示，而各边互不相交.

定理 2.164　一个有 n 个顶点的平面图至多有 $3n-6$ 条边.

定理 2.165　（库拉托夫斯基（Kuratowski）定理）K_5 和 $K_{3,3}$ 都不是平面图. 每个非平面图都包含一个和这两个图之一同胚的子图.

定理 2.166　（欧拉公式）设 E 是凸多面体的边数，F 是它的面数，而 V 是它的顶点数，则
$$E+2=F+V$$
对平面图成立同样的公式（这时 F 代表平面图中的区域数）.

参考文献

[1] 洛桑斯基 E,鲁索 C.制胜数学奥林匹克[M].候文华,张连芳,译.刘嘉焜,校.北京:科学出版社,2003.

[2] 王向东,苏化明,王方汉.不等式·理论·方法[M].郑州:河南教育出版社,1994.

[3] 中国科协青少年工作部,中国数学会.1978～1986 年国际奥林匹克数学竞赛题及解答[M].北京:科学普及出版社,1989.

[4] 单壿,等.数学奥林匹克竞赛题解精编[M].南京:南京大学出版社;上海:学林出版社,2001.

[5] 顾可敬.1979～1980 中学国际数学竞赛题解[M].长沙:湖南科学技术出版社,1981.

[6] 顾可敬.1981 年国内外数学竞赛题解选集[M].长沙:湖南科学技术出版社,1982.

[7] 石华,卫成.80 年代国际中学生数学竞赛试题详解[M].长沙:湖南教育出版社,1990.

[8] 梅向明.国际数学奥林匹克 30 年[M].北京:中国计量出版社,1989.

[9] 单壿,葛军.国际数学竞赛解题方法[M].北京:中国少年儿童出版社,1990.

[10] 丁石孙.乘电梯·翻硬币·游迷宫·下象棋[M].北京:北京大学出版社,1993.

[11] 丁石孙.登山·赝币·红绿灯[M].北京:北京大学出版社,1997.

[12] 黄宣国.数学奥林匹克大集[M].上海:上海教育出版社,1997.

[13] 常庚哲.国际数学奥林匹克三十年[M].北京:中国展望出版社,1989.

[14] 丁石孙.归纳·递推·无字证明·坐标·复数[M].北京:北京大学出版社,1995.

[15] 裘宗沪.数学奥林匹克试题集锦[M].上海:华东师范大学出版社,2005.

[16] 裘宗沪.数学奥林匹克试题集锦[M].上海:华东师范大学出版社,2004.

[17] 数学奥林匹克工作室.最新竞赛试题选编及解析(高中数学卷)[M].北京:首都师范大学出版社,2001.

[18] 第 31 届 IMO 选题委员会.第 31 届国际数学奥林匹克试题、备选题及解答[M].济南:山东教育出版社,1990.

[19] 常庚哲.数学竞赛(2)[M].长沙:湖南教育出版社,1989.

[20] 常庚哲.数学竞赛(20)[M].长沙:湖南教育出版社,1994.

[21] 杨森茂,陈圣德.第一届至第二十二届国际中学生数学竞赛题解[M].福州:福建科学技术出版社,1983.

[22] 江苏师范学院数学系.国际数学奥林匹克[M].南京:江苏科学技术出版社,1980.

[23] 恩格尔 A.解决问题的策略[M].舒五昌,冯志刚,译.上海:上海教育出版社,2005.

[24] 王连笑.解数学竞赛题的常用策略[M].上海:上海教育出版社,2005.

[25] 江仁俊,应成琅,蔡训武.国际数学竞赛试题讲解[M].武汉:湖北人民出版社,1980.

[26] 单壿.第二十五届国际数学竞赛[J].数学通讯,1985(3).

[27] 付玉章.第二十九届 IMO 试题及解答[J].中学数学,1988(10).

[28] 苏亚贵.正则组合包含连续自然数的个数[J].数学通报,1982(8).

[29] 王根章.一道IMO试题的嵌入证法[J].中学数学教学.1999(5).

[30] 舒五昌.第37届IMO试题解答[J].中等数学,1996(5).

[31] 杨卫平,王卫华.第42届IMO第2题的再探究[J].中学数学研究,2005(5).

[32] 陈永高.第45届IMO试题解答[J].中等数学,2004(5).

[33] 周金峰,谷焕春.IMO 42-2的进一步推广[J].数学通讯,2004(9).

[34] 魏维.第42届国际数学奥林匹克试题解答集锦[J].中学数学,2002(2).

[35] 程华.42届IMO两道几何题另解[J].福建中学数学,2001(6).

[36] 张国清.第39届IMO试题第一题充分性的证明[J].中等数学,1999(2).

[37] 傅善林.第42届IMO第五题的推广[J].中等数学,2003(6).

[38] 龚浩生,宋庆.IMO 42-2的推广[J].中学数学,2002(1).

[39] 厉倩.一道IMO试题的推广[J].中学数学研究,2002(10).

[40] 邹明.第40届IMO一赛题的简解[J].中等数学,2001(3).

[41] 许以超.第39届国际数学奥林匹克试题及解答[J].数学通报,1999(3).

[42] 余茂迪,宫宋家.用解析法巧解一道IMO试题[J].中学数学教学,1997(4).

[43] 宋庆.IMO5-5的推广[J].中学数学教学,1997(5).

[44] 余世平.从IMO试题谈公式$C_{2n}^n = \sum_{i=0}^{n} (C_n^i)^2$之应用[J].数学通讯,1997(12).

[45] 徐彦明.第42届IMO第2题的另一种推广[J].中学教研(数学),2002(10).

[46] 张伟军.第41届IMO两赛题的证明与评注[J].中学数学月刊,2000(11).

[47] 许静,孔令恩.第41届IMO第6题的解析证法[J].数学通讯,2001(7).

[48] 魏亚清.一道IMO赛题的九种证法[J].中学教研(数学),2002(6).

[49] 陈四川.IMO-38试题2的纯几何解法[J].福建中学数学,1997(6).

[50] 常庚哲,单墫,程龙.第二十二届国际数学竞赛试题及解答[J].数学通报,1981(9).

[51] 李长明.一道IMO试题的背景及证法讨论[J].中学数学教学,2000(1).

[52] 王凤春.一道IMO试题的简证[J].中学数学研究,1998(10).

[53] 罗增儒.IMO 42-2的探索过程[J].中学数学教学参考,2002(7).

[54] 嵇仲韶.第39届IMO一道预选题的推广[J].中学数学杂志(高中),1999(6).

[55] 王杰.第40届IMO试题解答[J].中等数学,1999(5).

[56] 舒五昌.第三十七届IMO试题及解答(上)[J].数学通报,1997(2).

[57] 舒五昌.第三十七届IMO试题及解答(下)[J].数学通报,1997(3).

[58] 黄志全.一道IMO试题的纯平几证法研究[J].数学教学通讯,2000(5).

[59] 段智毅,秦永.IMO-41第2题另证[J].中学数学教学参考,2000(11).

[60] 杨仁宽.一道IMO试题的简证[J].数学教学通讯,1998(3).

[61] 相生亚,裴良.第42届IMO试题第2题的推广、证明及其它[J].中学数学研究,2002(2).

[62] 熊斌.第46届IMO试题解答[J].中等数学,2005(9).

[63] 谢峰,谢宏华.第34届IMO第2题的解答与推广[J].中等数学,1994(1).

[64] 熊斌,冯志刚.第39届国际数学奥林匹克[J].数学通讯,1998(12).

[65] 朱恒杰. 一道IMO试题的推广[J]. 中学数学杂志,1996(4).

[66] 肖果能,袁平之. 第39届IMO一道试题的研究(I)[J]. 湖南数学通讯,1998(5).

[67] 肖果能,袁平之. 第39届IMO一道试题的研究(Ⅱ)[J]. 湖南数学通讯,1998(6).

[68] 杨克昌. 一个数列不等式——IMO23-3的推广[J]. 湖南数学通讯,1998(3).

[69] 吴长明,胡根宝. 一道第40届IMO试题的探究[J]. 中学数学研究,2000(6).

[70] 仲翔. 第二十六届国际数学奥林匹克(续)[J]. 数学通讯,1985(11).

[71] 程善明. 一道IMO赛题的纯几何证法与推广[J]. 中学数学教学,1998(4).

[72] 刘元树. 一道IMO试题解法的再探讨[J]. 中学数学研究,1998(12).

[73] 刘连顺,仝瑞平. 一道IMO试题解法新探[J]. 中学数学研究,1998(8).

[74] 王凤春. 一道IMO试题的简证[J]. 中学数学研究,1998(10).

[75] 李长明. 一道IMO试题的背景及证法讨论[J]. 中学数学教学,2000(1).

[76] 方廷刚. 综合法简证一道IMO预选题[J]. 中学生数学,1999(2).

[77] 吴伟朝. 对函数方程 $f(x^l \cdot f^{[m]}(y)+x^n)=x^l \cdot y+f^n(x)$ 的研究[M]//湖南教育出版社编. 数学竞赛(22). 长沙:湖南教育出版社,1994.

[78] 湘普. 第31届国际数学奥林匹克试题解答[M]//湖南教育出版社编. 数学竞赛(6~9). 长沙:湖南教育出版社,1991.

[79] 陈永高. 第45届IMO试题解答[J]. 中等数学,2004(5).

[80] 程俊. 一道IMO试题的推广及简证[J]. 中等数学,2004(5).

[81] 蒋茂森. $2k$阶银矩阵的存在性和构造法[J]. 中等数学,1998(3).

[82] 单墫. 散步问题与银矩阵[J]. 中等数学,1999(3).

[83] 张必胜. 初等数论在IMO中应用研究[D]. 西安:西北大学研究生院,2010.

[84] 刘宝成,刘卫利. 国际奥林匹克数学竞赛题与费马小定理[J]. 河北北方学院学报;自然科学版,2008,24(1):13-15,20.

[85] 卓成海. 抓住"关键" 把握"异同"——对一道国际奥赛题的再探究[J]. 中学数学(高中版),2013(11):77-78.

[86] 李耀文. 均值代换在解竞赛题中的应用[J]. 中等数学,2010(8):2-5.

[87] 吴军. 妙用广义权方和不等式证明IMO试题[J]. 数理化解体研究(高中版),2014(8).16.

[88] 王庆金. 一道IMO平面几何题溯源[J]. 中学数学研究,2014(1):50.

[89] 秦建华. 一道IMO试题的另解与探究[J]. 中学教学参考,2014(8):40.

[90] 张上伟,陈华梅,吴康. 一道取整函数IMO试题的推广[J]. 中学数学研究(华南师范大学版),2013(23):42-43

[91] 尹广金. 一道美国数学奥林匹克试题的引伸[J]. 中学数学研究,2013(11):50.

[92] 熊斌,李秋生. 第54届IMO试题解答[J]. 中等数学,2013(9):20-27.

[93] 杨同伟. 一道IMO试题的向量解法及推广[J]. 中学生数学,2012(23):30.

[94] 李凤清,徐志军. 第42届IMO第二题的证明与加强[J] 四川职业技术学院学报,2012(5):153-154.

[95] 熊斌. 第52届IMO试题解答[J]. 中等数学,2011(9):16-20.

[96] 董志明. 多元变量 局部调整——一道IMO试题的新解与推广[J]. 中等数学,

2011(9):96-98.

[97] 李建潮. 一道 IMO 试题的再加强与猜想的加强[J]. 河北理科教学研究,2011(1):43-44.

[98] 边欣. 一道 IMO 试题的加强[J]. 数学通讯,2012(22):59-60.

[99] 郑日锋. 一个优美不等式与一道 IMO 试题同出一辙[J]. 中等数学,2011(3):18-19.

[100] 李建潮. 一道 IMO 试题的再加强与猜想的加强[J]. 河北理科教学研究,2011(1):43-44.

[101] 李长朴. 一道国际数学奥林匹克试题的拓展[J]. 数学学习与研究,2010(23):95.

[102] 李歆. 对一道 IMO 试题的探究[J]. 数学教学,2010(11):47-48.

[103] 王淼生. 对一道 IMO 试题猜想的再加强及证明[J]. 福建中学数学,2010(10):48.

[104] 郝志刚. 一道国际数学竞赛题的探究[J]. 数学通讯,2010(Z2):117-118.

[105] 王业和. 一道 IMO 试题的证明与推广[J]. 中学教研(数学),2010(10):46-47.

[106] 张蕾. 一道 IMO 试题的商榷与猜想[J]. 青春岁月,2010(18):121.

[107] 张俊. 一道 IMO 试题的又一漂亮推广[J]. 中学数学月刊,2010(8):43.

[108] 秦庆雄,范花妹. 一道第 42 届 IMO 试题加强的另一简证[J]. 数学通讯,2010(14):59.

[109] 李建潮. 一道 IMO 试题的引申与瓦西列夫不等式[J] 河北理科教学研究,2010(3):1-3.

[110] 边欣. 一道第 46 届 IMO 试题的加强[J]. 数学教学,2010(5):41-43.

[111] 杨万芳. 对一道 IMO 试题的探究[J] 福建中学数学,2010(4):49.

[112] 熊睿. 对一道 IMO 试题的探究[J]. 中等数学,2010(4):23.

[113] 徐国辉,舒红霞. 一道第 42 届 IMO 试题的再加强[J]. 数学通讯,2010(8):61.

[114] 周峻民,郑慧娟. 一道 IMO 试题的证明及其推广[J]. 中学教研(数学),2011(12):41-43.

[115] 陈鸿斌. 一道 IMO 试题的加强与推广[J]. 中学数学研究,2011(11):49-50.

[116] 袁安全. 一道 IMO 试题的巧证[J]. 中学生数学,2010(8):35.

[117] 边欣. 一道第 50 届 IMO 试题的探究[J]. 数学教学,2010(3):10-12.

[118] 陈智国.关于 IMO25-1 的推广[J]. 人力资源管理,2010(2):112-113.

[119] 薛相林. 一道 IMO 试题的类比拓广及简解[J].中学数学研究,2010(1):49.

[120] 王增强. 一道第 42 届 IMO 试题加强的简证[J].数学通讯,2010(2):61.

[121] 邵广钱. 一道 IMO 试题的另解[J].中学数学月刊,2009(10):43-44.

[122] 侯典峰. 一道 IMO 试题的加强与推广[J] 中学数学,2009(23):22-23.

[123] 朱华伟,付云皓. 第 50 届 IMO 试题解答[J]. 中等数学,2009(9):18-21.

[124] 边欣. 一道 IMO 试题的推广及简证[J]. 数学教学,2009(9):27,29.

[125] 朱华伟.第 50 届 IMO 试题[J]. 中等数学,2009(8):50.

[126] 刘凯峰,龚浩生. 一道 IMO 试题的隔离与推广[J]. 中等数学,2009(7):19-20.

[127] 宋庆. 一道第 42 届 IMO 试题的加强[J]. 数学通讯,2009(10):43.

[128] 李建潮.偶得一道 IMO 试题的指数推广[J]. 数学通讯,2009(10):44.

[129] 吴立宝,李长会. 一道 IMO 竞赛试题的证明[J]. 数学教学通讯,2009(12):64.

[130] 徐章韬. 一道30届IMO试题的别解[J]. 中学数学杂志,2009(3):45.

[131] 张俊. 一道IMO试题引发的探索[J]. 数学通讯,2009(4):31.

[132] 曹程锦. 一道第49届IMO试题的解题分析[J]. 数学通讯,2008(23):41.

[133] 刘松华,孙明辉,刘凯年."化蝶"——一道IMO试题证明的探索[J]. 中学数学杂志,2008(12):54-55.

[134] 安振平. 两道数学竞赛试题的链接[J]. 中小学数学(高中版),2008(10):45.

[135] 李建潮. 一道IMO试题引发的思索[J]. 中小学数学(高中版),2008(9):44-45.

[136] 熊斌,冯志刚. 第49届IMO试题解答[J] 中等数学,2008(9):封底.

[137] 边欣. 一道IMO试题结果的加强及应用[J]. 中学数学月刊,2008(9):29-30.

[138] 熊斌,冯志刚. 第49届IMO试题[J] 中等数学,2008(8):封底.

[139] 沈毅. 一道IMO试题的推广[J]. 中学数学月刊,2008(8):49.

[140] 令标. 一道48届IMO试题引申的别证[J]. 中学数学杂志,2008(8):44-45.

[141] 吕建恒. 第48届IMO试题4的简证[J]. 中学数学月刊,2008(7):40.

[142] 熊光汉. 对一道IMO试题的探究[J]. 中学数学杂志,2008(6):56.

[143] 沈毅,罗元建. 对一道IMO赛题的探析[J]. 中学教研(数学),2008(5):42-43

[144] 厉倩. 两道IMO试题探秘[J] 数理天地(高中版),2008(4):21-22.

[145] 徐章韬. 从方差的角度解析一道IMO试题[J]. 中学数学杂志,2008(3):29.

[146] 令标. 一道IMO试题的别证[J]. 中学数学教学,2008(2):63-64.

[147] 李耀文. 一道IMO试题的别证[J]. 中学数学月刊,2008(2):52.

[148] 张伟新. 一道IMO试题的两种纯几何解法[J]. 中学数学月刊,2007(11):48.

[149] 朱华伟. 第48届IMO试题解答[J]. 中等数学,2007(9):20-22.

[150] 朱华伟. 第48届IMO试题[J]. 中等数学,2007(8):封底.

[151] 边欣. 一道IMO试题结果的加强[J]. 数学教学,2007(3):49.

[152] 丁兴春. 一道IMO试题的推广[J]. 中学数学研究,2006(10):49-50.

[153] 李胜宏. 第47届IMO试题解答[J]. 中等数学,2006(9):22-24.

[154] 李胜宏. 第47届IMO试题[J]. 中等数学,2006(8):封底.

[155] 傅启铭. 一道美国IMO试题变形后的推广[J]. 遵义师范学院学报,2006(1):74-75.

[156] 熊斌. 第46届IMO试题[J] 中等数学,2005(8):50.

[157] 文开庭. 一道IMO赛题的新隔离推广及其应用[J]. 毕节师范高等专科学校学报(综合版),2005(2):59-62.

[158] 熊斌,李建泉. 第53届IMO预选题(四)[J]. 中等数学,2013(12):21-25.

[159] 熊斌,李建泉. 第53届IMO预选题(三)[J]. 中等数学,2013(11):22-27.

[160] 熊斌,李建泉. 第53届IMO预选题(二)[J]. 中等数学,2013(10):18-23

[161] 熊斌,李建泉. 第53届IMO预选题(一)[J]. 中等数学,2013(9):28-32.

[162] 王建荣,王旭. 简证一道IMO预选题[J]. 中等数学,2012(2):16-17.

[163] 熊斌,李建泉. 第52届IMO预选题(四)[J]. 中等数学,2012(12):18-22.

[164] 熊斌,李建泉. 第52届IMO预选题(三)[J]. 中等数学,2012(11):18-22.

[165] 李建泉. 第51届IMO预选题(四)[J]. 中等数学,2011(11):17-20.

[166] 李建泉. 第51届IMO预选题(三)[J]. 中等数学,2011(10):16-19.

[167] 李建泉. 第51届IMO预选题(二)[J]. 中等数学,2011(9):20-27.

[168] 李建泉. 第51届IMO预选题(一)[J]. 中等数学,2011(8):17-20.

[169] 高凯. 浅析一道IMO预选题[J]. 中等数学,2011(3):16-18.

[170] 娄姗姗. 利用等价形式证明一道IMO预选题[J]. 中等数学,2011(1):13,封底.

[171] 李奋平. 从最小数入手证明一道IMO预选题[J]. 中等数学,2011(1):14.

[172] 李赛. 一道IMO预选题的另证[J]. 中等数学,2011(1):15.

[173] 李建泉. 第50届IMO预选题(四)[J]. 中等数学,2010(11):19-22.

[174] 李建泉. 第50届IMO预选题(三)[J]. 中等数学,2010(10):19-22.

[175] 李建泉. 第50届IMO预选题(二)[J]. 中等数学,2010(9):21-27.

[176] 李建泉. 第50届IMO预选题(一)[J]. 中等数学,2010(8):19-22.

[177] 沈毅. 一道49届IMO预选题的推广[J]. 中学数学月刊,2010(04):45.

[178] 宋强. 一道第47届IMO预选题的简证[J]. 中等数学,2009(11):12.

[179] 李建泉. 第49届IMO预选题(四)[J]. 中等数学,2009(11):19-23.

[180] 李建泉. 第49届IMO预选题(三)[J]. 中等数学,2009(10):19-23.

[181] 李建泉. 第49届IMO预选题(二)[J]. 中等数学,2009(9):22-25.

[182] 李建泉. 第49届IMO预选题(一)[J]. 中等数学,2009(8):18-22.

[183] 李慧,郭璋. 一道IMO预选题的证明与推广[J]. 数学通讯,2009(22):45-47.

[184] 杨学枝. 一道IMO预选题的拓展与推广[J]. 中等数学,2009(7):18-19.

[185] 吴光耀,李世杰. 一道IMO预选题的推广[J]. 上海中学数学,2009(05):48.

[186] 李建泉. 第48届IMO预选题(四)[J]. 中等数学,2008(11):18-24.

[187] 李建泉. 第48届IMO预选题(三)[J]. 中等数学,2008(10):18-23.

[188] 李建泉. 第48届IMO预选题(二)[J]. 中等数学,2008(9):21-24.

[189] 李建泉. 第48届IMO预选题(一)[J]. 中等数学,2008(8):22-26.

[190] 苏化明. 一道IMO预选题的探讨[J]. 中等数学,2007(9):46-48.

[191] 李建泉. 第47届IMO预选题(下)[J]. 中等数学,2007(11):17-22.

[192] 李建泉. 第47届IMO预选题(中)[J]. 中等数学,2007(10):18-23.

[193] 李建泉. 第47届IMO预选题(上)[J]. 中等数学,2007(9):24-27.

[194] 沈毅. 一道IMO预选题的再探索[J]. 中学数学教学,2008(1):58-60.

[195] 刘才华. 一道IMO预选题的简证[J]. 中等数学,2007(8):24.

[196] 苏化明. 一道IMO预选题的探讨[J]. 中等数学,2007(9):19-20.

[197] 李建泉. 第46届IMO预选题(下)[J]. 中等数学,2006(11):19-24.

[198] 李建泉. 第46届IMO预选题(中)[J]. 中等数学,2006(10):22-25.

[199] 李建泉. 第46届IMO预选题(上)[J]. 中等数学,2006(9):25-28.

[200] 贯福春. 吴娃双舞醉芙蓉——一道IMO预选题赏析[J]. 中学生数学,2006(18):21,18.

[201] 杨学枝. 一道IMO预选题的推广[J]. 中等数学,2006(5):17.

[202] 邹宇,沈文选. 一道IMO预选题的再推广[J]. 中学数学研究,2006(4):49-50.

[203] 苏炜杰. 一道IMO预选题的简证[J]. 中等数学,2006(2):21.

[204] 李建泉. 第45届IMO预选题(下)[J]. 中等数学,2005(11):28-30.

[205] 李建泉. 第45届IMO预选题(中)[J]. 中等数学,2005(10):32-36.

[206] 李建泉. 第45届IMO预选题(上)[J]. 中等数学,2005(9):23-29.

[207] 苏化明. 一道IMO预选题的探索[J]. 中等数学,2005(9):9-10.

[208] 谷焕春,周金峰. 一道IMO预选题的推广[J]. 中等数学,2005(2):20.

[209] 李建泉. 第44届IMO预选题(下)[J]. 中等数学,2004(6):25-30.

[210] 李建泉. 第44届IMO预选题(上)[J]. 中等数学,2004(5):27-32.

[211] 方廷刚. 复数法简证一道IMO预选题[J]. 中学数学月刊,2004(11):42.

[212] 李建泉. 第43届IMO预选题(下)[J]. 中等数学,2003(6):28-30.

[213] 李建泉. 第43届IMO预选题(上)[J]. 中等数学,2003(5):25-31.

[214] 孙毅. 一道IMO预选题的简解[J]. 中等数学,2003(5):19.

[215] 宿晓阳. 一道IMO预选题的推广[J]. 中学数学月刊,2002(12):40.

[216] 李建泉. 第42届IMO预选题(下)[J]. 中等数学,2002(6):32-36.

[217] 李建泉. 第42届IMO预选题(上)[J]. 中等数学,2002(5):24-29.

[218] 宋庆,黄伟民. 一道IMO预选题的推广[J]. 中等数学,2002(6):43.

[219] 李建泉. 第41届IMO预选题(下)[J]. 中等数学,2002(1):33-39.

[220] 李建泉. 第41届IMO预选题(中)[J]. 中等数学,2001(6):34-37.

[221] 李建泉. 第41届IMO预选题(上)[J]. 中等数学,2001(5):32-36.

[222] 方廷刚. 一道IMO预选题再解[J]. 中学数学月刊,2002(05):43.

[223] 蒋太煌. 第39届IMO预选题8的简证[J]. 中等数学,2001(5):22-23.

[224] 张赟. 一道IMO预选题的推广[J]. 中等数学,2001(2):26.

[225] 林运成. 第39届IMO预选题8别证[J]. 中等数学,2001(1):22.

[226] 李建泉. 第40届IMO预选题(上)[J]. 中等数学,2000(5):33-36.

[227] 李建泉. 第40届IMO预选题(中)[J]. 中等数学,2000(6):35-37.

[228] 李建泉. 第41届IMO预选题(下)[J]. 中等数学,2001(1):35-39.

[229] 李来敏. 一道IMO预选题的三种初等证法及推广[J]. 中学数学教学,2000(3):38-39.

[230] 李来敏. 一道IMO预选题的两种证法[J]. 中学数学月刊,2000(3):48.

[231] 张善立. 一道IMO预选题的指数推广[J]. 中等数学,1999(5):24.

[232] 云保奇. 一道IMO预选题的另一个结论[J]. 中等数学,1999(4):21.

[233] 辛慧. 第38届IMO预选题解答(上)[J]. 中等数学,1998(5):28-31.

[234] 李直. 第38届IMO预选题解答(中)[J]. 中等数学,1998(6):31-35.

[235] 冼声. 第38届IMO预选题解答(中)[J]. 中等数学,1999(1):32-38.

[236] 石卫国. 一道IMO预选题的推广[J]. 陕西教育学院学报,1998(4):72-73.

[237] 张赟. 一道IMO预选题的引申[J]. 中等数学,1998(3):22-23.

[238] 安金鹏,李宝毅. 第37届IMO预选题及解答(上)[J]. 中等数学,1997(6):33-37.

[239] 安金鹏,李宝毅. 第37届IMO预选题及解答(下)[J]. 中等数学,1998(1):34-40.

[240] 刘江枫,李学武. 第37届IMO预选题[J]. 中等数学,1997(5):30-32.

[241] 党庆寿. 一道IMO预选题的简解[J]. 中学数学月刊,1997(8):43-44.

[242] 黄汉生. 一道IMO预选题的加强[J]. 中等数学,1997(3):17.

[243] 贝嘉禄. 一道国际竞赛预选题的加强[J]. 中学数学月刊,1997(6):26-27.
[244] 王富英. 一道 IMO 预选题的推广及其应用[J]. 中学数学教学,1997(8~9):74-75.
[245] 孙哲. 一道 IMO 预选题的简证与加强[J]. 中等数学,1996(3):18.
[246] 李学武. 第 36 届 IMO 预选题及解答(下)[J]. 中等数学,1996(6):26-29,37.
[247] 张善立. 一道 IMO 预选题的简证[J]. 中等数学,1996(10):36.
[248] 李建泉. 利用根轴的性质解一道 IMO 预选题[J]. 中等数学,1996(4):14.
[249] 黄虎. 一道 IMO 预选题妙解及推广[J]. 中等数学,1996(4):15.
[250] 严鹏. 一道 IMO 预选题探讨[J]. 中等数学,1996(2):16.
[251] 杨桂芝. 第 34 届 IMO 预选题解答(上)[J]. 中等数学,1995(6):28-31.
[252] 杨桂芝. 第 34 届 IMO 预选题解答(中)[J]. 中等数学,1996(1):29-31.
[253] 杨桂芝. 第 34 届 IMO 预选题解答(下)[J]. 中等数学,1996(2):21-23.
[254] 舒金银. 一道 IMO 预选题简证[J]. 中等数学,1995(1):16-17.
[255] 黄宣国,夏兴国. 第 35 届 IMO 预选题[J]. 中等数学,1994(5):19-20.
[256] 苏淳,严镇军. 第 33 届 IMO 预选题[J]. 中等数学,1993(2):19-20.
[257] 耿立顺. 一道 IMO 预选题的简单解法[J]. 中学教研,1992(05):26.
[258] 苏化明. 谈一道 IMO 预选题[J]. 中学教研,1992(05):28-30.
[259] 黄玉民. 第 32 届 IMO 预选题及解答[J]. 中等数学,1992(1):22-34.
[260] 朱华伟. 一道 IMO 预选题的溯源及推广[J]. 中学数学,1991(03):45-46.
[261] 蔡玉书. 一道 IMO 预选题的推广[J]. 中等数学,1990(6):9.
[262] 第 31 届 IMO 选题委员会. 第 31 届 IMO 预选题解答[J]. 中等数学,1990(5):7-22,封底.
[263] 单墫,刘业强. 第 30 届 IMO 预选题解答[J]. 中等数学,1989(5):6-17.
[264] 苏化明. 一道 IMO 预选题的推广及应用[J]. 中等数学,1989(4):16-19.

后记 | Postscript

行为的背后是动机,编一套洋洋百万言的丛书一定要有很强的动机才行,借后记不妨和盘托出.

首先,这是一本源于"匮乏"的书.1976年编者初中一年级,时值"文化大革命"刚刚结束,物质产品与精神产品极度匮乏,学校里薄薄的数学教科书只有几个极简单的习题,根本满足不了学习的需要.当时全国书荒,偌大的书店无书可寻,学生无题可做,在这种情况下,笔者的班主任郭清泉老师便组织学生自编习题集.如果说忠诚党的教育事业不仅仅是一个口号的话,那么郭老师确实做到了.在其个人生活极为困顿的岁月里,他拿出多年珍藏的数学课外书领着一批初中学生开始选题、刻钢板、推油辊.很快一本本散发着油墨清香的习题集便发到了每个同学的手中,喜悦之情难以名状,正如高尔基所说:"像饥饿的人扑到了面包上."当时电力紧张,经常停电,晚上写作业时常点蜡烛,冬夜,烛光如豆,寒气逼人,伏案演算着自己编的数学题,沉醉其中,物我两忘.30多年后同样的冬夜,灯光如昼,温暖如夏,坐拥书城,竟茫然不知所措,此时方觉匮乏原来也是一种美(想想西南联大当时在山洞里、在防空洞中,学数学学成了多少大师级人物.日本战后恢复期产生了三位物理学诺贝尔奖获得者,如汤川秀树等,以及高木贞治、小平邦彦、广中平佑的成长都证明了这一点),可惜现在的学生永远也体验不到那种意境了(中国人也许是世界上最讲究意境的,所谓"雪夜闭门读禁书",也是一种意境),所以编此书颇有怀旧之感.有趣的是后来这次经历竟在笔者身上产生了

"异化",抄习题的乐趣多于做习题,比为买椟还珠不以为过,四处收集含有习题的数学著作,从吉米多维奇到菲赫金哥尔茨,从斯米尔诺夫到维诺格拉朵夫,从笹部贞市郎到哈尔莫斯,乐此不疲.凡 30 年几近偏执,朋友戏称:"这是一种不需治疗的精神病."虽然如此,毕竟染此"病症"后容易忽视生活中那些原本的乐趣.这有些像葛朗台用金币碰撞的叮当声取代了花金币的真实快感一样.匮乏带给人的除了美感之外,更多的是恐惧.中国科学院数学研究所数论室主任徐广善先生来哈尔滨工业大学讲课,课余时曾透露过陈景润先生生前的一个小秘密(曹珍富教授转述,编者未加核实).陈先生的一只抽屉中存有多只快生锈的上海牌手表.这个不可思议的现象源于当年陈先生所经历过的可怕的匮乏.大学刚毕业,分到北京四中,后被迫离开,衣食无着,生活窘迫,后虽好转,但那次经历给陈先生留下了深刻记忆,为防止以后再次陷于匮乏,就买了当时陈先生认为在中国最能保值增值的上海牌手表,以备不测.像经历过饥饿的田鼠会疯狂地往洞里搬运食物一样,经历过如饥似渴却无题可做的编者在潜意识中总是觉得题少,只有手中有大量习题集,心里才觉安稳.所以很多时候表面看是一种热爱,但更深层次却是恐惧,是缺少富足感的体现.

其次,这是一本源于"传承"的书.哈尔滨作为全国解放最早的城市,开展数学竞赛活动也是很早的,早期哈尔滨工业大学的吴从炘教授、黑龙江大学的颜秉海教授、船舶工程学院(现哈尔滨工程大学)的戴遗山教授、哈尔滨师范大学的吕庆祝教授作为先行者为哈尔滨的数学竞赛活动打下了基础,定下了格调.中期哈尔滨市教育学院王翠满教授、王万祥教授、时承权教授,哈尔滨师专的冯宝琦教授、陆子采教授,哈尔滨师范大学的贾广聚教授,黑龙江大学的王路群教授、曹重光教授,哈三中的周建成老师,哈一中的尚杰老师,哈师大附中的沙洪泽校长,哈六中的董乃培老师,为此作出了长期的努力. 20 世纪 80 年代中期开始,一批中青年数学工作者开始加入,主要有哈尔滨工业大学的曹珍富教授、哈师大附中的李修福老师及笔者.90 年代中期,哈尔滨的数学奥林匹克活动渐入佳境,又有像哈师大附中刘利益等老师加入进来,但在高等学校中由于搞数学竞赛研究既不算科研又不计入工作量,所以再坚持难免会被边缘化,于是研究人员逐渐以中学教师为主,在高校中近乎绝迹.2008 年 CMO 在哈尔滨举行,大型专业杂志《数学奥林匹克与数学文化》创刊,好戏连台,让哈尔滨的数学竞赛事业再度辉煌.

第三，这是一本源于"氛围"的书。很难想象速滑运动员产生于非洲，也无法相信深山古刹之外会有高僧。环境与氛围至关重要。在整个社会日益功利化、世俗化、利益化、平面化的大背景下，编者师友们所营造的小的氛围影响着其中每个人的道路选择，以学有专长为荣，不学无术为耻的价值观点互相感染、共同坚守，用韩波博士的话讲，这已是我们这台计算机上的硬件。赖于此，本书的出炉便在情理之中，所以理应致以敬意，借此向王忠玉博士、张本祥博士、郭梦书博士、吕书臣博士、康大臣博士、刘孝廷博士、刘晓燕博士、王延青博士、钟德寿博士、薛小平博士、韩波博士、李龙锁博士、刘绍武博士对笔者多年的关心与鼓励致以诚挚的谢意，特别是尚琥教授在编者即将放弃之际给予的坚定的支持。

第四，这是一个"蝴蝶效应"的产物。如果说人的成长过程具有一点动力系统迭代的特征的话，那么其方程一定是非线性的，即对初始条件具有敏感依赖的，俗称"蝴蝶效应"。简单说就是一个微小的"扰动"会改变人生的轨迹，如著名拓扑学家，纽结大师王诗宬 1977 年时还是一个喜欢中国文学史的插队知青，一次他到北京去游玩，坐 332 路车去颐和园，看见"北京大学"四个字，就跳下车进入校门，当时他的脑子中正在想一个简单的数学问题（大多数时候他都是在推敲几句诗），就是六个人的聚会上总有三个人认识或三个人不认识（用数学术语说就是 6 阶 2 色完全图中必有单色 3 阶子图存在），然后碰到一个老师，就问他，他说你去问姜伯驹老师（我国著名数学家姜亮夫之子），姜伯驹老师的办公室就在我办公室对面。而当他找到姜伯驹教授时，姜伯驹说为什么不来试试学数学，于是一句话，一辈子，有了今天北京大学数学所的王诗宬副所长（《世纪大讲堂》，第 2 辑，辽宁人民出版社，2003：128-149）。可以设想假如他遇到的是季羡林或俞平伯，今天该会是怎样。同样可以设想，如果编者初中的班主任老师是一位体育老师，足球健将的话，那么今天可能会多一位超级球迷"罗西"，少一位执着的业余数学爱好者，也绝不会有本书的出现。

第五，这也是一本源于"尴尬"的书。编者高中就读于一所具有数学竞赛传统的学校，班主任是学校主抓数学竞赛的沙洪泽老师。当时成立数学兴趣小组时，同学们非常踊跃，但名额有限，可能是沙老师早已发现编者并无数学天分所以不被选中，再次申请并请姐姐（在同校高二年级）去求情均未果。遂产生逆反心理，后来坚持以数学谋生，果真由于天资不足，屡战屡败，虽自我鼓励，屡败再屡战，但其结果仍如寒山子诗所说："用力磨碌砖，那堪将作镜。"直至而立之年，幡然悔悟，但

"贼船"既上,回头已晚,彻底告别又心有不甘,于是以业余身份尴尬地游走于业界20余年,才有今天此书问世.

看来如果当初沙老师增加一个名额让编者尝试一下,后再知难而退,结果可能会皆大欢喜.但有趣的是当年竞赛小组的人竟无一人学数学专业,也无一人从事数学工作.看来教育是很值得研究的,"欲擒故纵"也不失为一种好方法.沙老师后来也放弃了数学教学工作,从事领导工作,转而研究教育,颇有所得,还出版了专著《教育——为了人的幸福》(教育科学出版社,2005),对此进行了深入研究.

最后,这也是一本源于"信心"的书.近几年,一些媒体为了吸引眼球,不惜把中国在国际上处于领先地位的数学奥林匹克妖魔化且多方打压,此时编写这套题集是有一定经济风险的.但编者坚信中国人对数学是热爱的.利玛窦、金尼阁指出:"多少世纪以来,上帝表现了不只用一种方法把人们吸引到他身边.垂钓人类的渔人以自己特殊的方法吸引人们的灵魂落入他的网中,也就不足为奇了.任何可能认为伦理学、物理学和数学在教会工作中并不重要的人,都是不知道中国人的口味的,他们缓慢地服用有益的精神药物,除非它有知识的作料增添味道."(利玛窦,金尼阁,著.《利玛窦中国札记》.何高济,王遵仲,李申,译.何兆武,校.中华书局,1983:347).中国的广大中学生对数学竞赛活动是热爱的,是能够被数学所吸引的,对此我们有充分的信心.而且,奥林匹克之于中国就像围棋之于日本,足球之于巴西,瑜伽之于印度一样,在世界上有品牌优势.2001年笔者去新西兰探亲,在奥克兰的一份中文报纸上看到一则广告,赫然写着中国内地教练专教奥数,打电话过去询问,对方声音甜美,颇富乐感,原来是毕业于沈阳音乐学院的女学生,在新西兰找工作四处碰壁后,想起在大学念书期间勤工俭学时曾辅导过小学生奥数,所以,便想一试身手,果真有家长把小孩送来,她便也以教练自居,可见数学奥林匹克已经成为一种类似于中国制造的品牌.出版这样的书,担心何来呢!

数学无国界,它是人类最共性的语言.数学超理性多呈冰冷状,所以一个个性化的、充满个体真情实感的后记是需要的,虽然难免有自恋之嫌,但毕竟带来一丝人气.

刘培杰

2014年10月

刘培杰数学工作室
已出版(即将出版)图书目录——初等数学

书　名	出版时间	定　价	编号
新编中学数学解题方法全书(高中版)上卷(第2版)	2018—08	58.00	951
新编中学数学解题方法全书(高中版)中卷(第2版)	2018—08	68.00	952
新编中学数学解题方法全书(高中版)下卷(一)(第2版)	2018—08	58.00	953
新编中学数学解题方法全书(高中版)下卷(二)(第2版)	2018—08	58.00	954
新编中学数学解题方法全书(高中版)下卷(三)(第2版)	2018—08	68.00	955
新编中学数学解题方法全书(初中版)上卷	2008—01	28.00	29
新编中学数学解题方法全书(初中版)中卷	2010—07	38.00	75
新编中学数学解题方法全书(高考复习卷)	2010—01	48.00	67
新编中学数学解题方法全书(高考真题卷)	2010—01	38.00	62
新编中学数学解题方法全书(高考精华卷)	2011—03	68.00	118
新编平面解析几何解题方法全书(专题讲座卷)	2010—01	18.00	61
新编中学数学解题方法全书(自主招生卷)	2013—08	88.00	261
数学奥林匹克与数学文化(第一辑)	2006—05	48.00	4
数学奥林匹克与数学文化(第二辑)(竞赛卷)	2008—01	48.00	19
数学奥林匹克与数学文化(第二辑)(文化卷)	2008—07	58.00	36′
数学奥林匹克与数学文化(第三辑)(竞赛卷)	2010—01	48.00	59
数学奥林匹克与数学文化(第四辑)(竞赛卷)	2011—08	58.00	87
数学奥林匹克与数学文化(第五辑)	2015—06	98.00	370
世界著名平面几何经典著作钩沉——几何作图专题卷(共3卷)	2022—01	198.00	1460
世界著名平面几何经典著作钩沉(民国平面几何老课本)	2011—03	38.00	113
世界著名平面几何经典著作钩沉(建国初期平面三角老课本)	2015—08	38.00	507
世界著名解析几何经典著作钩沉——平面解析几何卷	2014—01	38.00	264
世界著名数论经典著作钩沉(算术卷)	2012—01	28.00	125
世界著名数学经典著作钩沉——立体几何卷	2011—02	28.00	88
世界著名三角学经典著作钩沉(平面三角卷Ⅰ)	2010—06	28.00	69
世界著名三角学经典著作钩沉(平面三角卷Ⅱ)	2011—01	38.00	78
世界著名初等数论经典著作钩沉(理论和实用算术卷)	2011—07	38.00	126
发展你的空间想象力(第3版)	2021—01	98.00	1464
空间想象力进阶	2019—05	68.00	1062
走向国际数学奥林匹克的平面几何试题诠释.第1卷	2019—07	88.00	1043
走向国际数学奥林匹克的平面几何试题诠释.第2卷	2019—09	78.00	1044
走向国际数学奥林匹克的平面几何试题诠释.第3卷	2019—03	78.00	1045
走向国际数学奥林匹克的平面几何试题诠释.第4卷	2019—09	98.00	1046
平面几何证明方法全书	2007—08	35.00	1
平面几何证明方法全书习题解答(第2版)	2006—12	18.00	10
平面几何天天练上卷·基础篇(直线型)	2013—01	58.00	208
平面几何天天练中卷·基础篇(涉及圆)	2013—01	28.00	234
平面几何天天练下卷·提高篇	2013—01	58.00	237
平面几何专题研究	2013—07	98.00	258
几何学习题集	2020—10	48.00	1217
通过解题学习代数几何	2021—04	88.00	1301

刘培杰数学工作室
已出版(即将出版)图书目录——初等数学

书　　名	出版时间	定　价	编号
最新世界各国数学奥林匹克中的平面几何试题	2007—09	38.00	14
数学竞赛平面几何典型题及新颖解	2010—07	48.00	74
初等数学复习及研究(平面几何)	2008—09	68.00	38
初等数学复习及研究(立体几何)	2010—06	38.00	71
初等数学复习及研究(平面几何)习题解答	2009—01	58.00	42
几何学教程(平面几何卷)	2011—03	68.00	90
几何学教程(立体几何卷)	2011—07	68.00	130
几何变换与几何证题	2010—06	88.00	70
计算方法与几何证题	2011—06	28.00	129
立体几何技巧与方法	2014—04	88.00	293
几何瑰宝——平面几何500名题暨1500条定理(上、下)	2021—07	168.00	1358
三角形的解法与应用	2012—07	18.00	183
近代的三角形几何学	2012—07	48.00	184
一般折线几何学	2015—08	48.00	503
三角形的五心	2009—06	28.00	51
三角形的六心及其应用	2015—10	68.00	542
三角形趣谈	2012—08	28.00	212
解三角形	2014—01	28.00	265
探秘三角形:一次数学旅行	2021—10	68.00	1387
三角学专门教程	2014—09	28.00	387
图天下几何新题试卷.初中(第2版)	2017—11	58.00	855
圆锥曲线习题集(上册)	2013—06	68.00	255
圆锥曲线习题集(中册)	2015—01	78.00	434
圆锥曲线习题集(下册·第1卷)	2016—10	78.00	683
圆锥曲线习题集(下册·第2卷)	2018—01	98.00	853
圆锥曲线习题集(下册·第3卷)	2019—10	128.00	1113
圆锥曲线的思想方法	2021—08	48.00	1379
圆锥曲线的八个主要问题	2021—10	48.00	1415
论九点圆	2015—05	88.00	645
近代欧氏几何学	2012—03	48.00	162
罗巴切夫斯基几何学及几何基础概要	2012—07	28.00	188
罗巴切夫斯基几何学初步	2015—06	28.00	474
用三角、解析几何、复数、向量计算解数学竞赛几何题	2015—03	48.00	455
美国中学几何教程	2015—04	88.00	458
三线坐标与三角形特征点	2015—04	98.00	460
坐标几何学基础.第1卷,笛卡儿坐标	2021—08	48.00	1398
坐标几何学基础.第2卷,三线坐标	2021—09	28.00	1399
平面解析几何方法与研究(第1卷)	2015—05	18.00	471
平面解析几何方法与研究(第2卷)	2015—06	18.00	472
平面解析几何方法与研究(第3卷)	2015—07	18.00	473
解析几何研究	2015—01	38.00	425
解析几何学教程.上	2016—01	38.00	574
解析几何学教程.下	2016—01	38.00	575
几何学基础	2016—01	58.00	581
初等几何研究	2015—02	58.00	444
十九和二十世纪欧氏几何学中的片段	2017—01	58.00	696
平面几何中考.高考.奥数一本通	2017—07	28.00	820
几何学简史	2017—08	28.00	833
四面体	2018—01	48.00	880
平面几何证明方法思路	2018—12	68.00	913

刘培杰数学工作室
已出版(即将出版)图书目录——初等数学

书 名	出版时间	定 价	编号
平面几何图形特性新析.上篇	2019—01	68.00	911
平面几何图形特性新析.下篇	2018—06	88.00	912
平面几何范例多解探究.上篇	2018—04	48.00	910
平面几何范例多解探究.下篇	2018—12	68.00	914
从分析解题过程学解题:竞赛中的几何问题研究	2018—07	68.00	946
从分析解题过程学解题:竞赛中的向量几何与不等式研究(全2册)	2019—06	138.00	1090
从分析解题过程学解题:竞赛中的不等式问题	2021—01	48.00	1249
二维、三维欧氏几何的对偶原理	2018—12	38.00	990
星形大观及闭折线论	2019—03	68.00	1020
立体几何的问题和方法	2019—11	58.00	1127
三角代换论	2021—05	58.00	1313
俄罗斯平面几何问题集	2009—08	88.00	55
俄罗斯立体几何问题集	2014—03	58.00	283
俄罗斯几何大师——沙雷金论数学及其他	2014—01	48.00	271
来自俄罗斯的5000道几何习题及解答	2011—03	58.00	89
俄罗斯初等数学问题集	2012—05	38.00	177
俄罗斯函数问题集	2011—03	38.00	103
俄罗斯组合分析问题集	2011—01	48.00	79
俄罗斯初等数学万题选——三角卷	2012—11	38.00	222
俄罗斯初等数学万题选——代数卷	2013—08	68.00	225
俄罗斯初等数学万题选——几何卷	2014—01	68.00	226
俄罗斯《量子》杂志数学征解问题100题选	2018—08	48.00	969
俄罗斯《量子》杂志数学征解问题又100题选	2018—08	48.00	970
俄罗斯《量子》杂志数学征解问题	2020—05	48.00	1138
463个俄罗斯几何老问题	2012—01	28.00	152
《量子》数学短文精粹	2018—09	38.00	972
用三角、解析几何等计算解来自俄罗斯的几何题	2019—11	88.00	1119
基谢廖夫平面几何	2022—01	48.00	1461
数学:代数、数学分析和几何(10—11年级)	2021—01	48.00	1250
立体几何.10—11年级	2022—01	58.00	1472
谈谈素数	2011—03	18.00	91
平方和	2011—03	18.00	92
整数论	2011—05	38.00	120
从整数谈起	2015—10	28.00	538
数与多项式	2016—01	38.00	558
谈谈不定方程	2011—05	28.00	119
解析不等式新论	2009—06	68.00	48
建立不等式的方法	2011—03	98.00	104
数学奥林匹克不等式研究(第2版)	2020—07	68.00	1181
不等式研究(第二辑)	2012—02	68.00	153
不等式的秘密(第一卷)(第2版)	2014—02	38.00	286
不等式的秘密(第二卷)	2014—01	38.00	268
初等不等式的证明方法	2010—06	38.00	123
初等不等式的证明方法(第二版)	2014—11	38.00	407
不等式·理论·方法(基础卷)	2015—07	38.00	496
不等式·理论·方法(经典不等式卷)	2015—07	38.00	497
不等式·理论·方法(特殊类型不等式卷)	2015—07	48.00	498
不等式探究	2016—03	38.00	582
不等式探秘	2017—01	88.00	689
四面体不等式	2017—01	68.00	715
数学奥林匹克中常见重要不等式	2017—09	38.00	845

刘培杰数学工作室
已出版(即将出版)图书目录——初等数学

书 名	出版时间	定 价	编号
三正弦不等式	2018—09	98.00	974
函数方程与不等式:解法与稳定性结果	2019—04	68.00	1058
数学不等式.第1卷,对称多项式不等式	2022—01	78.00	1455
数学不等式.第2卷,对称有理不等式与对称无理不等式	2022—01	88.00	1456
数学不等式.第3卷,循环不等式与非循环不等式	2022—01	88.00	1457
数学不等式.第4卷,Jensen不等式的扩展与加细	即将出版	88.00	1458
数学不等式.第5卷,创建不等式与解不等式的其他方法	即将出版	88.00	1459
同余理论	2012—05	38.00	163
[x]与{x}	2015—04	48.00	476
极值与最值.上卷	2015—06	28.00	486
极值与最值.中卷	2015—06	38.00	487
极值与最值.下卷	2015—06	28.00	488
整数的性质	2012—11	38.00	192
完全平方数及其应用	2015—08	78.00	506
多项式理论	2015—10	88.00	541
奇数、偶数、奇偶分析法	2018—01	98.00	876
不定方程及其应用.上	2018—12	58.00	992
不定方程及其应用.中	2019—01	78.00	993
不定方程及其应用.下	2019—02	98.00	994
历届美国中学生数学竞赛试题及解答(第一卷)1950—1954	2014—07	18.00	277
历届美国中学生数学竞赛试题及解答(第二卷)1955—1959	2014—04	18.00	278
历届美国中学生数学竞赛试题及解答(第三卷)1960—1964	2014—06	18.00	279
历届美国中学生数学竞赛试题及解答(第四卷)1965—1969	2014—04	28.00	280
历届美国中学生数学竞赛试题及解答(第五卷)1970—1972	2014—06	18.00	281
历届美国中学生数学竞赛试题及解答(第六卷)1973—1980	2017—07	18.00	768
历届美国中学生数学竞赛试题及解答(第七卷)1981 1986	2015—01	18.00	424
历届美国中学生数学竞赛试题及解答(第八卷)1987—1990	2017—05	18.00	769
历届中国数学奥林匹克试题集(第3版)	2021—10	58.00	1440
历届加拿大数学奥林匹克试题集	2012—08	38.00	215
历届美国数学奥林匹克试题集:1972~2019	2020—04	88.00	1135
历届波兰数学竞赛试题集.第1卷,1949~1963	2015—03	18.00	453
历届波兰数学竞赛试题集.第2卷,1964~1976	2015—03	18.00	454
历届巴尔干数学奥林匹克试题集	2015—05	38.00	466
保加利亚数学奥林匹克	2014—10	38.00	393
圣彼得堡数学奥林匹克试题集	2015—01	38.00	429
匈牙利奥林匹克数学竞赛题解.第1卷	2016—05	28.00	593
匈牙利奥林匹克数学竞赛题解.第2卷	2016—05	28.00	594
历届美国数学邀请赛试题集(第2版)	2017—10	78.00	851
普林斯顿大学数学竞赛	2016—06	38.00	669
亚太地区数学奥林匹克竞赛题	2015—07	18.00	492
日本历届(初级)广中杯数学竞赛试题及解答.第1卷(2000~2007)	2016—05	28.00	641
日本历届(初级)广中杯数学竞赛试题及解答.第2卷(2008~2015)	2016—05	38.00	642
越南数学奥林匹克题选:1962—2009	2021—07	48.00	1370
360个数学竞赛问题	2016—08	58.00	677
奥数最佳实战题.上卷	2017—06	38.00	760
奥数最佳实战题.下卷	2017—05	58.00	761
哈尔滨市早期中学数学竞赛试题汇编	2016—05	28.00	672
全国高中数学联赛试题及解答:1981—2019(第4版)	2020—07	138.00	1176
2021年全国高中数学联合竞赛模拟题集	2021—04	30.00	1302
20世纪50年代全国部分城市数学竞赛试题汇编	2017—07	28.00	797

刘培杰数学工作室
已出版(即将出版)图书目录——初等数学

书　　名	出版时间	定　价	编号
国内外数学竞赛题及精解:2018~2019	2020—08	45.00	1192
国内外数学竞赛题及精解:2019~2020	2021—11	58.00	1439
许康华竞赛优学精选集.第一辑	2018—08	68.00	949
天问叶班数学问题征解100题.Ⅰ,2016—2018	2019—05	88.00	1075
天问叶班数学问题征解100题.Ⅱ,2017—2019	2020—07	98.00	1177
美国初中数学竞赛:AMC8准备(共6卷)	2019—07	138.00	1089
美国高中数学竞赛:AMC10准备(共6卷)	2019—08	158.00	1105
王连笑教你怎样学数学:高考选择题解题策略与客观题实用训练	2014—01	48.00	262
王连笑教你怎样学数学:高考数学高层次讲座	2015—02	48.00	432
高考数学的理论与实践	2009—08	38.00	53
高考数学核心题型解题方法与技巧	2010—01	28.00	86
高考思维新平台	2014—03	38.00	259
高考数学压轴题解题诀窍(上)(第2版)	2018—01	58.00	874
高考数学压轴题解题诀窍(下)(第2版)	2018—01	48.00	875
北京市五区文科数学三年高考模拟题详解:2013~2015	2015—09	48.00	500
北京市五区理科数学三年高考模拟题详解:2013~2015	2015—09	68.00	505
向量法巧解数学高考题	2009—08	28.00	54
高中数学课堂教学的实践与反思	2021—11	48.00	791
数学高考参考	2016—01	78.00	589
新课程标准高考数学解答题各种题型解法指导	2020—08	78.00	1196
全国及各省市高考数学试题审题要津与解法研究	2015—02	48.00	450
高中数学章节起始课的教学研究与案例设计	2019—05	28.00	1064
新课标高考数学——五年试题分章详解(2007~2011)(上、下)	2011—10	78.00	140,141
全国中考数学压轴题审题要津与解法研究	2013—04	78.00	248
新编全国及各省市中考数学压轴题审题要津与解法研究	2014—05	58.00	342
全国及各省市5年中考数学压轴题审题要津与解法研究(2015版)	2015—04	58.00	462
中考数学专题总复习	2007—04	28.00	6
中考数学较难题常考题型解题方法与技巧	2016—09	48.00	681
中考数学难题常考题型解题方法与技巧	2016—09	48.00	682
中考数学中档题常考题型解题方法与技巧	2017—08	68.00	835
中考数学选择填空压轴好题妙解365	2017—05	38.00	759
中考数学:三类重点考题的解法例析与习题	2020—04	48.00	1140
中小学数学的历史文化	2019—11	48.00	1124
初中平面几何百题多思创新解	2020—01	58.00	1125
初中数学中考备考	2020—01	58.00	1126
高考数学之九章演义	2019—08	68.00	1044
化学可以这样学:高中化学知识方法智慧感悟疑难辨析	2019—07	58.00	1103
如何成为学习高手	2019—09	58.00	1107
高考数学:经典真题分类解析	2020—04	78.00	1134
高考数学解答题破解策略	2020—11	58.00	1221
从分析解题过程学解题:高考压轴题与竞赛题之关系探究	2020—08	88.00	1179
教学新思考:单元整体视角下的初中数学教学设计	2021—03	58.00	1278
思维再拓展:2020年经典几何题的多解探究与思考	即将出版		1279
中考数学小压轴汇编初讲	2017—07	48.00	788
中考数学大压轴专题微言	2017—09	48.00	846
怎么解中考平面几何探索题	2019—06	48.00	1093
北京中考数学压轴题解题方法突破(第7版)	2021—11	68.00	1442
助你高考成功的数学解题智慧:知识是智慧的基础	2016—01	58.00	596
助你高考成功的数学解题智慧:错误是智慧的试金石	2016—04	58.00	643
助你高考成功的数学解题智慧:方法是智慧的推手	2016—04	68.00	657
高考数学奇思妙解	2016—04	38.00	610
高考数学解题策略	2016—05	48.00	670
数学解题泄天机(第2版)	2017—10	48.00	850

刘培杰数学工作室
已出版(即将出版)图书目录——初等数学

书 名	出版时间	定 价	编号
高考物理压轴题全解	2017—04	58.00	746
高中物理经典问题25讲	2017—05	28.00	764
高中物理教学讲义	2018—01	48.00	871
高中物理答疑解惑65篇	2021—11	48.00	1462
中学物理基础问题解析	2020—08	48.00	1183
2016年高考文科数学真题研究	2017—04	58.00	754
2016年高考理科数学真题研究	2017—04	78.00	755
2017年高考理科数学真题研究	2018—01	58.00	867
2017年高考文科数学真题研究	2018—01	48.00	868
初中数学、高中数学脱节知识补缺教材	2017—06	48.00	766
高考数学小题抢分必练	2017—10	48.00	834
高考数学核心素养解读	2017—09	38.00	839
高考数学客观题解题方法和技巧	2017—10	38.00	847
十年高考数学精品试题审题要津与解法研究	2021—10	98.00	1427
中国历届高考数学试题及解答.1949—1979	2018—01	38.00	877
历届中国高考数学试题及解答.第二卷,1980—1989	2018—10	28.00	975
历届中国高考数学试题及解答.第三卷,1990—1999	2018—10	48.00	976
数学文化与高考研究	2018—03	48.00	882
跟我学解高中数学题	2018—07	58.00	926
中学数学研究的方法及案例	2018—05	58.00	869
高考数学抢分技能	2018—07	68.00	934
高一新生常用数学方法和重要数学思想提升教材	2018—06	38.00	921
2018年高考数学真题研究	2019—01	68.00	1000
2019年高考数学真题研究	2020—05	88.00	1137
高考数学全国卷六道解答题常考题型解题诀窍:理科(全2册)	2019—07	78.00	1101
高考数学全国卷16道选择、填空题常考题型解题诀窍.理科	2018—09	88.00	971
高考数学全国卷16道选择、填空题常考题型解题诀窍.文科	2020—01	88.00	1123
新课程标准高中数学各种题型解法大全.必修一分册	2021—06	58.00	1315
高中数学一题多解	2019—06	58.00	1087
历届中国高考数学试题及解答:1917—1999	2021—08	98.00	1371
突破高原:高中数学解题思维探究	2021—08	48.00	1375
高考数学中的"取值范围"	2021—10	48.00	1429
新课程标准高中数学各种题型解法大全.必修二分册	2022—01	68.00	1471
新编640个世界著名数学智力趣题	2014—01	88.00	242
500个最新世界著名数学智力趣题	2008—06	48.00	3
400个最新世界著名数学最值问题	2008—09	48.00	36
500个世界著名数学征解问题	2009—06	48.00	52
400个中国最佳初等数学征解老问题	2010—01	48.00	60
500个俄罗斯数学经典老题	2011—01	28.00	81
1000个国外中学物理好题	2012—04	48.00	174
300个日本高考数学题	2012—05	38.00	142
700个早期日本高考数学试题	2017—02	88.00	752
500个前苏联早期高考数学试题及解答	2012—05	28.00	185
546个早期俄罗斯大学生数学竞赛题	2014—03	38.00	285
548个来自美苏的数学好问题	2014—11	28.00	396
20所苏联著名大学早期入学试题	2015—02	18.00	452
161道德国工科大学生必做的微分方程习题	2015—05	28.00	469
500个德国工科大学生必做的高数习题	2015—06	28.00	478
360个数学竞赛问题	2016—08	58.00	677
200个趣味数学故事	2018—02	48.00	857
470个数学奥林匹克中的最值问题	2018—10	88.00	985
德国讲义日本考题.微积分卷	2015—04	48.00	456
德国讲义日本考题.微分方程卷	2015—04	38.00	457
二十世纪中叶中、英、美、日、法、俄高考数学试题精选	2017—06	38.00	783

刘培杰数学工作室
已出版(即将出版)图书目录——初等数学

书　　名	出版时间	定　价	编号
中国初等数学研究　2009卷(第1辑)	2009—05	20.00	45
中国初等数学研究　2010卷(第2辑)	2010—05	30.00	68
中国初等数学研究　2011卷(第3辑)	2011—07	60.00	127
中国初等数学研究　2012卷(第4辑)	2012—07	48.00	190
中国初等数学研究　2014卷(第5辑)	2014—02	48.00	288
中国初等数学研究　2015卷(第6辑)	2015—06	68.00	493
中国初等数学研究　2016卷(第7辑)	2016—04	68.00	609
中国初等数学研究　2017卷(第8辑)	2017—01	98.00	712
初等数学研究在中国.第1辑	2019—03	158.00	1024
初等数学研究在中国.第2辑	2019—10	158.00	1116
初等数学研究在中国.第3辑	2021—05	158.00	1306
几何变换(Ⅰ)	2014—07	28.00	353
几何变换(Ⅱ)	2015—06	28.00	354
几何变换(Ⅲ)	2015—01	38.00	355
几何变换(Ⅳ)	2015—12	38.00	356
初等数论难题集(第一卷)	2009—05	68.00	44
初等数论难题集(第二卷)(上、下)	2011—02	128.00	82,83
数论概貌	2011—03	18.00	93
代数数论(第二版)	2013—08	58.00	94
代数多项式	2014—06	38.00	289
初等数论的知识与问题	2011—02	28.00	95
超越数论基础	2011—03	28.00	96
数论初等教程	2011—03	28.00	97
数论基础	2011—03	18.00	98
数论基础与维诺格拉多夫	2014—03	18.00	292
解析数论基础	2012—08	28.00	216
解析数论基础(第二版)	2014—01	48.00	287
解析数论问题集(第二版)(原版引进)	2014—05	88.00	343
解析数论问题集(第二版)(中译本)	2016—04	88.00	607
解析数论基础(潘承洞,潘承彪著)	2016—07	98.00	673
解析数论导引	2016—07	58.00	674
数论入门	2011—03	38.00	99
代数数论入门	2015—03	38.00	448
数论开篇	2012—07	28.00	194
解析数论引论	2011—03	48.00	100
Barban Davenport Halberstam 均值和	2009—01	40.00	33
基础数论	2011—03	28.00	101
初等数论100例	2011—05	18.00	122
初等数论经典例题	2012—07	18.00	204
最新世界各国数学奥林匹克中的初等数论试题(上、下)	2012—01	138.00	144,145
初等数论(Ⅰ)	2012—01	18.00	156
初等数论(Ⅱ)	2012—01	18.00	157
初等数论(Ⅲ)	2012—01	28.00	158

刘培杰数学工作室
已出版(即将出版)图书目录——初等数学

书　　名	出版时间	定　价	编号
平面几何与数论中未解决的新老问题	2013—01	68.00	229
代数数论简史	2014—11	28.00	408
代数数论	2015—09	88.00	532
代数、数论及分析习题集	2016—11	98.00	695
数论导引提要及习题解答	2016—01	48.00	559
素数定理的初等证明.第2版	2016—09	48.00	686
数论中的模函数与狄利克雷级数(第二版)	2017—11	78.00	837
数论:数学导引	2018—01	68.00	849
范氏大代数	2019—02	98.00	1016
解析数学讲义.第一卷,导来式及微分、积分、级数	2019—04	88.00	1021
解析数学讲义.第二卷,关于几何的应用	2019—04	68.00	1022
解析数学讲义.第三卷,解析函数论	2019—04	78.00	1023
分析·组合·数论纵横谈	2019—04	58.00	1039
Hall代数:民国时期的中学数学课本:英文	2019—08	88.00	1106
数学精神巡礼	2019—01	58.00	731
数学眼光透视(第2版)	2017—06	78.00	732
数学思想领悟(第2版)	2018—01	68.00	733
数学方法溯源(第2版)	2018—08	68.00	734
数学解题引论	2017—05	58.00	735
数学史话览胜(第2版)	2017—01	48.00	736
数学应用展观(第2版)	2017—08	68.00	737
数学建模尝试	2018—04	48.00	738
数学竞赛采风	2018—01	68.00	739
数学测评探营	2019—05	58.00	740
数学技能操握	2018—03	48.00	741
数学欣赏拾趣	2018—02	48.00	742
从毕达哥拉斯到怀尔斯	2007—10	48.00	9
从迪利克雷到维斯卡尔迪	2008—01	48.00	21
从哥德巴赫到陈景润	2008—05	98.00	35
从庞加莱到佩雷尔曼	2011—08	138.00	136
博弈论精粹	2008—03	58.00	30
博弈论精粹.第二版(精装)	2015—01	88.00	461
数学 我爱你	2008—01	28.00	20
精神的圣徒　别样的人生——60位中国数学家成长的历程	2008—09	48.00	39
数学史概论	2009—06	78.00	50
数学史概论(精装)	2013—03	158.00	272
数学史选讲	2016—01	48.00	544
斐波那契数列	2010—02	28.00	65
数学拼盘和斐波那契魔方	2010—07	38.00	72
斐波那契数列欣赏(第2版)	2018—08	58.00	948
Fibonacci数列中的明珠	2018—06	58.00	928
数学的创造	2011—02	48.00	85
数学美与创造力	2016—01	48.00	595
数海拾贝	2016—01	48.00	590
数学中的美(第2版)	2019—04	68.00	1057
数论中的美学	2014—12	38.00	351

— 8 —

刘培杰数学工作室
已出版(即将出版)图书目录——初等数学

书　名	出版时间	定价	编号
数学王者　科学巨人——高斯	2015—01	28.00	428
振兴祖国数学的圆梦之旅:中国初等数学研究史话	2015—06	98.00	490
二十世纪中国数学史料研究	2015—10	48.00	536
数字谜、数阵图与棋盘覆盖	2016—01	58.00	298
时间的形状	2016—01	38.00	556
数学发现的艺术:数学探索中的合情推理	2016—07	58.00	671
活跃在数学中的参数	2016—07	48.00	675
数海趣史	2021—05	98.00	1314
数学解题——靠数学思想给力(上)	2011—07	38.00	131
数学解题——靠数学思想给力(中)	2011—07	48.00	132
数学解题——靠数学思想给力(下)	2011—07	38.00	133
我怎样解题	2013—01	48.00	227
数学解题中的物理方法	2011—06	28.00	114
数学解题的特殊方法	2011—06	48.00	115
中学数学计算技巧(第2版)	2020—10	48.00	1220
中学数学证明方法	2012—01	58.00	117
数学趣题巧解	2012—03	28.00	128
高中数学教学通鉴	2015—05	58.00	479
和高中生漫谈:数学与哲学的故事	2014—08	28.00	369
算术问题集	2017—03	38.00	789
张教授讲数学	2018—07	38.00	933
陈永明实话实说数学教学	2020—04	68.00	1132
中学数学学科知识与教学能力	2020—06	58.00	1155
自主招生考试中的参数方程问题	2015—01	28.00	435
自主招生考试中的极坐标问题	2015—04	28.00	463
近年全国重点大学自主招生数学试题全解及研究.华约卷	2015—02	38.00	441
近年全国重点大学自主招生数学试题全解及研究.北约卷	2016—05	38.00	619
自主招生数学解证宝典	2015—09	48.00	535
格点和面积	2012—07	18.00	191
射影几何趣谈	2012—04	28.00	175
斯潘纳尔引理——从一道加拿大数学奥林匹克试题谈起	2014—01	28.00	228
李普希兹条件——从几道近年高考数学试题谈起	2012—10	18.00	221
拉格朗日中值定理——从一道北京高考试题的解法谈起	2015—10	18.00	197
闵科夫斯基定理——从一道清华大学自主招生试题谈起	2014—01	28.00	198
哈尔测度——从一道冬令营试题的背景谈起	2012—08	28.00	202
切比雪夫逼近问题——从一道中国台北数学奥林匹克试题谈起	2013—04	38.00	238
伯恩斯坦多项式与贝齐尔曲面——从一道全国高中数学联赛试题谈起	2013—03	38.00	236
卡塔兰猜想——从一道普特南竞赛试题谈起	2013—06	18.00	256
麦卡锡函数和阿克曼函数——从一道前南斯拉夫数学奥林匹克试题谈起	2012—08	18.00	201
贝蒂定理与拉姆贝克莫斯尔定理——从一个拣石子游戏谈起	2012—08	18.00	217
皮亚诺曲线和豪斯道夫分球定理——从无限集谈起	2012—08	18.00	211
平面凸图形与凸多面体	2012—10	28.00	218
斯坦因豪斯问题——从一道二十五省市自治区中学数学竞赛试题谈起	2012—07	18.00	196

刘培杰数学工作室
已出版(即将出版)图书目录——初等数学

书 名	出版时间	定 价	编号
纽结理论中的亚历山大多项式与琼斯多项式——从一道北京市高一数学竞赛试题谈起	2012—07	28.00	195
原则与策略——从波利亚"解题表"谈起	2013—04	38.00	244
转化与化归——从三大尺规作图不能问题谈起	2012—08	28.00	214
代数几何中的贝祖定理(第一版)——从一道IMO试题的解法谈起	2013—08	18.00	193
成功连贯理论与约当块理论——从一道比利时数学竞赛试题谈起	2012—04	18.00	180
素数判定与大数分解	2014—08	18.00	199
置换多项式及其应用	2012—10	18.00	220
椭圆函数与模函数——从一道美国加州大学洛杉矶分校(UCLA)博士资格考题谈起	2012—10	28.00	219
差分方程的拉格朗日方法——从一道2011年全国高考理科试题的解法谈起	2012—08	28.00	200
力学在几何中的一些应用	2013—01	38.00	240
从根式解到伽罗华理论	2020—01	48.00	1121
康托洛维奇不等式——从一道全国高中联赛试题谈起	2013—03	28.00	337
西格尔引理——从一道第18届IMO试题的解法谈起	即将出版		
罗斯定理——从一道前苏联数学竞赛试题谈起	即将出版		
拉克斯定理和阿廷定理——从一道IMO试题的解法谈起	2014—01	58.00	246
毕卡大定理——从一道美国大学数学竞赛试题谈起	2014—07	18.00	350
贝齐尔曲线——从一道全国高中联赛试题谈起	即将出版		
拉格朗日乘子定理——从一道2005年全国高中联赛试题的高等数学解法谈起	2015—05	28.00	480
雅可比定理——从一道日本数学奥林匹克试题谈起	2013—04	48.00	249
李天岩—约克定理——从一道波兰数学竞赛试题谈起	2014—06	28.00	349
整系数多项式因式分解的一般方法——从克朗耐克算法谈起	即将出版		
布劳维不动点定理——从一道前苏联数学奥林匹克试题谈起	2014—01	38.00	273
伯恩赛德定理——从一道英国数学奥林匹克试题谈起	即将出版		
布查特-莫斯特定理——从一道上海市初中竞赛试题谈起	即将出版		
数论中的同余数问题——从一道普特南竞赛试题谈起	即将出版		
范·德蒙行列式——从一道美国数学奥林匹克试题谈起	即将出版		
中国剩余定理:总数法构建中国历史年表	2015—01	28.00	430
牛顿程序与方程求根——从一道全国高考试题解法谈起	即将出版		
库默尔定理——从一道IMO预选试题谈起	即将出版		
卢丁定理——从一道冬令营试题的解法谈起	即将出版		
沃斯滕霍姆定理——从一道IMO预选试题谈起	即将出版		
卡尔松不等式——从一道莫斯科数学奥林匹克试题谈起	即将出版		
信息论中的香农熵——从一道近年高考压轴题谈起	即将出版		
约当不等式——从一道希望杯竞赛试题谈起	即将出版		
拉比诺维奇定理	即将出版		
刘维尔定理——从一道《美国数学月刊》征解问题的解法谈起	即将出版		
卡塔兰恒等式与级数求和——从一道IMO试题的解法谈起	即将出版		
勒让德猜想与素数分布——从一道爱尔兰竞赛试题谈起	即将出版		
天平称重与信息论——从一道基辅市数学奥林匹克试题谈起	即将出版		
哈密尔顿—凯莱定理:从一道高中数学联赛试题的解法谈起	2014—09	18.00	376
艾思特曼定理——从一道CMO试题的解法谈起	即将出版		

刘培杰数学工作室
已出版(即将出版)图书目录——初等数学

书　名	出版时间	定　价	编号
阿贝尔恒等式与经典不等式及应用	2018—06	98.00	923
迪利克雷除数问题	2018—07	48.00	930
幻方、幻立方与拉丁方	2019—08	48.00	1092
帕斯卡三角形	2014—03	18.00	294
蒲丰投针问题——从2009年清华大学的一道自主招生试题谈起	2014—01	38.00	295
斯图姆定理——从一道"华约"自主招生试题的解法谈起	2014—01	18.00	296
许瓦兹引理——从一道加利福尼亚大学伯克利分校数学系博士生试题谈起	2014—08	18.00	297
拉姆塞定理——从王诗宬院士的一个问题谈起	2016—04	48.00	299
坐标法	2013—12	28.00	332
数论三角形	2014—04	38.00	341
毕克定理	2014—07	18.00	352
数林掠影	2014—09	48.00	389
我们周围的概率	2014—10	38.00	390
凸函数最值定理：从一道华约自主招生题的解法谈起	2014—10	28.00	391
易学与数学奥林匹克	2014—10	38.00	392
生物数学趣谈	2015—01	18.00	409
反演	2015—01	28.00	420
因式分解与圆锥曲线	2015—01	18.00	426
轨迹	2015—01	28.00	427
面积原理：从常庚哲命的一道CMO试题的积分解法谈起	2015—01	48.00	431
形形色色的不动点定理：从一道28届IMO试题谈起	2015—01	38.00	439
柯西函数方程：从一道上海交大自主招生的试题谈起	2015—02	28.00	440
三角恒等式	2015—02	28.00	442
无理性判定：从一道2014年"北约"自主招生试题谈起	2015—01	38.00	443
数学归纳法	2015—03	18.00	451
极端原理与解题	2015—04	28.00	464
法雷级数	2014—08	18.00	367
摆线族	2015—01	38.00	438
函数方程及其解法	2015—05	38.00	470
含参数的方程和不等式	2012—09	28.00	213
希尔伯特第十问题	2016—01	38.00	543
无穷小量的求和	2016—01	28.00	545
切比雪夫多项式：从一道清华大学金秋营试题谈起	2016—01	38.00	583
泽肯多夫定理	2016—03	38.00	599
代数等式证题法	2016—01	28.00	600
三角等式证题法	2016—01	28.00	601
吴大任教授藏书中的一个因式分解公式：从一道美国数学邀请赛试题的解法谈起	2016—06	28.00	656
易卦——类万物的数学模型	2017—08	68.00	838
"不可思议"的数与数系可持续发展	2018—01	38.00	878
最短线	2018—01	38.00	879
幻方和魔方(第一卷)	2012—05	68.00	173
尘封的经典——初等数学经典文献选读(第一卷)	2012—07	48.00	205
尘封的经典——初等数学经典文献选读(第二卷)	2012—07	38.00	206
初级方程式论	2011—03	28.00	106
初等数学研究(Ⅰ)	2008—09	68.00	37
初等数学研究(Ⅱ)(上、下)	2009—05	118.00	46,47

刘培杰数学工作室
已出版(即将出版)图书目录——初等数学

书　名	出版时间	定　价	编号
趣味初等方程妙题集锦	2014—09	48.00	388
趣味初等数论选美与欣赏	2015—02	48.00	445
耕读笔记(上卷):一位农民数学爱好者的初数探索	2015—04	28.00	459
耕读笔记(中卷):一位农民数学爱好者的初数探索	2015—05	28.00	483
耕读笔记(下卷):一位农民数学爱好者的初数探索	2015—05	28.00	484
几何不等式研究与欣赏.上卷	2016—01	88.00	547
几何不等式研究与欣赏.下卷	2016—01	48.00	552
初等数列研究与欣赏·上	2016—01	48.00	570
初等数列研究与欣赏·下	2016—01	48.00	571
趣味初等函数研究与欣赏.上	2016—09	48.00	684
趣味初等函数研究与欣赏.下	2018—09	48.00	685
三角不等式研究与欣赏	2020—10	68.00	1197
新编平面解析几何解题方法研究与欣赏	2021—10	78.00	1426
火柴游戏	2016—05	38.00	612
智力解谜.第1卷	2017—07	38.00	613
智力解谜.第2卷	2017—07	38.00	614
故事智力	2016—07	48.00	615
名人们喜欢的智力问题	2020—01	48.00	616
数学大师的发现、创造与失误	2018—01	48.00	617
异曲同工	2018—09	48.00	618
数学的味道	2018—01	58.00	798
数学千字文	2018—10	68.00	977
数贝偶拾——高考数学题研究	2014—04	28.00	274
数贝偶拾——初等数学研究	2014—04	38.00	275
数贝偶拾——奥数题研究	2014—04	48.00	276
钱昌本教你快乐学数学(上)	2011—12	48.00	155
钱昌本教你快乐学数学(下)	2012—03	58.00	171
集合、函数与方程	2014—01	28.00	300
数列与不等式	2014—01	38.00	301
三角与平面向量	2014—01	28.00	302
平面解析几何	2014—01	38.00	303
立体几何与组合	2014—01	28.00	304
极限与导数、数学归纳法	2014—01	38.00	305
趣味数学	2014—03	28.00	306
教材教法	2014—04	68.00	307
自主招生	2014—05	58.00	308
高考压轴题(上)	2015—01	48.00	309
高考压轴题(下)	2014—10	68.00	310
从费马到怀尔斯——费马大定理的历史	2013—10	198.00	I
从庞加莱到佩雷尔曼——庞加莱猜想的历史	2013—10	298.00	II
从切比雪夫到爱尔特希(上)——素数定理的初等证明	2013—07	48.00	III
从切比雪夫到爱尔特希(下)——素数定理100年	2012—12	98.00	III
从高斯到盖尔方特——二次域的高斯猜想	2013—10	198.00	IV
从库默尔到朗兰兹——朗兰兹猜想的历史	2014—01	98.00	V
从比勃巴赫到德布朗斯——比勃巴赫猜想的历史	2014—02	298.00	VI
从麦比乌斯到陈省身——麦比乌斯变换与麦比乌斯带	2014—02	298.00	VII
从布尔到豪斯道夫——布尔方程与格论漫谈	2013—10	198.00	VIII
从开普勒到阿诺德——三体问题的历史	2014—05	298.00	IX
从华林到华罗庚——华林问题的历史	2013—10	298.00	X

刘培杰数学工作室
已出版(即将出版)图书目录——初等数学

书　　名	出版时间	定　价	编号
美国高中数学竞赛五十讲.第1卷(英文)	2014—08	28.00	357
美国高中数学竞赛五十讲.第2卷(英文)	2014—08	28.00	358
美国高中数学竞赛五十讲.第3卷(英文)	2014—09	28.00	359
美国高中数学竞赛五十讲.第4卷(英文)	2014—09	28.00	360
美国高中数学竞赛五十讲.第5卷(英文)	2014—10	28.00	361
美国高中数学竞赛五十讲.第6卷(英文)	2014—11	28.00	362
美国高中数学竞赛五十讲.第7卷(英文)	2014—12	28.00	363
美国高中数学竞赛五十讲.第8卷(英文)	2015—01	28.00	364
美国高中数学竞赛五十讲.第9卷(英文)	2015—01	28.00	365
美国高中数学竞赛五十讲.第10卷(英文)	2015—02	38.00	366
三角函数(第2版)	2017—04	38.00	626
不等式	2014—01	38.00	312
数列	2014—01	38.00	313
方程(第2版)	2017—04	38.00	624
排列和组合	2014—01	28.00	315
极限与导数(第2版)	2016—04	38.00	635
向量(第2版)	2018—08	58.00	627
复数及其应用	2014—08	28.00	318
函数	2014—01	38.00	319
集合	2020—01	48.00	320
直线与平面	2014—01	28.00	321
立体几何(第2版)	2016—04	38.00	629
解三角形	即将出版		323
直线与圆(第2版)	2016—11	38.00	631
圆锥曲线(第2版)	2016—09	48.00	632
解题通法(一)	2014—07	38.00	326
解题通法(二)	2014—07	38.00	327
解题通法(三)	2014—05	38.00	328
概率与统计	2014—01	28.00	329
信息迁移与算法	即将出版		330
IMO 50年.第1卷(1959—1963)	2014—11	28.00	377
IMO 50年.第2卷(1964—1968)	2014—11	28.00	378
IMO 50年.第3卷(1969—1973)	2014—09	28.00	379
IMO 50年.第4卷(1974—1978)	2016—04	38.00	380
IMO 50年.第5卷(1979—1984)	2015—04	38.00	381
IMO 50年.第6卷(1985—1989)	2015—04	58.00	382
IMO 50年.第7卷(1990—1994)	2016—01	48.00	383
IMO 50年.第8卷(1995—1999)	2016—06	38.00	384
IMO 50年.第9卷(2000—2004)	2015—04	58.00	385
IMO 50年.第10卷(2005—2009)	2016—01	48.00	386
IMO 50年.第11卷(2010—2015)	2017—03	48.00	646

刘培杰数学工作室
已出版(即将出版)图书目录——初等数学

书　　名	出版时间	定　价	编号
数学反思(2006—2007)	2020—09	88.00	915
数学反思(2008—2009)	2019—01	68.00	917
数学反思(2010—2011)	2018—05	58.00	916
数学反思(2012—2013)	2019—01	58.00	918
数学反思(2014—2015)	2019—03	78.00	919
数学反思(2016—2017)	2021—03	58.00	1286
历届美国大学生数学竞赛试题集.第一卷(1938—1949)	2015—01	28.00	397
历届美国大学生数学竞赛试题集.第二卷(1950—1959)	2015—01	28.00	398
历届美国大学生数学竞赛试题集.第三卷(1960—1969)	2015—01	28.00	399
历届美国大学生数学竞赛试题集.第四卷(1970—1979)	2015—01	18.00	400
历届美国大学生数学竞赛试题集.第五卷(1980—1989)	2015—01	28.00	401
历届美国大学生数学竞赛试题集.第六卷(1990—1999)	2015—01	28.00	402
历届美国大学生数学竞赛试题集.第七卷(2000—2009)	2015—08	18.00	403
历届美国大学生数学竞赛试题集.第八卷(2010—2012)	2015—01	18.00	404
新课标高考数学创新题解题诀窍:总论	2014—09	28.00	372
新课标高考数学创新题解题诀窍:必修1～5分册	2014—08	38.00	373
新课标高考数学创新题解题诀窍:选修2-1,2-2,1-1,1-2分册	2014—09	38.00	374
新课标高考数学创新题解题诀窍:选修2-3,4-4,4-5分册	2014—09	18.00	375
全国重点大学自主招生英文数学试题全攻略:词汇卷	2015—07	48.00	410
全国重点大学自主招生英文数学试题全攻略:概念卷	2015—01	28.00	411
全国重点大学自主招生英文数学试题全攻略:文章选读卷(上)	2016—09	38.00	412
全国重点大学自主招生英文数学试题全攻略:文章选读卷(下)	2017—01	58.00	413
全国重点大学自主招生英文数学试题全攻略:试题卷	2015—07	38.00	414
全国重点大学自主招生英文数学试题全攻略:名著欣赏卷	2017—03	48.00	415
劳埃德数学趣题大全.题目卷.1:英文	2016—01	18.00	516
劳埃德数学趣题大全.题目卷.2:英文	2016—01	18.00	517
劳埃德数学趣题大全.题目卷.3:英文	2016—01	18.00	518
劳埃德数学趣题大全.题目卷.4:英文	2016—01	18.00	519
劳埃德数学趣题大全.题目卷.5:英文	2016—01	18.00	520
劳埃德数学趣题大全.答案卷:英文	2016—01	18.00	521
李成章教练奥数笔记.第1卷	2016—01	48.00	522
李成章教练奥数笔记.第2卷	2016—01	48.00	523
李成章教练奥数笔记.第3卷	2016—01	38.00	524
李成章教练奥数笔记.第4卷	2016—01	38.00	525
李成章教练奥数笔记.第5卷	2016—01	38.00	526
李成章教练奥数笔记.第6卷	2016—01	38.00	527
李成章教练奥数笔记.第7卷	2016—01	38.00	528
李成章教练奥数笔记.第8卷	2016—01	48.00	529
李成章教练奥数笔记.第9卷	2016—01	28.00	530

刘培杰数学工作室
已出版(即将出版)图书目录——初等数学

书　名	出版时间	定　价	编号
第19～23届"希望杯"全国数学邀请赛试题审题要津详细评注(初一版)	2014－03	28.00	333
第19～23届"希望杯"全国数学邀请赛试题审题要津详细评注(初二、初三版)	2014－03	38.00	334
第19～23届"希望杯"全国数学邀请赛试题审题要津详细评注(高一版)	2014－03	28.00	335
第19～23届"希望杯"全国数学邀请赛试题审题要津详细评注(高二版)	2014－03	38.00	336
第19～25届"希望杯"全国数学邀请赛试题审题要津详细评注(初一版)	2015－01	38.00	416
第19～25届"希望杯"全国数学邀请赛试题审题要津详细评注(初二、初三版)	2015－01	58.00	417
第19～25届"希望杯"全国数学邀请赛试题审题要津详细评注(高一版)	2015－01	48.00	418
第19～25届"希望杯"全国数学邀请赛试题审题要津详细评注(高二版)	2015－01	48.00	419
物理奥林匹克竞赛大题典——力学卷	2014－11	48.00	405
物理奥林匹克竞赛大题典——热学卷	2014－04	28.00	339
物理奥林匹克竞赛大题典——电磁学卷	2015－07	48.00	406
物理奥林匹克竞赛大题典——光学与近代物理卷	2014－06	28.00	345
历届中国东南地区数学奥林匹克试题集(2004～2012)	2014－06	18.00	346
历届中国西部地区数学奥林匹克试题集(2001～2012)	2014－07	18.00	347
历届中国女子数学奥林匹克试题集(2002～2012)	2014－08	18.00	348
数学奥林匹克在中国	2014－06	98.00	344
数学奥林匹克问题集	2014－01	38.00	267
数学奥林匹克不等式散论	2010－06	38.00	124
数学奥林匹克不等式欣赏	2011－09	38.00	138
数学奥林匹克超级题库(初中卷上)	2010－01	58.00	66
数学奥林匹克不等式证明方法和技巧(上、下)	2011－08	158.00	134,135
他们学什么:原民主德国中学数学课本	2016－09	38.00	658
他们学什么:英国中学数学课本	2016－09	38.00	659
他们学什么:法国中学数学课本.1	2016－09	38.00	660
他们学什么:法国中学数学课本.2	2016－09	28.00	661
他们学什么:法国中学数学课本.3	2016－09	38.00	662
他们学什么:苏联中学数学课本	2016－09	28.00	679
高中数学题典——集合与简易逻辑·函数	2016－07	48.00	647
高中数学题典——导数	2016－07	48.00	648
高中数学题典——三角函数·平面向量	2016－07	48.00	649
高中数学题典——数列	2016－07	58.00	650
高中数学题典——不等式·推理与证明	2016－07	38.00	651
高中数学题典——立体几何	2016－07	48.00	652
高中数学题典——平面解析几何	2016－07	78.00	653
高中数学题典——计数原理·统计·概率·复数	2016－07	48.00	654
高中数学题典——算法·平面几何·初等数论·组合数学·其他	2016－07	68.00	655

刘培杰数学工作室
已出版(即将出版)图书目录——初等数学

书　　名	出版时间	定　价	编号
台湾地区奥林匹克数学竞赛试题.小学一年级	2017—03	38.00	722
台湾地区奥林匹克数学竞赛试题.小学二年级	2017—03	38.00	723
台湾地区奥林匹克数学竞赛试题.小学三年级	2017—03	38.00	724
台湾地区奥林匹克数学竞赛试题.小学四年级	2017—03	38.00	725
台湾地区奥林匹克数学竞赛试题.小学五年级	2017—03	38.00	726
台湾地区奥林匹克数学竞赛试题.小学六年级	2017—03	38.00	727
台湾地区奥林匹克数学竞赛试题.初中一年级	2017—03	38.00	728
台湾地区奥林匹克数学竞赛试题.初中二年级	2017—03	38.00	729
台湾地区奥林匹克数学竞赛试题.初中三年级	2017—03	28.00	730
不等式证题法	2017—04	28.00	747
平面几何培优教程	2019—08	88.00	748
奥数鼎级培优教程.高一分册	2018—09	88.00	749
奥数鼎级培优教程.高二分册.上	2018—04	68.00	750
奥数鼎级培优教程.高二分册.下	2018—04	68.00	751
高中数学竞赛冲刺宝典	2019—04	68.00	883
初中尖子生数学超级题典.实数	2017—07	58.00	792
初中尖子生数学超级题典.式、方程与不等式	2017—08	58.00	793
初中尖子生数学超级题典.圆、面积	2017—08	38.00	794
初中尖子生数学超级题典.函数、逻辑推理	2017—08	48.00	795
初中尖子生数学超级题典.角、线段、三角形与多边形	2017—07	58.00	796
数学王子——高斯	2018—01	48.00	858
坎坷奇星——阿贝尔	2018—01	48.00	859
闪烁奇星——伽罗瓦	2018—01	58.00	860
无穷统帅——康托尔	2018—01	48.00	861
科学公主——柯瓦列夫斯卡娅	2018—01	48.00	862
抽象代数之母——埃米·诺特	2018—01	48.00	863
电脑先驱——图灵	2018—01	58.00	864
昔日神童——维纳	2018—01	48.00	865
数坛怪侠——爱尔特希	2018—01	68.00	866
传奇数学家徐利治	2019—09	88.00	1110
当代世界中的数学.数学思想与数学基础	2019—01	38.00	892
当代世界中的数学.数学问题	2019—01	38.00	893
当代世界中的数学.应用数学与数学应用	2019—01	38.00	894
当代世界中的数学.数学王国的新疆域(一)	2019—01	38.00	895
当代世界中的数学.数学王国的新疆域(二)	2019—01	38.00	896
当代世界中的数学.数林撷英(一)	2019—01	38.00	897
当代世界中的数学.数林撷英(二)	2019—01	48.00	898
当代世界中的数学.数学之路	2019—01	38.00	899

刘培杰数学工作室
已出版（即将出版）图书目录——初等数学

书　　名	出版时间	定　价	编号
105个代数问题：来自 AwesomeMath 夏季课程	2019—02	58.00	956
106个几何问题：来自 AwesomeMath 夏季课程	2020—07	58.00	957
107个几何问题：来自 AwesomeMath 全年课程	2020—07	58.00	958
108个代数问题：来自 AwesomeMath 全年课程	2019—01	68.00	959
109个不等式：来自 AwesomeMath 夏季课程	2019—04	58.00	960
国际数学奥林匹克中的110个几何问题	即将出版		961
111个代数和数论问题	2019—05	58.00	962
112个组合问题：来自 AwesomeMath 夏季课程	2019—05	58.00	963
113个几何不等式：来自 AwesomeMath 夏季课程	2020—08	58.00	964
114个指数和对数问题：来自 AwesomeMath 夏季课程	2019—09	48.00	965
115个三角问题：来自 AwesomeMath 夏季课程	2019—09	58.00	966
116个代数不等式：来自 AwesomeMath 全年课程	2019—04	58.00	967
117个多项式问题：来自 AwesomeMath 夏季课程	2021—09	58.00	1409
紫色彗星国际数学竞赛试题	2019—02	58.00	999
数学竞赛中的数学：为数学爱好者、父母、教师和教练准备的丰富资源.第一部	2020—04	58.00	1141
数学竞赛中的数学：为数学爱好者、父母、教师和教练准备的丰富资源.第二部	2020—07	48.00	1142
和与积	2020—10	38.00	1219
数论：概念和问题	2020—12	68.00	1257
初等数学问题研究	2021—03	48.00	1270
数学奥林匹克中的欧几里得几何	2021—10	68.00	1413
数学奥林匹克题解新编	2022—01	58.00	1430
澳大利亚中学数学竞赛试题及解答(初级卷)1978～1984	2019—02	28.00	1002
澳大利亚中学数学竞赛试题及解答(初级卷)1985～1991	2019—02	28.00	1003
澳大利亚中学数学竞赛试题及解答(初级卷)1992～1998	2019—02	28.00	1004
澳大利亚中学数学竞赛试题及解答(初级卷)1999～2005	2019—02	28.00	1005
澳大利亚中学数学竞赛试题及解答(中级卷)1978～1984	2019—03	28.00	1006
澳大利亚中学数学竞赛试题及解答(中级卷)1985～1991	2019—03	28.00	1007
澳大利亚中学数学竞赛试题及解答(中级卷)1992～1998	2019—03	28.00	1008
澳大利亚中学数学竞赛试题及解答(中级卷)1999～2005	2019—03	28.00	1009
澳大利亚中学数学竞赛试题及解答(高级卷)1978～1984	2019—05	28.00	1010
澳大利亚中学数学竞赛试题及解答(高级卷)1985～1991	2019—05	28.00	1011
澳大利亚中学数学竞赛试题及解答(高级卷)1992～1998	2019—05	28.00	1012
澳大利亚中学数学竞赛试题及解答(高级卷)1999～2005	2019—05	28.00	1013
天才中小学生智力测验题.第一卷	2019—03	38.00	1026
天才中小学生智力测验题.第二卷	2019—03	38.00	1027
天才中小学生智力测验题.第三卷	2019—03	38.00	1028
天才中小学生智力测验题.第四卷	2019—03	38.00	1029
天才中小学生智力测验题.第五卷	2019—03	38.00	1030
天才中小学生智力测验题.第六卷	2019—03	38.00	1031
天才中小学生智力测验题.第七卷	2019—03	38.00	1032
天才中小学生智力测验题.第八卷	2019—03	38.00	1033
天才中小学生智力测验题.第九卷	2019—03	38.00	1034
天才中小学生智力测验题.第十卷	2019—03	38.00	1035
天才中小学生智力测验题.第十一卷	2019—03	38.00	1036
天才中小学生智力测验题.第十二卷	2019—03	38.00	1037
天才中小学生智力测验题.第十三卷	2019—03	38.00	1038

刘培杰数学工作室
已出版(即将出版)图书目录——初等数学

书　名	出版时间	定价	编号
重点大学自主招生数学备考全书:函数	2020—05	48.00	1047
重点大学自主招生数学备考全书:导数	2020—08	48.00	1048
重点大学自主招生数学备考全书:数列与不等式	2019—10	78.00	1049
重点大学自主招生数学备考全书:三角函数与平面向量	2020—08	68.00	1050
重点大学自主招生数学备考全书:平面解析几何	2020—07	58.00	1051
重点大学自主招生数学备考全书:立体几何与平面几何	2019—08	48.00	1052
重点大学自主招生数学备考全书:排列组合·概率统计·复数	2019—09	48.00	1053
重点大学自主招生数学备考全书:初等数论与组合数学	2019—08	48.00	1054
重点大学自主招生数学备考全书:重点大学自主招生真题.上	2019—04	68.00	1055
重点大学自主招生数学备考全书:重点大学自主招生真题.下	2019—04	58.00	1056
高中数学竞赛培训教程:平面几何问题的求解方法与策略.上	2018—05	68.00	906
高中数学竞赛培训教程:平面几何问题的求解方法与策略.下	2018—06	78.00	907
高中数学竞赛培训教程:整除与同余以及不定方程	2018—01	88.00	908
高中数学竞赛培训教程:组合计数与组合极值	2018—04	48.00	909
高中数学竞赛培训教程:初等代数	2019—04	78.00	1042
高中数学讲座:数学竞赛基础教程(第一册)	2019—06	48.00	1094
高中数学讲座:数学竞赛基础教程(第二册)	即将出版		1095
高中数学讲座:数学竞赛基础教程(第三册)	即将出版		1096
高中数学讲座:数学竞赛基础教程(第四册)	即将出版		1097
新编中学数学解题方法1000招丛书.实数(初中版)	即将出版		1291
新编中学数学解题方法1000招丛书.式(初中版)	即将出版		1292
新编中学数学解题方法1000招丛书.方程与不等式(初中版)	2021—04	58.00	1293
新编中学数学解题方法1000招丛书.函数(初中版)	即将出版		1294
新编中学数学解题方法1000招丛书.角(初中版)	即将出版		1295
新编中学数学解题方法1000招丛书.线段(初中版)	即将出版		1296
新编中学数学解题方法1000招丛书.三角形与多边形(初中版)	2021—04	48.00	1297
新编中学数学解题方法1000招丛书.圆(初中版)	即将出版		1298
新编中学数学解题方法1000招丛书.面积(初中版)	2021—07	28.00	1299
高中数学题典精编.第一辑.函数	2022—01	58.00	1444
高中数学题典精编.第一辑.导数	2022—01	68.00	1445
高中数学题典精编.第一辑.三角函数·平面向量	2022—01	68.00	1446
高中数学题典精编.第一辑.数列	2022—01	58.00	1447
高中数学题典精编.第一辑.不等式·推理与证明	2022—01	58.00	1448
高中数学题典精编.第一辑.立体几何	2022—01	58.00	1449
高中数学题典精编.第一辑.平面解析几何	2022—01	68.00	1450
高中数学题典精编.第一辑.统计·概率·平面几何	2022—01	58.00	1451
高中数学题典精编.第一辑.初等数论·组合数学·数学文化·解题方法	2022—01	58.00	1452

联系地址:哈尔滨市南岗区复华四道街10号　哈尔滨工业大学出版社刘培杰数学工作室
网　　址:http://lpj.hit.edu.cn/
邮　　编:150006
联系电话:0451—86281378　　13904613167
E-mail:lpj1378@163.com